多媒体技术

Multimedia Technology

（第2版）

(2nd Edition)

李小平　赵丰年　徐建强　王正宏　罗佳　明道福　张琳　编著

张剑军　主审

北京理工大学出版社
BEIJING INSTITUTE OF TECHNOLOGY PRESS

内 容 简 介

由于多媒体技术在各领域中的大量普及和应用，特别是视频技术的迅速发展和普及，根据技术的发展，本版本补充了一些新概念和新技术，并约请了一些新的教师加入本书的编撰，在选材和叙述上，力求更为简明和精练，以突出重点内容。

本书内容翔实、图文并茂、实用性强，并配有典型实例，具有很强的实用性和操作性。适合作为高等院校计算机专业、通信专业及相关专业本科和专科的教材或参考书，也可作为从事多媒体应用和创作专业人员的参考书或培训教材。

图书在版编目（CIP）数据

多媒体技术／李小平等编著 ． —2 版. —北京：北京理工大学出版社，2015.11（2021.1 重印）

ISBN 978-7-5682-1526-8

Ⅰ．①多⋯　Ⅱ．①李⋯　Ⅲ．①多媒体技术-高等学校-教材　Ⅳ．①TP37

中国版本图书馆 CIP 数据核字（2015）第 288676 号

出版发行／北京理工大学出版社有限责任公司	
社　　址／北京市海淀区中关村南大街 5 号	
邮　　编／100081	
电　　话／(010)68914775(总编室)	
(010)82562903(教材售后服务热线)	
(010)68948351(其他图书服务热线)	
网　　址／http：//www.bitpress.com.cn	
经　　销／全国各地新华书店	
印　　刷／北京虎彩文化传播有限公司	
开　　本／787 毫米×1092 毫米　1/16	
印　　张／19	责任编辑／李秀梅
字　　数／446 千字	文案编辑／李秀梅
版　　次／2015 年 11 月第 2 版　2021 年 1 月第 3 次印刷	责任校对／周瑞红
定　　价／45.00 元	责任印制／王美丽

图书出现印装质量问题，请拨打售后服务热线，本社负责调换

前　　言

　　多媒体技术是当前世界科技领域中最有活力、发展最快的高新技术之一，是目前 IT 行业主要的技术增长点，它时时刻刻影响着世界经济的发展和科学进步的速度，并不断改变着人类的生活方式和生活质量。

　　本书将重点讨论多媒体软硬件的组成和应用、多媒体技术中的压缩编码、多媒体实际应用的原理及实现等内容。全书分为 8 章，第 1 章"多媒体技术概述"主要介绍多媒体技术相关概念、多媒体技术的特点、研究内容和应用等；第 2 章"多媒体设备"主要介绍 MPC 的概念和标准、多媒体的基本设备、多媒体设备接口、多媒体存储设备和常用的多媒体扩展设备；第 3 章"多媒体软件"主要介绍多媒体软件系统、多媒体素材制作软件（包括 Photoshop、Flash、GoldWave 和 Premiere 等）、多媒体著作工具、多媒体应用工具等；第 4 章"多媒体压缩技术"，主要介绍数据压缩的基础知识、信息熵编码原理、无损压缩编码算法和有损压缩编码算法等；第 5 章"数字音频与话音编码"主要介绍数字音频的相关概念、声音数字化的方法、话音编码技术与分类、脉冲编码调制（PCM）和自适应脉冲编码调制（APCM）、MPEG Audio 标准等；第 6 章"数字图像与视频"主要介绍各种颜色模型、图像的属性和种类、静态图像 JPEG、动态图像 MPEG、小波分析等；第 7 章"超媒体与 Web 系统"主要介绍超文本和超媒体的概念、超文本系统的结构、WWW 的工作原理、HTML 语言与网页制作、XML语言等；第 8 章"多媒体技术扩展"主要介绍多媒体网络基础、网络存储技术、IP 电话、视频会议、流媒体技术、接入技术等。

　　本书的特点是：软件与硬件并重、理论与实践并重。既介绍了常用的多媒体软件如 Photoshop、Flash、Premiere，也介绍了基本的多媒体硬件如激光存储器、多媒体设备接口、多媒体扩展设备；既详细讲解了各种数据压缩编码、音频和话音编码、图像和视频编码，也从多媒体系统应用、多媒体软件应用等方面体现出科技的应用价值。

　　本书为北京理工大学学术型研究生精品课程建设项目，由李小平教授指导编写，具体的编写工作由李小平、赵丰年、徐建强、王正宏、罗佳、明道福和张琳完成。刘栋、张晓君、卢昕、王宝林、陈鹏、李涛、惠腾飞、李静等参加了本书的编写工作。书中吸收了李小平课题组部分科研成果。全书由张剑军教授主审。

　　本书专门为现代远程教育试点高校网络教育（远程教育）设计，适用于网络学院计算机及相关专业的本科生和专科生，配套有相应的学习网站（http：//learn.bit.edu.cn）。此外，本书也可作为高等学校计算机专业、通信专业及相关专业本科和专科的教材和参考书，并适合从事计算机应用、通信工程、多媒体信息系统等方面工作的科技人员参考。

作　者

目　　录

第1章 多媒体技术概述

随着计算机技术与应用的高速发展，能集成地处理文、图、声、视等媒体信息的多媒体技术得到了迅速的推广，多媒体功能的实现使人们获得了真正意义上的"参与"与"感受"。本章将介绍多媒体技术的基本概念、研究内容和应用领域。

1.1 多媒体技术的基本概念

本节介绍媒体和多媒体的概念、多媒体的类型、多媒体技术及其特点。

1.1.1 媒体和多媒体

1. 媒体

所谓媒体（media）是指承载信息的载体和传播信息的介质。

在日常生活和社会活动中，往往把可以记载或保存数据的物质、材料及其制成品称为媒体。比如：用纸张这类媒体可以去记载与保存可阅读的数字、表格、文字、图形或图像等数据，而用软盘、磁带、硬盘、光盘等媒体则可以记载与保存各类计算机数据。

报纸、杂志、电影和电视都是以各自的媒体传播信息的。报纸和杂志以文字、图形等作为媒体；电影和电视是以文字、声音、图形和图像作为媒体。

国际电话电报咨询委员会 CCITT（Consultative Committee on International Telephone and Telegraph，国际电信联盟 ITU 的一个分会）把媒体分成 5 类：

（1）感觉媒体：指直接作用于人的感觉器官，使人产生直接感觉的媒体。如引起听觉反应的声音，引起视觉反应的图像等。

（2）表示媒体：为了表达、处理和传输感觉媒体而构造的一种媒体，是信息的保存和表示形式，也即用于数据交换的编码。图像编码（JPEG、MPEG 等）、文本编码（ASCII 码、GB 2312 等）和声音编码等均属于表示媒体。借助表示媒体可以方便地对感觉媒体进行加工处理。表示媒体是 5 类媒体的核心。

（3）显示媒体：用于输入、输出媒体信息的设备。键盘、鼠标、话筒和扫描仪等是输入显示媒体；显示器、打印机和音箱等是输出显示媒体。

（4）存储媒体：存储媒体又称存储介质，指用于存储表示媒体的物理介质。纸张、硬盘、软盘、磁盘、光盘、ROM 及 RAM 等均属于存储媒体。

（5）传输媒体：传输媒体又称传输介质，指能够传输数据信息的物理载体，如双绞线、同轴电缆和光纤等。

媒体在计算机领域中通常有两种含义：一种是指信息的物理载体（即存储和传递信息的实体），如硬盘、软盘、磁盘、光盘、ROM 及 RAM 等；另一种层含义是指信息的表现形式（或者说传播形式），如文本、音频、视频、图形、图像和动画等。多媒体技术中的媒体指的是后者——信息的表示形式。

2. 多媒体

多媒体（multimedia）就是多重媒体的意思，可以理解为直接作用于人感官的文字、图形、图像、动画、声音和视频等各种媒体的统称，即多种信息载体的表现形式和传递方式。

多媒体不只是一件东西，而是包括许多东西如文字、图形、图像、动画、声音和视频等各种媒体的组合。

但多媒体不是各种信息媒体的简单复合，它把文本、图形、图像、动画和声音等形式的信息结合在一起，使它们建立起逻辑联系，并通过计算机进行综合处理和控制，使其能支持完成一系列交互式的操作。

值得一提的是：多媒体还包括用户在内！是的，对于多媒体，用户不再是一个被动的观众，而是可以控制，可以交互作用，可以让它按用户的需要去做。在一个报告中，用户可以不管那些无用的东西而直接进入重要的数据，可以将其感兴趣的全世界的报告和图片收集汇编到一起。这就是多媒体的力量和它与传统媒体（如书本和电视）的区别所在。

多媒体可以展示信息、交流思想和抒发情感。它让用户看到、听到和理解其他人的思想。也就是说，它是一种通信的方式。声音、图像、图形、文字等被理解为承载信息的媒体而称为多媒体其实并不准确，因为这容易跟那些承载信息进行传输、存储的物质媒体（也有人称为介质），如电磁波、光、空气波、电流、磁介质等相混淆。但是，现在多媒体这个名词或术语几乎已经成为文字、图形、图像和声音的同义词，也就是说，一般人都认为，多媒体就是声音、图像与图形等的组合，所以在一般的文章中也就一直沿用这个不太准确的词。

目前流行的多媒体的概念，主要仍是指文字、图形、图像、声音等人的器官能直接感受和理解的多种信息类型，这已经成为一种较狭义的多媒体的理解。

在计算机领域内，多媒体一般是指融合两种以上媒体的人-机交互式信息交流和传播媒体。多媒体是信息交流和传播媒体，从这个意义上说，多媒体和电视、报纸、杂志等媒体的功能是一样的。多媒体是人-机交互式媒体，这里所指的"机"，目前主要是指计算机，或者由微处理器控制的其他终端设备。因为计算机的一个重要特性是"交互性"，使用它就比较容易实现人-机交互功能。多媒体信息都是以数字的形式而不是以模拟信号的形式存储和传输的。传播信息的媒体的种类很多，如文字、声音、电视图像、图形、图像、动画等。虽然融合任何两种以上的媒体就可以称为多媒体，但通常认为多媒体中的连续媒体（声音和电视图像）是人与机器交互的最自然的媒体。

例如，图 1.1 就是一个典型的人-机交互的多媒体系统。

图 1.1　人-机交互多媒体系统

1.1.2 多媒体的类型

多媒体是多种媒体元素的复杂组合。在计算机和通信领域内，多媒体的媒体元素主要是指信息的文本、图形、声音、图像以及动画等。

1. 文本

文本是指在屏幕上显示的、以文字和各种专用符号表达的信息形式。例如，构成一篇文章的字、词、句、符号和数字，甚至是一本书、一个或多个书库等，都属于文本的范围。

文本是现实生活中使用得最多的一种信息存储和传递方式。用文本表达信息给人充分的想象空间，它主要用于对知识的描述性表示，如阐述概念、定义、原理和问题以及显示标题、菜单等内容。文本可以说是多媒体的最基本对象，是一种表达信息最快捷的方式。

通常文本具有多种格式，可以对其进行如字体、大小和颜色等各种格式的设定。

文本数据可以先用文本编辑软件（如 Word 等）制作，然后输入到多媒体应用程序中，也可以直接在制作图形的软件和多媒体编辑软件中制作。

文本文件常用的格式有"TXT"、"WRI"、"RTF"、"DOC"等，其中"TXT"是纯文本文件，"WRI"、"RTF"、"DOC"是格式化文件。

2. 声音

声音是携带信息的重要媒体，是用来传递信息、交流感情最方便、最熟悉的方式之一。各种语言、物体碰撞声、音乐（如各种歌声、乐声、乐器的旋律等）、机器轰鸣声、动物叫声和风雨声等人耳能听到的都可以归为声音的范畴。

多媒体中的声音通常是数字音频，它指的是一个用来表示声音强弱的数据序列，是由模拟声音经取样（即每隔一个时间间隔在模拟声音波形上取一个幅度值）、量化和编码（即把声音数据写成计算机的数据格式）后得到的。计算机数字 CD、数字磁带（DAT）中存储的都是数字声音。模拟-数字转换器把模拟声音变成数字声音；数字-模拟转换器可以恢复出模拟的声音。

一般来讲，实现计算机语音输出有两种方法：一是录音/重放，二是文-语转换。第二种方法是基于声音合成技术的一种声音产生技术，它可用于语音合成和音乐合成。而第一种方法是最简单的音乐合成方法，曾相继产生了应用调频(FM)音乐合成技术和波形表(wavetable)音乐合成技术。

将声音与图像（动画、电影等）一起播放，实现音频和视频的同步，会使视频图像更具有真实性。随着多媒体信息处理技术的发展、计算机数据处理能力的增强，音频处理技术得到了广泛的应用，如视频图像的配音、配乐、静态图像的解说、背景音乐、可视电视、电视会议的话音和电子读物的声音等。

常见的多媒体声音文件的格式有："WAV"、"MIDI"、"MP3"、"OGG"以及"WMA"等。

3. 图形

图形是指从点、线、面到三维空间的几何图形，一般指用计算机绘制的画面。由于在图形文件中只记录生成图的算法和图上的某些特征点（几何图形的大小、形状及其位置、维数等），因此称为矢量图。

例如，图 1.2 就是一幅典型的矢量图。

图1.2　矢量图

图形的格式是一组描述点、线、面等几何元素特征的指令集合。绘图程序就是通过读取图形格式指令，并将其转换为屏幕上可显示的形状和颜色而生成图形的软件。在计算机上显示图形时，相邻特征点之间的曲线是由若干段小直线段连接形成的。若曲线围成一个封闭的图形，还可用着色算法来填充颜色。矢量图形的最大优点在于可以分别对图形中的各个部分进行控制处理，如移动、旋转、放大、缩小、扭曲图形等，屏幕上重叠的图形既可保持各自的特征，也可以分开显示。

因此，图形主要用于工程制图以及制作美术字等。大多数CAD和3D造型软件使用矢量图形作为基本图形存储格式。图形数据的记录格式是很关键的内容，记录格式的好坏直接影响到图形数据的操作方便与否，例如，生成图形数据和修改图形操作等。

图形的制作和再现是图形技术的关键。图形只保存算法和特征点，所以相对于位图（图像）的大量数据来说，它占用的存储空间也较小。但由于每次屏幕显示时都需要重新计算，故显示速度没有图像快。另外，在打印输出和放大时，图形的质量较高而点阵图（图像）常会发生失真。

常用的矢量图形文件有"3DS"（用于3D造型）、"DXF"（用于CAD）、"WNF"（用于桌面出版）等。

4. 图像

图像原指原先在印刷制品上的图形、图画等。多媒体技术中的图像是由扫描仪、摄像机等输入设备捕捉实际的画面产生的数字图像，是由像素点阵构成的位图。

图像用数字任意描述像素点、强度和颜色。描述信息文件存储量较大，所描述对象在缩放过程中会损失细节或产生锯齿。在显示方面它是将对象以一定的分辨率分辨以后将每个点的色彩信息以数字化方式呈现，可直接快速在屏幕上显示。分辨率和灰度是影响显示的主要参数。

图像适用于表现含有大量细节（如明暗变化、场景复杂、轮廓色彩丰富）的对象，如：照片、绘图等，通过图像软件可进行复杂图像的处理以得到更清晰的图像或产生特殊效果。

图1.3为一幅火车的图像，与图1.2的矢量图相比，图像明显能表现出更多更复杂的细节。

常见的图像格式有"BMP"、"PCX"、

图1.3　位图图像

"TIF"、"GIF"以及"JPEG"等。

5. 动画

所谓动画，就是通过以 15～20 帧/s 的速度（相当接近于全运动视频帧速）顺序地播放静止图像帧以产生运动的错觉，实质上是一幅幅静态图像的连续播放。因为眼睛能足够长时间地保留图像以允许大脑以连续的序列把帧连接起来，所以能够产生运动的错觉。

计算机动画是借助计算机生成一系列连续图像的技术。可以通过在显示时改变图像来生成简单的动画。最简单的方法是在两个不同帧之间的反复。这种方法对于指示"是"或"不是"的情况来说是很好的解决方法。另一种制作动画的方法是以循环的形式播放几个图像帧以生成旋转的效果，并且可以依靠计算时间来获得较好的回放，或用计时器来控制动画。

例如，图 1.4 为网络上常见的兔斯基 gif 动画。

6. 视频

视频也是由一幅幅单独的画面（称为帧）序列组成。这些画面以一定的速率（帧率 fps，即每秒播放帧的数目）连续地投射在屏幕上，使观察者具有图像连续运动的感觉。与动画一样，这也是利用了人眼的视觉暂留原理。人眼看到的景象消失以后，在视网膜上会有一个短暂的延迟，当这个图形没有在视网膜上消失以前有新的图像显示，就使得人们感觉不到图像的不连续性。

图 1.4 动画效果

视频常常与声音媒体配合进行，二者的共同基础是时间连续性。一般意义上谈到视频时，往往也包含声音媒体。但在这里，视频特指不包含声音媒体的动态图像。

例如，图 1.5 为使用 PPLive 播放网络视频的画面。

图 1.5 视频效果

视频可以用多种储存格式保存，例如：数位视频格式，包括 DVD、QuickTime 与 MPEG-4；以及类比的录像带，包括 VHS 与 Betamax。视频可以被记录下来并经由不同的物理媒介传送：在视频被拍摄或以无线电传送时为电气信号，而记录在磁带上时则为磁性信号。视频画质实际上随着拍摄与撷取的方式以及储存方式而变化。

常见的视频格式有"WMV"，"AVI"，"RM"，"RMVB"，"ASF"以及"MP4"等。

1.1.3　多媒体技术及其特点

1. 多媒体技术的定义

多媒体技术从不同的角度有着不同的定义。比如有人定义"多媒体计算机是一组硬件和软件设备；结合了各种视觉和听觉媒体，能够产生令人印象深刻的视听效果。在视觉媒体上，包括图形、动画、图像和文字等媒体；在听觉媒体上，则包括语言、立体声响和音乐等媒体。用户可以从多媒体计算机同时接触到各种各样的媒体来源"。还有人定义多媒体是"传统的计算媒体——文字、图形、图像以及逻辑分析方法等与视频、音频以及为了知识创建和表达的交互式应用的结合体"。

目前，人们普遍认为，多媒体技术是能够同时获取、处理、编辑、存储和显示两个以上不同类型信息媒体的技术。这些信息媒体包括文字、声音、图形、图像、动画和活动影像等。

比较确切的定义是 Lippincott 和 Robinson 在 1990 年 2 月发表于《Byte》杂志的两篇文章中给出的，概括起来就是：

所谓多媒体技术就是计算机交互式综合处理多种媒体信息——文本、图形、图像和声音，使多种信息建立逻辑连接，集成为一个系统并具有交互性。简言之，多媒体技术就是计算机综合处理声、文、图等信息的技术，具有集成性、实时性和交互性。

多媒体在我国也有自己的定义，一般认为多媒体技术指的就是能对多种载体上的信息和多种存储体上的信息进行处理的技术。

2. 多媒体技术的主要特点

多媒体技术有以下几个主要特点：

（1）集成性：能够对信息进行多通道统一获取、存储、组织与合成。所谓集成性，一方面是媒体信息即声音、文字、图像、视频等的集成，另一方面是显示或表现媒体设备的集成，即多媒体系统一般不仅包括了计算机本身而且还包括了像电视、音响、录像机、激光唱机等设备。

（2）控制性：多媒体技术是以计算机为中心，综合处理和控制多媒体信息，并按人的要求以多种媒体形式表现出来，同时作用于人的多种感官。

（3）交互性：交互性是多媒体应用有别于传统信息交流媒体的主要特点之一。传统信息交流媒体只能单向地、被动地传播信息，而多媒体技术则可以实现人对信息的主动选择和控制。交互性是多媒体计算机与其他像电视机、激光唱机等家用声像电器有所差别的关键特征。普通家用声像电器无交互性，即用户只能被动收看，而不能介入到媒体的加工和处理之中。

（4）非线性：多媒体技术的非线性特点将改变人们传统循序性的读 / 写模式。以往人们读写方式大都采用章、节、页的框架，循序渐进地获取知识，而多媒体技术将借助超文本链接的方法，把内容以一种更灵活、更具变化的方式呈现给读者。

（5）实时性：实时性是指在多媒体系统中声音及活动的视频图像是强实时的（hard

realtime），多媒体系统提供了对这些时基媒体实时处理的能力。当用户给出操作命令时，相应的多媒体信息都能够得到实时控制。

（6）信息使用的方便性：用户可以按照自己的需要、兴趣、任务要求、偏爱和认知特点来使用信息，任取图、文、声等信息表现形式。

（7）信息结构的动态性："多媒体是一部永远读不完的书"，用户可以按照自己的目的和认知特征重新组织信息，增加、删除或修改节点，重新建立链接。

以上特点中集成性、实时性和交互性是三个最显著的特点，这也是它区别于传统计算机系统的主要特征。

3. 计算机与多媒体

多媒体技术是一种以计算机为中心的多种媒体（包括文本、图形、动画、静态影像、动态视频和声音等）的有机组合，人们在接收这些媒体信息时具有一定的主动性和交互性。

在多媒体计算机之前，传统的微机或个人机处理的信息往往仅限于文字和数字，只能算是计算机应用的初级阶段，同时，由于人–机之间的交互只能通过键盘和显示器，故交流信息的途径缺乏多样性。为了改换人–机交互的接口，使计算机能够集声、文、图、像处理于一体，人类发明了有多媒体处理能力的计算机。

多媒体计算机技术的应用始于20世纪80年代，随着计算机的普及，越来越多的人开始接触计算机，这就要求计算机具有良好的人–机交互性。人与计算机交流最方便、最自然的途径是使计算机具有视觉、听觉和发音能力。所以，多媒体个人计算机在很大程度上提高了人们对信息的注意力、理解力和保持力，使文化水平较低的公众（包括儿童）也可以使用计算机。例如，触摸屏的出现，使没有数据处理背景知识的用户也可以方便地使用计算机。

事实上，正是由于计算机技术和数字信息处理技术的实质性进展，才使我们拥有了强大的处理多媒体信息的能力，使得"多媒体"成为一种现实。所以，现在的"多媒体"通常不是指多媒体本身，而是指处理和应用它的一整套技术，即为多媒体技术。

1.2 多媒体技术的研究内容

由于多媒体系统需要将不同的媒体数据表示成统一的结构码流，然后对其进行变换、重组和分析处理，以进行进一步的存储、传送、输出和交互控制。所以，多媒体的传统关键技术主要集中在以下4类中：数据压缩技术、超大规模集成电路（VLSI）制造技术、大容量的光盘存储器（CD–ROM）、实时多任务操作系统。因为这些技术取得了突破性的进展，多媒体技术才得以迅速地发展，而成为像今天这样具有强大的处理声音、文字、图像等媒体信息的能力的高科技技术。但随着技术的发展，多媒体技术的研究内容也在不断细分，本节介绍9种常见的研究内容，这些内容也将是本书讨论的重点。

1.2.1 多媒体数据压缩/解压算法与标准

在多媒体计算机系统中要表示、传输和处理声、文、图等信息，特别是数字化图像和视频要占用大量的存储空间，因此高效的压缩和解压缩算法是多媒体系统运行的关键。

目前，被国际社会广泛认可和应用的通用压缩编码标准大致有如下4种：H.261、JPEG、MPEG和DVI。

（1）H.261：由 CCITT（国际电报电话咨询委员会）通过的用于音频视频服务的视频编码解码器（也称 Px64 标准），它使用两种类型的压缩：一帧中的有损压缩（基于 DCT）和用于帧间压缩的无损编码，并在此基础上使编码器采用带有运动估计的 DCT 和 DPCM（差分脉冲编码调制）的混合方式。这种标准与 JPEG 及 MPEG 标准间有明显的相似性，但关键区别是它是为动态使用设计的，并提供完全包含的组织和高水平的交互控制。

（2）JPEG：全称是 Joint Photograph Coding Experts Group（联合照片专家组），是一种基于 DCT 的静止图像压缩和解压缩算法，它由 ISO（国际标准化组织）和 CCITT（国际电报电话咨询委员会）共同制定，并在 1992 年后被广泛采纳后成为国际标准。它把冗长的图像信号和其他类型的静止图像去掉，甚至可以减小到原图像的 1%（压缩比 100:1）。但是在这个级别上，图像的质量并不好；压缩比为 20:1 时，能看到图像稍微有点变化；当压缩比大于 20:1 时，一般来说图像质量开始变坏。

（3）MPEG：是 Moving Pictures Experts Group（动态图像专家组）的英文缩写，实际上是指一组由 ITU 和 ISO 制定发布的视频、音频数据的压缩标准。它采用的是一种减少图像冗余信息的压缩算法，它提供的压缩比可以高达 200:1，同时图像和声音的质量也非常高。现在通常有三个版本：MPEG–1、MPEG–2、MPEG–4，以适用于不同带宽和数字影像质量的要求。它的三个最显著优点就是兼容性好、压缩比高（最高可达 200:1）、数据失真小。

（4）DVI：其视频图像的压缩算法的性能与 MPEG–1 相当，即图像质量可达到 VHS 的水平，压缩后的图像数据率约为 1.5 Mb/s。为了扩大 DVI 技术的应用，Intel 公司最近又推出了 DVI 算法的软件解码算法，称为 Indeo 技术，它能将数字视频文件压缩为 1/10～1/5。

1.2.2　多媒体数据存储技术

高效快速的存储设备是多媒体系统的基本部件之一，光盘系统是目前较好的多媒体数据存储设备。它又分为只读光盘（CD–ROM）、一次写多次读（WORM）光盘、可擦写（writable）光盘。

目前主流的光盘格式有：

（1）CD–ROM（Compact-Disc-Read-Only-Memory）：只读光盘机。1986 年，SONY、Philips 一起制定了用于定义档案资料格式的黄皮书标准。该标准定义了用于电脑数据存储的 MODE1 和用于压缩视频图像存储的 MODE2 两种类型，使 CD 成为通用的储存介质。并加上侦错码及更正码等位元，以确保电脑资料能够完整无误地读取。

（2）CD–R（Compact-Disc-Recordable）：1990 年，Philips 发表多段式一次性写入光盘数据格式，属于橘皮书标准。在光盘上加一层可一次性记录的染色层，可以进行刻录。

（3）CD–RW：在光盘上加一层可改写的染色层，通过激光可在光盘上反复多次写入数据。

（4）DVD（Digital-Versatile-Disk）：数字多用光盘，以 MPEG–2 为标准，拥有 4.7 G 的大容量，可储存 133 min 的高分辨率全动态影视节目，包括杜比数字环绕声音轨道，图像和声音质量是 VCD 所不及的。

（5）DVD+RW：可反复写入的 DVD 光盘，又叫 DVD–E。由 HP、SONY、Philips 共同发布的一个标准。容量为 3.0 GB，采用 CAV 技术来获得较高的数据传输率。

（6）DVD–RAM：DVD 论坛协会确立和公布的一项商务可读写 DVD 标准。它容量大而价格低、速度不慢且兼容性高。

1.2.3 多媒体计算机硬件

多媒体计算机系统的基础是计算机系统，多媒体计算机除了具有一般计算机所具有的CPU、内存、硬盘等外，还要拥有以下几个可扩展部件：

（1）光盘驱动器：就是我们平常所说的光驱（CD–ROM），是读取光盘信息的设备，也是多媒体电脑不可缺少的硬件配置。光盘存储容量大，价格便宜，保存时间长，适宜保存大量的数据，如声音、图像、动画、视频信息、电影等多媒体信息。衡量光驱的最基本指标是数据传输率（Data Transfer Rate），即大家常说的倍速。单倍速（1 X）光驱是指每秒钟光驱的读取速率为 150 KB/s；同理，双倍速（2X）就是指每秒读取速率为 300 KB/s。现在市面上的CD–ROM 光驱一般都在 48 X，50 X 以上。

（2）声卡：也叫音频卡。声卡是多媒体技术中最基本的组成部分，是实现声波/数字信号相互转换的一种硬件。声卡的基本功能是把来自话筒、磁带、光盘的原始声音信号加以转换，输出到耳机、扬声器、扩音机、录音机等声响设备，或通过音乐设备数字接口（MIDI）使乐器发出美妙的声音。音频卡具有 A/D 和 D/A 音频信号的转换功能，可以合成音乐、混合多种声源，还可以外接 MIDI 电子音乐设备。

（3）图形加速卡：图文并茂的多媒体表现需要分辨率高，而且同屏显示色彩丰富的显示卡的支持，同时还要求具有 Windows 的显示驱动程序，并在 Windows 下的像素运算速度要快。现在带有图形用户接口 GUI 加速器的局部总线显示适配器使得 Windows 的显示速度大大加快。

（4）视频卡：视频卡将模拟摄像机、录像机、LD 视盘机、电视机输出的视频信号等输出的视频数据或者视频音频的混合数据输入电脑，并转换成电脑可辨别的数字数据，存储在电脑中，成为可编辑处理的视频数据文件。视频卡又可细分为视频捕捉卡、视频处理卡、视频播放卡以及 TV 编码器等专用卡，其功能是连接摄像机、VCR 影碟机、TV 等设备，以便获取、处理和表现各种动画和数字化视频媒体。

（5）打印机接口：用来连接各种打印机，包括喷墨打印机、激光打印机等。打印机现在已经是最常用的多媒体输出设备之一了。

（6）交互控制接口：用来连接触摸屏、鼠标、光笔等人-机交互设备的，这些设备将大大方便用户对多媒体计算机的使用。

（7）网络接口：是实现多媒体通信的重要扩充部件。计算机和通信技术相结合的时代已经来临，这就需要专门的多媒体外部设备将数据量庞大的多媒体信息传送出去或接收进来，通过网络接口相接的设备包括视频电话机、传真机、LAN 和 ISDN 等。

1.2.4 多媒体计算机软件

多媒体软件平台是多媒体软件核心系统，其主要任务是提供基本的多媒体软件开发的环境，一般是专门为多媒体系统而设计或是在已有的操作系统的基础上扩充和改造而成的。在个人计算机上运行的、应用最广泛的多媒体软件平台是 Microsoft 公司的 Windows NT/2000/2003/XP/Vista 操作系统。

此外，多媒体软件还包括各种应用系统和开发系统，例如多媒体素材处理软件、数据压缩软件等。

1.2.5　多媒体数据库

和传统的数据管理相比，多媒体数据库包含着多种数据类型，数据关系更为复杂，需要一种更为有效的管理系统来对多媒体数据库进行管理。

多媒体数据库从本质上来说，要解决 3 个难题：

（1）信息媒体的多样化。不仅仅是数值数据和字符数据，还要扩大到多媒体数据的存储、组织、使用和管理。

（2）多媒体数据集成或表现集成。实现多媒体数据之间的交叉调用和融合，集成粒度越细，多媒体一体化表现才越强，应用的价值也才越大。

（3）多媒体数据与人之间的交互性。没有交互性就没有多媒体，要改变传统数据库查询的被动性，能以多媒体方式主动表现。

1.2.6　超文本与 Web 技术

超文本是一种有效的多媒体信息管理技术，它本质上是采用一种非线性的网状结构组织块状信息。

超文本更是一种用户界面模式，用以显示文本及与文本之间相关的内容。现在的超文本普遍以电子文档方式存在，其中的文字包含有可以链接到其他位置或者文档的链接，允许从当前阅读位置直接切换到超文本链接所指向的位置。超文本的格式有很多，目前最常使用的是超文本标记语言（Hyper Text Markup Language，缩写为 HTML）及富文本格式（Rich Text Format，缩写为 RTF）。我们日常浏览的网页都属于超文本。实际上，Web 系统是最典型的一种超文本系统，目前应用非常广泛。

1.2.7　多媒体系统数据模型

多媒体系统数据模型是指导多媒体软件系统（软件平台、多媒体开发工具、编著工具、多媒体数据库等）开发的理论基础，对于多媒体系统数据模型的形式化或规范化研究是进一步研制新型系统的基础。

多媒体系统数据模型的主要任务是表示各种不同媒体数据构造及其属性特征，指出不同媒体数据之间的相互关系。

1.2.8　多媒体通信与分布式多媒体系统

20 世纪 90 年代，计算机系统是以网络为中心，多媒体技术和网络技术、通信技术相结合出现了许多令人鼓舞的应用领域，如可视电话、电视会议、视频点播以及以分布式多媒体系统为基础的计算机支持协同工作系统（远程会诊、报纸共编等），这些应用很大程度上影响了人类的生活和工作方式。

和电话、电报、传真、计算机通信等传统的单一媒体通信方式比较，利用多媒体通信，相隔万里的用户不仅能声、像、图、文并茂地交流信息，而且分布在不同地点的多媒体信息，还能步调一致地作为一个完整的信息呈现在用户面前，而且用户对通信全过程具有完备的交互控制能力。这就是多媒体通信的分布性、同步性和交互性特点。

多媒体通信的应用范围十分广泛。它的业务类型主要有以下几种：

（1）会话型：用户在家中与远方的朋友通电话，可以看到彼此的形象；与远在国外的合作伙伴进行贸易谈判，可以逼真地看到对方提供的样品，还可以把已签字的合同立即传送给对方；甚至可以坐在办公室或家中，利用自己的计算机和分散在世界各地的同行一起"开会"商讨问题等。

（2）电子信函型：可以在任何时间向远方的朋友发出（或接收）集声、像、图、文于一体的"电子函件"。

（3）检索型：可随时从不同地点的多媒体数据库中检索到需要的多媒体信息。

（4）分配型：可以在家中随意点播想要收看的电视节目。

1.2.9　基于 Internet 的多媒体技术

Internet 是目前最为流行的计算机网络，它可提供大量的多媒体服务。但传统的 Internet 采用尽力而为的信息传输方式，不能保证多媒体的服务质量。

由于以上原因，通常基于 Internet 的多媒体播放器要做以下的工作：

（1）解压缩：几乎所有的声音和影视图像都是经过压缩之后存放在存储器中的，因此无论播放来自于存储器或者来自网络上的声音和影视都要解压缩。

（2）去抖动：由于到达接收端的每个声音信息包和电视图像信息包的时延不是一个固定的数值，如果不加任何措施就原原本本地把数据送到媒体播放器播放，听起来就会有抖动的感觉，甚至对声音和影视图像所表达的信息无法理解。在媒体播放器中，限制这种抖动的简单方法是使用缓存技术，就是把声音或者影视图像数据先存放在缓冲存储器中，经过一段延时之后再播放。

（3）错误处理：由于在互联网上往往会出现让人不能接受的交通拥挤，信息包中的部分信息在传输过程中就可能会丢失。如果连续丢失的信息太多，用户接收的声音和图像质量就不能容忍。采取的办法往往是重传。

1.3　多媒体技术的应用

多媒体技术是一种实用性很强的技术，它一出现就引起许多相关行业的关注，由于其社会影响和经济影响都十分巨大，相关的研究部门和产业部门都非常重视产品化工作，因此多媒体技术的发展和应用日新月异，产品更新换代的周期很快。多媒体技术及其应用几乎覆盖了计算机应用的绝大多数领域，而且还开拓了涉及人类生活、娱乐、学习等方面的新领域。

多媒体技术的显著特点是改善了人–机交互界面，集声、文、图、像处理一体化，更接近人们自然的信息交流方式。本节介绍多媒体的应用领域和应用特点。

1.3.1　多媒体的应用领域

多媒体技术是一门综合的高新技术，它是微电子技术、计算机技术、通信技术等相关学科综合发展的产物。20 世纪 90 年代以来，微电子技术的发展使一大批像高清晰度电视（HDTV）、高保真音响（HiFi）、高性能录像机、光盘播放机等产品纷纷推出；而数字化通信技术将传统的通信技术与计算机技术紧密地结合，形成了高速通信网络，使信息传输与交换能力有惊人的提高。新一代计算机系统集成电路密度大幅度增加，运算速度显著提高，功能越来越强，特别是 PC 机的发展更加迅猛，产品更新换代周期越来越短，使 PC 机的功能和工作站相比已无明显的差距，其强大图形处理功能及图像加工能力为计算机进行多媒体加工提供了基础。

从应用角度来看，人们对多媒体系统的认识一是来自电视，一是来自计算机，正如《Business Week》在 1989 年 10 月 9 日曾刊出的一句话："It's a PC，It's a TV，It's a Multimedia"。人们从电视里看到了生动活泼的画面，然而却无法改变或控制它，只是一种单向的沟通或交流方式。而计算机作为一种强大的工具可以由用户操作控制来解决很多问题，但这种工具还显得有点呆板单调，画面里充满着单调的文字、命令和生硬的图像。那么使电视用户有一定的控制权限和使计算机画面更加赏心悦目便成了我们改进的目标，这正是电视和计算机结合的原因所在。基于上述要求，多媒体开发研究大体上可分为两种途径，一方面由于数字化技术在计算机研制中的巨大成功，使声像、通信由传统的模拟方式向数字化方向发展，声像技术和计算机技术相结合，声像产品引入微型机控制处理，使声像产品数字化、计算机化、智能化，其代表性产品概念是电视计算机（teleputer）；另一方面，随着微型计算机的发展，计算机处理由单纯的正文方式到引入图形、声音、静止图像、动画及视频图像综合处理，向计算机电视（compuvision）的产品概念发展。它们共同的目标是一致的，即将计算机软硬件技术、数字化声像技术和高速通信网技术集成为一个整体，把多种媒体信息的获取、加工、处理、传输、存储、表现于一体。这种集成不仅仅是一个量的变化，更重要的是一种质的飞跃，它将对人们的学习、工作、生活和娱乐产生巨大的影响。

多媒体技术的典型应用包括以下几个方面：

1. 教育和培训

教育与培训无疑是多媒体应用最活跃的领域。人们大都认可这样一种说法："学习者能够记住 20%他们听到的；40%他们同时听到和看到的；75%他们听到、看到、并且动手做了的。"显然，采用多媒体技术的教学和培训能够更有效地提高学习者的兴趣、集中学习者的注意力、并且加快知识消化和吸收的速度。

多媒体教学和培训的形式非常多样，最典型的一种方式是采用多媒体教室——教师通过利用以计算机为核心的各种多媒体设备，能够把一堂课讲得有声有色，从而大大提高学生的学习效率。

另外一种方式是使用交互式多媒体教学程序（一般以 CD/DVD 光盘方式提供），这主要用于学习者自学。目前市面上主要有英语教学、中小学课程教学、各类考试辅导以及计算机教学等方面的程序。

根据一定的教学目标，在计算机上编制一系列的程序，设计和控制学习者的学习过程，使学习者通过使用该程序，完成学习任务，这一系列计算机程序称为教育多媒体软件或称为 CAI（Computer Assist Instruction，即计算机辅助教学）。CAI 的应用，使学生真正打破了明显的校园界限，改变了传统的"课堂教学"的概念，突破时空的限制，接受到来自不同国家、教师的指导，可获得除文本以外更丰富、直观的多媒体教学信息，共享教学资源，它可以按学习者的思维方式来组织教学内容，也可以由学习者自行控制和检测，使传统的教学由单向转向双向，实现了远程教学中师生之间、学生与学生之间的双向交流。

例如，图 1.6 所示为一个典型的多媒体课件程序，其中包含了文字、图像、动画、声音和视频等各种媒体元素。

图 1.6　多媒体课件程序

　　与 Internet 紧密结合的远程教育是多媒体教学的另外一种常见形式。在远程教育中，多媒体信息是通过网络进行传播的，从而使学习者能随时随地共享高水平的教学。

　　此外，结合了虚拟现实技术的多媒体培训还可用于一些特殊场合，比如培训学员使用计算机学习驾驶汽车、培训消防员在计算机模拟的火灾演习中掌握灭火技术，从而降低了培训的费用和风险。

2. 商业应用

　　在销售、导游或宣传等活动中，使用多媒体技术编制的软件或节目，能够图文并茂地展示产品、游览景点和其他宣传内容，使用者可与多媒体系统交互，获取感兴趣的对象的多媒体信息。

　　例如，房地产公司在推销某一处楼房时，可将该楼房的外貌、内部结构、室内装修、周围环境、配套设施、交通安全用文字、图形、图像表现出来，并加入对应的解说，制作成多媒体节目，用户通过观看这个节目就可以对所售的楼房有了直观了解，避免了销售人员解说而效果又不好的情况。

　　随着 Internet 的迅速发展，多媒体技术将与 Web 紧密结合，这从商业网站上司空见惯的 Flash 广告就能略见一斑。现在，大量的多媒体程序已经在网上出现，为人们提供各种各样的服务，比如解答产品使用中出现的问题、提供交互式产品目录等。

3. 娱乐和游戏

　　影视作品和游戏产品制作是计算机应用的一个重要领域。多媒体技术的出现给影视作品和游戏产品制作带来了革命性的变化，由简单的卡通片到声、文、图并茂的实体模拟，画面、声音更加逼真，趣味性娱乐性增加。随着 CD-ROM 的流行，价廉物美的游戏产品备受人们的欢迎，对启迪儿童的智慧，丰富成年人的娱乐活动大有益处。

　　从 20 世纪 80 年代开始，计算机多媒体技术开始用于电影制作。1982 年，电影《星舰迷航记——可汗之怒》中首度在电影中使用了全数字的动画技术。同年，《电子世界争霸战》成为第一部有明显计算机动画场景的真人电影，片中包含了超过 20 min 的三维计算机动画。

到了 20 世纪 90 年代，计算机动画特效开始大量用于真人电影中，最著名的例子包括：《魔鬼终结者 2》《侏罗纪公园》《阿甘正传》以及《泰坦尼克号》。同时，动画片中也开始采用越来越多的计算机动画。迪斯尼公司于 1994 年推出的《狮子王》，就结合使用了三维计算机动画技术和传统的动画技术。1995 年，皮克斯（Pixar）公司制作出了第一部完全用三维计算机动画制作的剧情片《玩具总动员》获得了空前的成功。之后，由梦工厂（DreamWorks）公司出品的《蚁哥正传》是第二部全三维动画制作的剧情片，并且是首部在不同场景中使用超过 10 000 个独立动画角色的动画片。

图 1.7　计算机动画角色——咕噜

到了 21 世纪，计算机动画特效越来越多地应用于真人电影。最著名的例子就是《魔戒》三部曲中的角色咕噜，该角色是结合使用了动作抓取（是指利用外部装置，将各种即时原始资料所提供的运动数据记录下来的过程）技术和 CGI 技术制作的，如图 1.7 所示。当然，大量借助计算机制作的优秀动画片继续涌现，包括梦工厂公司出品的《怪物史莱克》系列、《功夫熊猫》，迪斯尼公司和皮克斯公司合作出品的《怪兽电力公司》《海底总动员》以及《超人总动员》等。

4. 管理信息系统（MIS）

MIS 是一个由人、计算机及其他外围设备等组成的能进行信息的收集、传递、存储、加工、维护和使用的系统。它是一门新兴的科学，其主要任务是最大限度地利用现代计算机及网络通信技术加强企业的信息管理，通过对企业拥有的人力、物力、财力、设备、技术等资源的调查了解，建立正确的数据，加工处理并编制成各种信息资料及时提供给管理人员，以便进行正确的决策，不断提高企业的管理水平和经济效益。

目前 MIS 系统在商业、企业、银行等部门等已得到广泛的应用。多媒体技术应用到 MIS 系统中可得到多种形象生动、活泼、直观的多媒体信息，克服了传统 MIS 系统中数字加表格那种枯燥的工作方式，使用人员通过友好直观的界面与之交互获取多媒体信息，工作也变得生动有趣。多媒体信息管理系统改善了工作环境，提高了工作质量，有很好的应用前景。

5. 视频会议系统

视频会议系统是一种实时的分布式多媒体软件应用的实例。它使用实时音频和视频这种现场感的连续媒体，可以进行点对点通信，也可以进行多点对多点的通信；而且还充分利用其他媒体信息，如图形标注、静态图像、文本等计算数据信息进行交流，对数字化的视频、音频及文本、数据等多媒体进行实时传输，利用计算机系统提供的良好的交互功能和管理功能，实现人与人之间"面对面"的虚拟会议环境。它集计算机交互性、通信的分布性以及电视的真实性为一体，是一种快速高效、日益增长、广泛应用的新的通信业务。

随着多媒体通信和视频图像传输数字化技术的发展,计算机技术和通信网络技术的结合,视频会议系统成为一个最受关注的应用领域。与电话会议系统相比,视频会议系统能够传输实时图像,使与会者具有身临其境的感觉,但要使视频会议系统实用化,必须解决相关的图像压缩、传输、同步等问题。

例如,图1.8为一个典型的视频会议的画面。

图1.8 视频会议

6. 计算机支持协同工作

人类社会逐渐进入信息化时代,社会分工越来越细,人际交往越来越频繁,群体性、交互性、分布性和协同性将成为人们生活方式和劳动方式的基本特征,其间大多数工作都需要群体的努力才能完成。但在现实生活中影响和阻碍上述工作方式的因素太多,如打电话时对方却不在。即使电话交流也只能通过声音,而很难看见一些重要的图纸资料,要面对面的交流讨论,又需要费时的长途旅行和昂贵的差旅费用,这种方式造成了效率低、费时长、开销大的缺点。今天,随着多媒体计算机技术和通信技术的发展,两者相结合形成的多媒体通信和分布式多媒体信息系统较好地解决了上述问题。

多媒体通信技术和分布式计算机技术相结合所组成的分布式多媒体计算机系统能够支持人们长期梦想的远程协同工作。例如:远程会诊系统可把身处两地(如北京和上海)的专家召集在一起同时异地会诊复杂病例;远程报纸共编系统可将身处多地的编辑组织起来共同编辑同一份报纸。图1.9所示为医生进行远程手术的画面。

7. 视频服务系统

诸如影片点播系统、视频购物系统等视频服务系统拥有大量的用户,也是多媒体技术的一个应用热点。

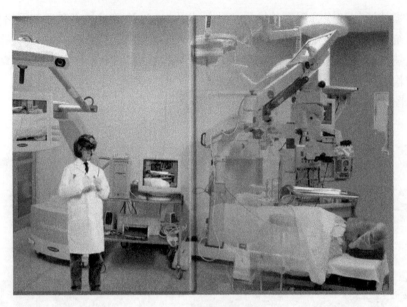

图 1.9　远程医学手术

VOD（Video On Demand）和交互电视（ITV）系统是根据用户要求播放节目的视频点播系统，具有提供给单个用户对大范围的影片、视频节目、游戏、信息等进行几乎同时访问的能力。对于用户而言，只需配备相应的多媒体电脑终端或者一台电视机和机顶盒，一个视频点播遥控器，"想看什么就看什么，想什么时候看就什么时候看"，用户和被访问的资料之间高度的交互性有别于传统的视频节目的接收方式。在这些 VOD 应用技术的支持和推动下，以网络在线视频、在线音乐、网上直播为主要项目的网上休闲娱乐、新闻传播等服务得到了迅猛发展，各大电视台、广播媒体和娱乐业公司纷纷推出其网上节目，虽然目前由于网络带宽的限制，视频传输的效果还远不能达到人们所预期的满意程度，但还是受到了越来越多的用户的青睐。

1.3.2　多媒体应用的特点

随着计算机技术的不断发展，低成本高速度处理芯片的应用，高效率的多媒体数据压缩/解压缩产品的问世，高质量多媒体数据输入/输出产品的推出，多媒体计算技术必将推进到一个新的阶段。目前多媒体技术的发展已进入高潮，多媒体产品正走进千家万户。

从近阶段来看，多媒体技术的研究和应用主要体现出以下特点：

（1）家庭教育和个人娱乐是目前国际多媒体市场的主流。其代表性的产品有：视频光盘播放系统，如各种 VCD 和 DVD 机；游戏机，集声、文、图、像处理于一体，功能强大；交互式电视系统，用户可以按自己的要求选择电视节目（VOD）或从预先安排的几种情节发展中选择某一种情节让故事进行下去。

（2）内容演示和管理信息系统（MIS）是多媒体技术应用的重要方面。目前，多媒体应用以内容演示和 MIS 为主要形式，这种状况可能会持续一段时期。

（3）多媒体通信和分布式多媒体系统是多媒体技术今后的发展方向。目前的多媒体技术应用正从基于 CD–ROM 的单机系统向以网络为中心的多媒体应用过渡，随着高速网络成本的下降，多媒体通信关键技术的突破，在以 Internet 为代表的通信网上提供的多种多媒体业务会给信息社会带来深远影响。同时将多台异地互联的多媒体计算机协同工作，更好地实现信息共享，提高工作效率，这种协同工作环境代表了多媒体应用的发展趋势。

从长远观点来看，进一步提高多媒体计算机系统的智能性是不变的主题。发展智能多媒体技术包括很多方面，如文字的识别和输入、汉语语音识别和输入、自然语言的理解和机器翻译、知识工程和人工智能等。已有的解决这些问题的成果已很好地应用到多媒体计算机系统开发中，并且任何一点新的突破都可能对多媒体技术的发展产生很大的影响。

习　题

1. 简述多媒体计算机技术的特点。
2. 多媒体技术研究的内容有哪些？
3. 什么是多媒体技术？
4. 简述多媒体技术的应用领域。

第 **2** 章　多媒体设备

多媒体硬件设备是多媒体计算机实现各种应用的基础。本章主要介绍各种多媒体设备，内容包括：MPC 的概念、多媒体的基本设备、多媒体设备接口、多媒体存储设备以及多媒体系统的扩展设备。

2.1　MPC

本节介绍 MPC 的组成、特征和硬件标准。

2.1.1　概述

在多媒体计算机之前，传统的微机处理的信息往往仅限于文字和数字，只能算是计算机应用的初级阶段，同时，由于人–机之间的交互只能通过键盘和显示器，故交流信息的途径缺乏多样性。为了改换人–机交互的接口，使计算机能够集声、文、图、像处理于一体，人类发明了有多媒体处理能力的计算机，如图 2.1 所示。

图 2.1　多媒体个人计算机

所谓多媒体个人计算机（Multimedia Personal Computer，缩写为 MPC）就是具有多媒体处理功能的个人计算机，它的硬件结构与一般的个人机并无太大的差别，只不过是多了一些软硬件配置而已。一般用户如果要拥有 MPC，大概有两种途径：一是直接购买具有多媒体功能的 PC 机；二是在基本的 PC 机上增加多媒体套件而构成 MPC。其实，现在用户所购买的个人计算机绝大多数都具有多媒体应用功能。

2.1.2 什么是 MPC

MPC 不仅指多媒体个人计算机，还代表多媒体个人计算机的工业标准。因此，严格地说，多媒体个人计算机是指符合 MPC 标准的、具有多媒体功能的个人计算机。

MPC 工业标准始于 1990 年 11 月，是由美国微软公司和一些计算机技术公司组成的"多媒体个人计算机市场协会（Multimedia PC Marketing Council）"对个人计算机的多媒体技术进行规范化管理而制定的相应标准。该协会后来与全球数千家计算机厂商共同组建"多媒体个人计算机工作组（Multimedia PC Working Group）"。

MPC 标准的具体内容包括：

（1）对个人计算机增加多媒体功能所需的软硬件进行最低标准的规范。

（2）规定多媒体个人计算机硬件设备和操作系统等的量化指标。

（3）制定高于 MPC 标准的计算机部件的升级规范。

（4）确定 MPC 的三级标准，即 MPC–1、MPC–2 和 MPC–3。

2.1.3 MPC 的基本组成

一般来说，多媒体个人计算机（MPC）的基本硬件结构可以归纳为 7 部分：

（1）至少一个功能强大、速度快的中央处理器（CPU）。

（2）可管理、控制各种接口与设备的配置。

（3）具有一定容量（尽可能大）的存储空间。

（4）高分辨率显示接口与设备。

（5）可处理声音的接口与设备。

（6）可处理图像的接口设备。

（7）可存放大量数据的配置。

这样提供的配置是最基本 MPC 的硬件基础，它们构成 MPC 的主机。除此以外，MPC 能扩充的配置还可能包括如下几个方面：

（1）光盘驱动器：包括可重写光盘驱动器（CD–R）、WORM 光盘驱动器和 CD–ROM 驱动器。其中 CD–ROM 驱动器为 MPC 带来了价格便宜的 650 M 存储设备，存有图形、动画、图像、声音、文本、数字音频、程序等资源的 CD–ROM 早已广泛使用。而可重写光盘、WORM 光盘价格较贵，目前还不是非常普及。另外，DVD 出现在市场上也有些时日了，它的存储量更大，双面可达 17 GB，是升级换代的理想产品。

（2）声音适配器：在声音适配器上连接的音频输入 / 输出设备包括话筒、音频播放设备、MIDI 合成器、耳机、扬声器等。数字音频处理的支持是多媒体计算机的重要方面，声音适配器具有 A/D 和 D/A 音频信号的转换功能，可以合成音乐、混合多种声源，还可以外接 MIDI 电子音乐设备。

（3）图形加速卡：图文并茂的多媒体表现需要分辨率高而且同屏显示色彩丰富的显示适配器的支持，同时还要求具有 Windows 的显示驱动程序，并在 Windows 下的像素运算速度要快。现在带有图形用户接口 GUI 加速器的局部总线显示适配器使得 Windows 的显示速度大大加快。

（4）视频卡：可细分为视频捕捉卡、视频处理卡、视频播放卡以及 TV 编码器等专用卡，其功能是连接摄像机、VCR 影碟机、TV 等设备，以便获取、处理和表现各种动画和数字化视频媒体。

以上这些构成了 MPC 最基本的组成部分，它们属于多媒体计算机的基本设备。随着多媒体技术的发展，MPC 能够处理的媒体种类在不断地增加，处理手段和方法也不断地更新。在输入方面，出现了很多新的形式，如语音输入、手写输入、文字自动识别输入等；在输出方面，有语音输出、影像实时输出、投影输出、网络数据输出等。

2.1.4　MPC 的主要特征

MPC 的主要特征，一般可归纳为以下几点：

（1）具有激光驱动器 CD-ROM。CD-ROM 是多媒体技术发展史上最重要的成就之一，是很多后续技术发展的基础，是最经济、最实用的数据载体。

（2）输入和输出手段丰富、种类多。多媒体计算机具备很多用于输入/输出各种媒体内容的手段。除了常用的键盘和鼠标以外，一般还具备扫描输入、手写输入和文字识别输入等设备，输出有音频输出、投影输出、视频输出，以及帧频输出等。

（3）显示质量高。由于多媒体计算机通常配备先进的高性能图形显示适配器和质量优良的显示器，因此图像的显示质量比较高。高质量的显示品质为图像、视频信号、多种媒体的加工和处理提供了不失真的参照基准。

（4）具有丰富的软件资源。多媒体计算机的软件资源必须非常丰富，以满足多媒体素材的处理及其程序的编制需求。本书第 3 章将详细介绍多媒体软件方面的内容。

2.1.5　MPC 的硬件标准

在多媒体技术发展的早期和中期，多媒体计算机的硬件性能和参数有严格的工业标准，以使多媒体计算机保持良好的兼容性和一致性，这就是 MPC 标准。该标准分为 MPC1、MPC2、MPC3 三级。

1. MPC1 标准

MPC1 标准公布于 1991 年，由"多媒体个人计算机市场协会"提出。从此，全球计算机业界共同遵守该标准所规定的各项内容，促进了 MPC 的标准化和生产销售，使多媒体个人计算机成为一种新的流行趋势。

MPC1 标准对硬件、软件的部分规定见表 2.1。

表 2.1　MPC1 标准

设备与软件	配　置　标　准
中央处理器	CPU386SX
系统时钟	16 MHz
内存储器	2 MB

设备与软件	配 置 标 准
硬盘	30 MB
鼠标器	2 键
键盘	101 键
接口种类	串行接口；并行接口；游戏杆接口
MIDI 接口	具备 MIDI 合成与混音功能的 MIDI 输入 / 输出接口
显示模式	VGA 或更高级别显示模式，分辨率为 640×480 像素，16 色
激光驱动器	单速 CD–ROM，数据传输速率 150 KB/s， 平均访问时间<l s
声音输入	麦克风 mV 级灵敏度
声音重放	耳机、扬声器
声卡模式	8 bit/11.025 kHz 采样，11.025 kHz 和 22.05 kHz 输出
操作系统	DOS3.1 版本或以上、Windows3.0 带多媒体扩展模块

今天，MPC1 标准尽管已经过时，但是，它作为多媒体个人计算机的第一个标准，具有划时代的意义，它使全球多媒体个人计算机走上有秩序的发展轨道，为多媒体技术的发展奠定了坚实的基础。

2. MPC2 标准

1993 年 5 月，MPC2 标准由"多媒体个人计算机市场协会"公布。该标准根据硬件和软件的迅猛发展状况做了较大的调整和修改，尤其对声音、图像、视频和动画的播放，以及 PhotoCD 做了新的规定。MPC2 标准的部分内容见表 2.2。

表 2.2　MPC2 标准

设备与软件	配 置 标 准
中央处理器	CPU486SX 或兼容 CPU
系统时钟	25 MHz
内存储器	4 MB
硬盘	160 MB
鼠标器	2 键
键盘	101 键
接口种类	串行接口；并行接口；游戏杆接口
MIDI 接口	具备 MIDI 合成与混音功能的 MIDI 输入 / 输出接口
显示模式	VGA 或更高等级显示模式，分辨率 640×480 像素，256 色
激光驱动器	2 倍速 CD–ROM，数据传输速率 300 KB/s，平均访问时间<0.4 s，150 KB/s 传输时 CPU 占用量≤40%
声音输入	麦克风 mV 级灵敏度
声音重放	耳机、扬声器

续表

设备与软件	配 置 标 准
声卡模式	16 bit 采样，11.025 kHz、22.05 kHz、44.1 kHz 输出
操作系统	DOS3.1 版本以上；Windows3.1

  MPC2 标准一经公布，尽管将推荐配置的内容留出较大余地，但由于计算机多媒体技术的发展非常迅速，某些内容很快就过时了。然而，由于 MPC2 标准比较全面地规范了多媒体技术涉及的多种软件和硬件指标，现在只要提及 MPC 的原始标准，通常都是指 MPC2 标准。

3. MPC3 标准

  1995 年 6 月，MPC3 标准由"多媒体个人计算机工作组"公布。该标准为适合多媒体个人计算机的发展，进一步提高了软件、硬件的技术指标。更为重要的是，MPC3 标准制定了视频压缩技术 MPEG 的技术指标，使视频播放技术更加成熟和规范，并且制定了采用全屏幕播放、使用软件进行视频数据解压缩等的技术标准。MPC3 标准的部分内容见表 2.3。

表 2.3 MPC3 标准

设备与软件	配 置 标 准
中央处理器	Pentium（奔腾）CPU 或兼容 CPU
系统时钟	75 MHz
内存储器	8 MB
硬盘	540 MB
鼠标器	2 键
键盘	101 键
接口种类	串行接口；并行接口；游戏杆接口
MIDI 接口	具备 MIDI 合成与混音功能的 MIDI 输入 / 输出接口
显示模式	VGA 或更高等级显示模式，分辨率 640×480 像素，65 536 色
激光驱动器	4 倍速 CD–ROM，数据传输速率 600 KB/s，平均访问时间<0.25 s，600 KB/s 传输时 CPU 占用量≤40%；300 KB/s 传输时 CPU 占用量≤20%
声音输入	麦克风 mV 级灵敏度
声音重放	耳机、扬声器
声卡模式	16 bit 采样，输入输出均为 11.025 kHz、22.05 kHz、44.1 kHz，在 11.025 kHz 和 22.05 kHz 工作时 CPU 占用量≤10%； 在 44.1 kHz 工作时 CPU 占用量≤15%
视频播放	NTSC 制式：30 帧/s，分辨率 352×240 像素； PAL 制式：24 帧/s，分辨率 352×288 像素； 数据格式：MPEG–1 压缩模式
操作系统	Windows 3.1

在 MPC3 标准实行的时期，Windows 95 操作系统问世，视频、音频压缩技术日趋成熟，高速奔腾系列 CPU 开始应用于个人计算机，个人计算机市场已经占据主导地位，多媒体技术得到了蓬勃发展。目前，新型多媒体计算机的标准已经远远高于 MPC3 标准，硬件的种类也大大增加，软件更是发展迅速，功能更为强大。某些硬件的功能已经由软件取代，硬件和软件的界限已经模糊不清。

2.2 多媒体的基本设备

多媒体计算机的硬件设备很多，但有些设备是必不可少的，这就是基本硬件设备。基本硬件设备包括各种类型的激光存储器、显示适配器、显示器、声音适配器与声音还原设备。

2.2.1 CD–ROM 激光存储器

自从 1990 年个人多媒体计算机标准 MPC1（Multimedia Personal Computer Level 1）诞生以来，CD–ROM 已逐步取代磁盘而成为新一代的软件和数据载体。随着新产品的不断推出，CD–ROM 驱动器的性能价格比变得更高，已成为多媒体计算机不可或缺的标准配置。

1. CD–ROM 驱动器的工作原理

CD–ROM 其实是从 CD 演变而来的。CD 是将模拟数据通过光刻机（进行批量生产的大型 CD 压制机），在光盘的一面上刻出一个个小坑，这些坑很小，用肉眼看不到，然后在另一面涂上反光材料，就制成了 CD（数据 CD 或音乐 CD）。音乐 CD 和数据 CD 的区别就是音乐 CD 要把数字信号转变成模拟信号输出，而计算机用的数据 CD 仍输出数字信号。从 CD–ROM 光头射出来的激光照到盘片平的地方和小坑的地方时其反射率不同，这时在激光头旁边的光敏元件感应到有强有弱的反射光，就会产生高低电平输出到光驱的数字电路，而高电平和低电平在计算机中分别代表 0 和 1，这就是 CD–ROM 把数据光盘转换成数据输出的原理和过程。

2. 主要性能指标

目前，市场上 CD–ROM 驱动器的品牌很多，选购时需要了解一些专用术语和指标，现以 CD–ROM 为例简介其技术指标。

（1）数据传输率。指光驱在 1 s 时间内所能读取的数据量，用 k 字节/秒（kb/s）表示。CD–ROM 的基本传输率是 150 kb/s。数据传输率越大，则光驱的数据传输率就越高。双速、四速、八速光驱的数据传输率分别为 300 kb/s、600 kb/s 和 1.2 Mb/s，依此类推。

（2）平均访问时间。又称平均寻道时间，是指 CD–ROM 光驱的激光头从原来位置移动到一个新指定的目标（光盘的数据扇区）位置并开始读取该扇区上的数据这个过程中所花费的时间。一般说来，4 速及更高速度光驱的平均访问时间至少应低于 250 ms。

（3）CPU 占用时间。指 CD–ROM 光驱在维持一定的转速和数据传输速率时所占用 CPU 的时间。

以上指标是衡量 CD–ROM 光驱内在性能的三个重要因素，至于光驱的盘片格式、转速、品牌、容错性及产地等因素相对都是次要的。

2.2.2 显示适配器

显示适配器又叫显示卡、图形加速卡，它工作在 CPU 和显示器之间，基本作用就是控制计算机的图形输出。显示适配器有两种安装形式，一种是独立的显示适配器，其外观如图 2.2 所示。另一种是把显示适配器集成在主机板上的"二合一"产品，目的是为了降低成本、缩小体积、简化安装。

图 2.2　显示适配器外观

1. 显示适配器的基本原理

显示适配器的主要作用是对图形函数进行加速。在早期的计算机中，CPU 和标准的 EGA 或 VGA 显示适配器以及帧缓存（用于存储图像）可以对大多数图像进行处理，但它们只起到一种传递作用，用户所看到的内容是由 CPU 提供的。这对早期操作系统环境（如 DOS），以及文本文件的显示是足够的，但是这种组合对复杂的图形和高质量的图像进行处理就显得不够了，特别是在 Windows 操作环境下，CPU 已经无法对众多的图形函数进行处理，而最根本的解决方法就是采用图形加速卡。图形加速卡拥有自己的图形函数加速器和显存，专门用来执行图形加速任务，因此可以大大减少 CPU 所必须处理的图形函数。这样 CPU 就可以执行其他更多的任务，从而提高了计算机的整体性能，多媒体功能也就更容易实现。

实际上现在的显示适配器都已经是图形加速卡，它们都可以执行一些图形函数。通常所说的加速卡的性能，是指加速卡上的芯片集能够提供的图形函数计算能力，这个芯片集通常也称为加速器或图形处理器。芯片集可以通过它们的数据传输带宽来划分，最近的芯片多为64 位或 128 位，而早期的显示适配器芯片为 32 位或 16 位。更多的带宽可以使芯片在一个时钟周期中处理更多的信息。但是 128 位芯片不一定就比 64 位芯片快两倍，更大的带宽带来的是更高的解析度和色深，加速卡的速度很大程度上受所使用的显存类型以及驱动程序的影响。

2. 显示适配器的作用

显示适配器的基本作用就是将系统中输出的显示信息加以处理、转换和控制，并将输出信息发送到显示器上，呈现能被视觉感知的文字、数据、图形界面、彩色照片、计算机动画和视频画面等可视信息。同样，主处理器也可从显示适配器读回所需要的显示状态等信息。

显示适配器进行信息模式的转换包括两个方面：并行数据信号转换为串行信号，数字信号转换为模拟信号。

显示适配器发送到显示器的输出信号除含有模拟视频信号外，还含有许多控制信号。例如，在显示器中为使传入的视频信号按时序从左到右、从上到下进行逐行或隔行扫描，显示适配器发送的信号除需要包含视频信号、亮度信号外，还要包括垂直和水平同步控制信号，通过显示器接口电路，将这些信号送到显示器内不同的电路中去完成各自不同的功能，从而实现同步扫描和控制图像扫描频率或屏幕刷新频率的目的。

此外，诸如显示模式的控制，调色板的选择，光标的设置以及状态的读取等其他控制功能，都可以在软件的配合下由显示适配器来完成。

3. 显示适配器的组成

显示适配器主要由图形加速芯片、显示存储器、BIOS 芯片、RAMDAC 等组成。它们集成在一块插件板上，通过主板上的 I/O 接口与系统总线相连，并通过电缆将输出信号传输到显示器上。

（1）图形加速芯片。图形加速芯片又称为图形处理芯片或显示芯片，它是显示适配器的核心部件，拥有图形加速器，决定了显示适配器的类型、档次和大部分性能。

在显示适配器中体积最大、插脚最多的芯片就是图形加速芯片，比较高档的芯片一般都会有较大的散热片或散热风扇。一般来说，在芯片的内部会有一个时钟发生器和图形函数硬件加速电路，有的芯片还将 RAMDAC 集成在内部。它们的数据传输带宽，目前一般多为 64 bit 以上。较大的带宽可以使芯片在一个时钟周期中处理更多的信息。

图形加速芯片提供了图形函数的计算能力，是专门来执行图形加速任务的，可以大大减少 CPU 的负担，现在所有的芯片都能加速处理三维图像，提供实时和动态的三维图形应用支持，所以显示芯片也可称为 3D 加速芯片，可以加速处理的 3D 效果包括混合、灯光、纹理贴图、透视矫正、过滤和抗失真等。为了处理和构造复杂的三维图像，这类芯片可以处理 X 轴、Y 轴的像素，还以 Z 缓存（Z-Buffer）来存储图像的深度信息。Z 缓存位数表征了显示芯片所提供的景物纵深感的精确度，目前一般显示适配器可提供 32 位以上的 Z 缓存。

生产显示芯片的厂家很多，例如，NVidia、S3、Matrox、Trident、TsengLabsET 等。

（2）显示存储器。显示存储器简称显存，根据显示存储器的功能，它也被称为帧缓冲器（Frame Buffer）、视频存储器（Video RAM）或位图存储器（Bitmap Memory）等。显存是图形加速卡的重要组成部分，通常用来存储显示芯片（组）所处理的数据信息，主要存储图形加速芯片处理后的一帧显示图形的数据，这是与显示屏幕上一帧图形上各像素点一一对应的像素值，这些数据可以直接映射到屏幕上从而在屏幕上形成一帧与显示存储器中所存位图数据相对应的可见画面。

有一些高级加速卡不仅将图形数据存储在显存中，而且还利用显存进行计算，特别是具有 3D 加速功能的显示适配器更是需要显存进行 3D 函数的运算。进行数据交换时，只有当芯片集完成对显存的写操作后，RAMDAC［见下面内容（3）］才能从显存中得到数据。在高解析度和色深的环境下，这会影响加速卡的速度，因为此时的数据量越大，所要等待的时间就越多。目前的加速卡通过提高显存的带宽来增大数据交换速度以便减少等待时间。

（3）随机存储数/模转换器（RAMDAC）。RAMDAC 即 Random Access Memory Digital to Analog Converter 的缩写，也就是随机存储数/模转换器。它主要用于将显示存储器中输出的串行图形数据实时地转换为显示器所能接收的模拟信号，并发送到显示器且显示出来。RAMDAC 的转换速率单位是 MHz，它决定了显示刷新频率的高低，该数值决定了在足够的显存下，显示适配器最高支持的分辨率和刷新率。目前显示适配器的 RAMDAC 芯片工作频率至少是 170 MHz，大多数则在 230 MHz 以上，高档显示适配器的 RAMDAC 的芯片频率可达 300 MHz 以上，已彻底解决了显示刷新频率的"瓶颈"问题。为了降低成本，有些厂商将 RAMDAC 集成到了图形加速芯片内，成为内置的 RAMDAC，在这些显示适配器上找不到单独的 RAMDAC 芯片。但是一些专业的图形显示适配器仍使用外置的 RAMDAC。

（4）基本输入/输出系统（BIOS ROM）。显示适配器中的 BIOS 是一种特殊的只读存储器

（ROM）芯片，称为基本输入/输出系统，主要存放生产厂家提供的硬件图形加速芯片与驱动软件之间的输入/输出逻辑控制程序，此外，还存放显示适配器的名称，型号以及显示内存的信息等。BIOS 的性能决定了显示适配器硬件与操作系统之间的配合程度，以及能否充分利用图形加速芯片的功能。

系统启动后，显示适配器 BIOS 中的信息数据就被映射到内存里，并出现在显示屏上，固化在 BIOS ROM 中的控制程序就会对显示控制器进行初始化设置，控制整个显示适配器的正常工作。只有显示适配器正常工作，显示器才有可能显示其他内容。

（5）总线接口。大部分显示适配器是一种板卡总线式结构。对外部而言，显示适配器要通过总线接口与计算机主板连接进行相互间的数据交换。对内部而言，它将板卡总线作为图形加速芯片、显示存储器、显示控制器等卡内部件的数据传输通道，因此，板卡总线或总线接口的传输速率是决定显示适配器总体效能的重要因素。

总线接口的类型有很多种，但一般采用的总线接口只有 PCI 总线接口和 AGP 高级图形接口两种。

PCI（Peripheral Component Interconnect）即周边总线接口，这种接口方式的显示适配器使用 32 bit 或 64 bit 的数据传送方式，它的工作频率为 33 MHz，最高设计传输速率可达到132 MB/s 和 264 MB/s。PCI 总线支持一次传送多批数据，可有效提升显示适配器读和写的效率，可使显示适配器获得系统总线的主控权，支持 CPU 和内存的同时工作。这些特点一度使PCI 总线结构成为主流类型。但是随着三维图像设计的发展，PCI 总线的瓶颈现象逐渐明显。如果要在处理三维图像设计的同时处理其他工作，则 PCI 总线上的全部工作就必须分步处理，这样在大数据量的三维图像设计面前，PCI 总线就显得力不从心。目前市场上使用 PCI 总线的显示适配器已经比较少了。

AGP（Accelerated Graphics Port）称为加速图形总线接口，是建立在 PCI 总线基础上，专门针对 3D 图形处理而开发的高效能总线。与通用系统总线 PCI 不同，AGP 是专用的总线接口，仅用于图形，AGP 插槽上也只能插 AGP 显示适配器，而不能插其他任何板卡。它不会与其他外设共享时间（而在 PCI 下是可以的），从而大大提高了处理图像数据的能力。目前市场上的多数显示适配器都是采用 AGP 总线。

（6）显示适配器插口。在显示适配器上还包括几个插口：VGA 插口、VGA Feature 插口和视频 S 端子插口。

VGA 插座是显示适配器的输出接口，与显示器的相连，用于模拟信号的输出。它是一个15 孔插座，分 3 排，每排 5 个孔。有些高档显示适配器还有两个 VGA 插头，称为双头显示适配器，可以在 2 个插头上输出不同的图像。

VGA Feature 插口通常用于扩展显示适配器的视频功能，是显示适配器与视频设备交换数据的通道，早期用于连接 MPEG 硬解压卡或 VGA-TV 转换卡等，现在并不常用。

视频 S 端子插口用于向电视机（或监视器）输出视频。

2.2.3　显示器

显示器是计算机中重要的输出设备，所有的多媒体视觉信息都要经显示器显示出来，因此有一台图像合适、色彩自然或者画面稳定的显示器是非常重要的。按照结构原理来区分，显示器主要有两种：传统的 CRT 显示器和新型的 LCD 显示器。

1. CRT 显示器

CRT（阴极射线管）显示器采用的阴极射线管，就是人们常说的"显像管"，该类显示器体积较大，品种繁多，是前些年人们司空见惯的显示器，其外观如图 2.3 所示。

图 2.3　CRT 显示器

（1）屏幕的类型。早期的显像管多为球面，屏幕中间呈球形，图像在边角上有些变形，已经被淘汰。与此几乎同时出现的是柱面显示器，这种显示器横向呈弧形、纵向呈平面的形式。左右观看仍有变形，俯仰观看变形消失。柱面显示器当时主要用在一些比较高档的图形工作站上。后来出现了一种称为物理纯平的显示器，显示屏的内外表面均呈平面的形式，又称"平面直角"形式。所谓"物理纯平"，是指显像管内外部达到真正的完全平面，视角达 180°，使用者不用转动头部，用眼睛余光就可看到整个屏幕。由于内表面是平面，电子束到达各点的距离不等，光线发生折射的程度不等，因而正面观看有内凹感。再后来又出现了视觉纯平显示器，显示屏的外表面呈平面，内表面呈弧线的形式。显像管的曲面内壁使电子束到达屏幕各点的距离接近一致，补偿了光线折射效应，使影像的内凹感消失。另外，采用先进的电子枪和聚焦技术，使屏幕边缘的聚焦得到改善，视觉上呈现真正的平面，达到了所谓的"视觉纯平"效果。

（2）彩色显示器的原理。彩色显示器由 CRT 和控制电路组成。CRT 用于显示，其中有发射电子束的电子枪、阴罩以及荧光体；控制电路则控制 CRT 中电子枪的扫描和相关动作。

按结构原理划分，彩色显示器中的 CRT 有两种类型：三枪三束 CRT 和单枪三束 CRT。图 2.4 是 CRT 的结构图。

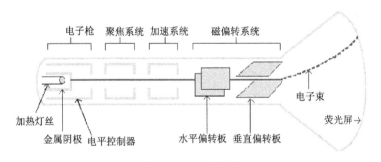

图 2.4　CRT 结构图

三枪三束 CRT 有三个独立的电子枪，分别透过阴罩向荧光体发射电子束。阴罩上有很多小孔，每个小孔对应一个像点，三束电子束穿过小孔照射到荧光体上。荧光体按照电子枪的排列形状，分别涂有红、绿、蓝荧光物质，每个电子束对应一种颜色。当穿过阴罩小孔的三束电子束强度各自发生变化时，小孔后面的三色荧光物质将产生不同强度的光线。由于三色荧光点很小，间距又很密，因此，人们在小孔后面的那一区域中看到的是混合色，这就是显示器最基本的显示单元——像点。

三枪三束 CRT 的技术关键是阴罩，阴罩的技术特点有：

① 阴罩上布满圆孔，孔径小而多，加工精度高，以确保电子束准确地照射到对应的荧光体上。

② 阴罩随温度变化而发生的形变要小。阴罩在发生形变时，孔径和间距会发生改变，使电子束不能准确地照射到对应位置上，从而产生显示质量下降、聚焦不准等不良现象。

③ 阴罩厚度要薄，表面要平滑，刚性要好。过厚、表面不平会造成阴罩振动，使电子束穿过阴罩时受到干扰，不能准确聚焦。

单枪三束 CRT 是先进的电子扫描技术，其图像的亮度、色彩和聚焦均达到很高的水平。CRT 中的电子枪呈水平排列，其发射的电子束透过纵向格栅照射到荧光物质表面。这里的纵向格栅代替了三枪三束 CRT 中的阴罩，由于电子束透过率增加了，因而提高了亮度和对比度。采用单枪三束 CRT 电子扫描新技术，显示器的格栅间距最小达 0.24 mm，加之采用了多透镜聚焦技术，使显示器的清晰度大幅度提高，屏幕四角的聚焦得到了改善。

格栅是单枪三束 CRT 的技术关键，均匀、精确的纵向缝隙，保证了电子束的高通过率。这样即使是细微的强度差别也能体现出来，丰富了色彩的层次感，提高了亮度和对比度。格栅还能有效地抑制光扰动，避免"云纹"和屏幕抖动，从而提高了显示品质，减轻眼睛疲劳。

（3）CRT 显示器的性能指标：

① 点距。点距是同一像素中两个颜色相近的磷光体间的距离。点距越小，显示出来的图像越细腻。显示器点距从早期的 0.39 mm、0.31 mm 逐步过渡到 0.25 mm 和 0.22 mm。

② 扫描频率。显示器的显示器件是显像管，显像管在工作时，电子束按顺序高速扫描整个屏幕，使人们看到近似连续的显示信息。就理论而言，扫描频率越高，显示质量越好，图像越稳定。

扫描频率有水平扫描频率（Horizontal sweep rate）和垂直刷新频率（Vertical refresh rate）之分。水平扫描频率也叫行频，是指每秒钟电子束逐点扫描过的水平线的数量，以 kHz 为计量单位。

垂直刷新频率也叫场频，是指整个屏幕重写的频率，也就是刷新率，单位为 Hz。刷新频率越低，图像闪烁和抖动的就越厉害，眼睛疲劳得就越快。因为 60 Hz 正好与日光灯的刷新频率相近，所以当显示器处于 60 Hz 的刷新频率时会产生令人难受的频闪效应。而当采用 70 Hz 以上的刷新频率时可基本消除闪烁。因此，70 Hz 的刷新频率是在显示器稳定工作时的最低要求。现在的显示器多为多频显示器——就是能支持一定范围刷新频率的显示器。垂直刷新频率受显示分辨率的制约，显示分辨率越高，则垂直刷新频率越低。若在高显示分辨率下能保持很高的垂直刷新频率，那么就可获得很好的显示效果。

③ 带宽。带宽是造成显示器性能差异的一个比较重要的因素。带宽决定着一台显示器可以处理的信息范围，就是指特定电子装置能处理的频率范围。一般也就是每秒钟电子枪扫描过的图像的点数，带宽的单位是 MHz，它比行频更具综合性，带宽的数值越大，显示器性能就越好。

工作频率范围早在电路设计时就已经被限定下来了，由于高频会产生辐射，因此高频处理电路的设计更为困难，成本也高得多。而增强高频处理能力可以使图像更清晰。所以，宽带宽能处理的频率更高，图像也更好。每种分辨率都对应着一个最小可接受的带宽。如果带宽小于该分辨率的可接受数值，则显示出来的图像就会因损失和失真而模糊不清。可接受带宽的一般公式为：可接受带宽＝水平像素×垂直像素×刷新频率×额外开销（一般为 1.5）。

表 2.4 列出了在几种常见分辨率和刷新频率下的可接受带宽。

表 2.4 几种常见分辨率和刷新率下的可接受带宽

分 辨 率	刷新频率/Hz	可接受带宽/MHz
640×480	60	27
640×480	70	32
640×480	75	35
640×480	85	39
800×600	60	43
800×600	70	50
800×600	75	54
800×600	85	61
1 024×768	60	71
1 024×768	70	83
1 024×768	75	88
1 024×768	85	100
1 280×1 024	60	118
1 280×1 024	70	138
1 280×1 024	75	147
1 280×1 024	85	167

④ 分辨率。显示分辨率以像素点（Pixels）为基本单位。通常有：800×600 像素、1 024×768 像素、1 152×864 像素、1 280×1 024 像素、1 600×1 200 像素等规格。前一数字是横向像素点总数，后面的数字是纵向像素点总数。显示分辨率与显示适配器上缓冲存储器的容量有关，容量越大，显示分辨率越高。如果显示器已经具备了高分辨率显示能力，其最大分辨率完全取决于显示适配器的缓冲存储器容量。

一般来说，只要显示器的带宽大于某分辨率下的可接受带宽，它就能达到这一分辨率。一台显示器在 75 Hz 的刷新频率下所能达到的分辨率才是它真正的分辨率。把分辨率调至厂商宣布的标准，再将刷新频率改为 75 Hz，如能正常显示，就是符合标准的。

⑤ 颜色数量。颜色数量是指显示器同屏显示的颜色数量，它主要由显示适配器决定。当显示适配器上的缓冲存储器容量足够大时，其显示的颜色数也足够多。另外，颜色数量的多少与显示分辨率有关。在显示适配器上的缓冲存储器容量固定不变的前提下，显示分辨率越高，颜色数量越少。颜色数量可以直接表示：如 256 色；也可以表示成：8 位颜色，即 2^8（$2^8=256$）颜色。

2. LCD 显示器

LCD 显示器以液晶作为显示元件，可视面积大、外壳薄、节能，外观如图 2.5 所示。

图 2.5 LCD 显示器

液晶介于固态和液态之间，不但具有固态晶体光学特性，又具有液态流动特性，所以液晶可以说是一个中间相。当液晶分子受到外加电场的作用时，很容易被极化产生感应偶极性。而一般电子产品中所用的液晶显示器，就是利用液晶的光电效应，借由外部的电压控制，再通过液晶分子的折射特性，以及对光线的旋转能力来获得亮暗情况（或称为可视光学的对比），进而达到显像的目的。

目前，液晶显示器有两种类型，一种采用 TN 技术，亮度稍暗，色彩稍差，属于传统类型；另一种采用新型 TFT 技术，该技术把非晶硅薄膜晶体管（TFT）作为显示元件，使显示亮度、色彩和视角远好于采用 TN 技术的液晶显示器。近来低温多晶硅技术得到了发展，使显示器的色彩更加艳丽，辐射更低，并且进一步降低了产品的价格。

2.2.4　声音适配器

声音适配器又叫音频卡或声卡，是处理各种类型数字化声音信息的硬件，多以插卡的形式安装在微机的扩展槽上（如图 2.6 所示），也有的与主板做在一起。与单独的声卡相比，集成在主机板上的声卡不论从抗干扰能力上，还是从声音处理效果和功能种类上，都略逊一筹。声卡集输入与输出功能于一体，是工作在系统与声源设备和回放设备之间的传输系统。

图 2.6　声音适配器外观

1. 声音适配器的功能

声音适配器主要具有以下几种功能。

（1）采集、编辑和回放数字声音文件。声音适配器的采集处理是在相关软件的支持下将麦克风、立体声线路输入的外部声源以及来自 CD 光盘驱动器的声源，经过 A/D 转换采集到多媒体计算机内部，以数字音频文件的格式储存起来。

声音适配器的编辑处理是在相关软件的控制下对数字音频文件进行剪切、复制、粘贴、混合、删除等处理。声音适配器还支持音频特效处理，例如，添加回声、插入静音、转换声道、倒放、淡入／淡出等。

声音适配器还可在相关软件的控制下进行音频的回放，回放时可以对音量、重放速度、倒放等进行控制。

不同的声音适配器以及相应的控制软件在采集、编辑和回放数字声音文件时所采用的文件格式可能不同，但它们之间可以相互转换。

（2）对数字音频文件进行压缩和解压缩。高质量的立体声数字音频文件，每分钟的数据量可占 10 MB 的磁盘空间，因此在采集和回放数字声音文件时要对数据进行压缩和解压缩，以节省存储音频文件的磁盘空间。声音卡支持的压缩标准主要有 ADPCM（自适应差分脉冲编码调制）和 ACM（全称为 Microsoft's Audio Compression Manager，即微软公司的音频压缩管理器）等，压缩比约为 4:1 到 6:1。音频的压缩与解压缩可由声卡硬件完成，也可以由软件完成。

（3）MIDI 音乐合成。MIDI 是乐器数字接口的缩写，是一种数字音乐的国际标准，它规定了电子乐器与计算机之间相互数据通信的协议。MIDI 文件比 WAV（声波文件）格式存放的文件更节省空间。在相关软件控制下，利用声卡可以合成或创作 MIDI 音乐，并且可以输入/输出 MIDI 文件。MIDI 文件可以在声卡内部利用合成器播放，也可以通过声卡的 MIDI 接口将信息传送到外部带有 MIDI 接口的电子乐器中，在 MIDI 信息控制下进行播放。

（4）各音频源的混合。声音适配器主要处理 3 种类型的声音：数字化波形声音、合成器产生的声音和 CD 音频。通过内部声音混合调节器可同时混合并分别调节它们的音量，达到一种声音混合的效果，一般具备 20 个以上的复音。声音适配器驱动程序中通常有 Mixer 程序，用来控制声音适配器上的混合器，用来控制调节输入外部声源的音量，以及调节 MIDI、声音文件和主输出电路的回放音量。

（5）语音识别与合成。大部分声音适配器，在相应软件的支持下也可以进行语音的识别。语音识别有两种情况：一种情况是对麦克风输入的真人语音进行识别并转换为文本文件；另一种情况是可让用户通过说话来控制计算机或执行 Windows 下的命令，这一功能对软、硬件要求都很高。目前语音识别还有一定的误识率，还需要一定的人工配合。

多数声音适配器可以合成发出语音，能使计算机朗读文件。但到目前为止，由于声音是合成的，听起来不太自然，无法达到真人的语音水平。一般是将文本转换成语音输出，用来帮助用户检查文章中的句法和语法错误。实际应用中，语音合成需要在相应文语转换软件的支持下进行。

2. 声音适配器的结构

（1）数字信号处理器（DSP）。数字信号处理器（DSP，全称为 Digital Signal Processor）是声音适配器的核心，它的功能是对数字化的声音信号进行各种处理。DSP 负责主要的控制运算工作，声音适配器绝大多数功能都来源于它，其性能基本上决定了声音适配器的类型、档次和大部分性能。数字信号处理芯片通常是板卡中那块最大的、四边都有引线的集成块，芯片上一般标有商标、型号、生产日期、编号、生产厂商等重要信息。有的声音适配器上数字信号处理器可能是由 3～6 块 IC 构成的一个芯片组，主要是为了保证声音适配器的信噪比（SNR）能够达到 80 dB 以上，要求声音适配器上的 ADC、DAC 处理芯片与数字音效芯片分离。因此，高档声音适配器上的处理芯片一般不止一个。

（2）混合信号处理器（混音器）。混合信号处理器（Mixer）芯片内置数/模混音器，可以对音频源进行混合，它们包括：数字化声音（DAC）、调频 FM 合成音乐（FM）、CD Audio 音频（CD–ROM）、线路输入（AUX）、话筒输入（MIC）、PC 扬声器输出（SPK）。可以选择输入一个声源或将几个不同声源进行混合采集或播放。

（3）MIDI 音乐合成器。MIDI 是一种用于电子乐器和计算机之间的通信标准，这个标准定义了 MIDI 设备间数据传送时电缆硬件接口和通信协议，目前任何多媒体计算机都支持这个标准。MIDI 是一种指令化的声音，而不是实际声音进行数字化产生的，在其文件中只是含有播放某些乐器的指令和要产生的效果。因此，它占用空间很少，而且与各种符合 MIDI 标准的附加设备有很好的通用性。

合成器主要用于合成乐器声音，要求能支持 MIDI 合成，兼容标准 MIDI。

声音适配器通过内部合成器（Synthesizer）或通过外接到计算机 MIDI 端口的外部合成器播放 MIDI 文件。从合成器的性能上看，MIDI 合成器的类型有两种：频率调制 FM 合成和波表（Wave Table）合成。低档声卡一般用 FM 调频合成器演奏，音效与原有音乐相差甚远而且不能模拟人与动物的声音。主流声卡产品采用波表技术。

（4）总线接口和控制器。目前声卡的总线接口一般都采用 PCI 接口。总线接口和控制器由数据总线双向驱动器、总线接口控制逻辑、总线中断逻辑和 DMA 控制逻辑组成。

（5）外围接口。声音适配器上一般都有与其他设备连接的接口部件，包括 MIDI/GAME 端口、I/O 端口、CD-ROM 端口等。

声音适配器通常会有 LineIn、LineOut、MIC、SpeakerOut 两组模拟音频信号的输入/输出插孔，以及 MIDI/GAME 接口。其中，MIC 是立体声（STEREO）端口，通常采用 φ 3.5 mm 立体声插座，可连接带有偏置电路的电容话筒或动圈话筒，输入灵敏度为 1 mV 左右。LineIn 也是立体声（STEREO）端口，通常采用 φ 3.5 mm 立体声插座，可连接各种声源，例如，收音机、电话、录音机、电视机、VCD 机、CD 唱机等，输入灵敏度在 500～1 000 mV。SpeakerOut 也是立体声（SIEREO）端口，此端口输出的音频信号经过声卡上的功率放大器放大，能够直接带动耳机或功率较小的音箱，如果音箱或声音还原设备的阻抗小于喇叭输出端口要求的阻抗，则极易烧毁声卡。LineOut 也是立体声（STEREO）端口，音频信号通过此端口传送到音频放大器或有源音箱的信号输入端，此端口的信号强度在 500～1 000 mV，音质好，通常用于音质要求较高的场合，但由于功率小，因而不能直接带动音箱发声。MIDI/GAME 端口：声音适配器的合成音频通过卡上 MIDI 端口与其他电子乐器通信，并可在此基础上构成以计算机为控制台的 MIDI 音乐系统，游戏杆接口一般与 MIDI 共享接口。

CD-ROM 驱动器接口是专用端口，位于声卡电路板上，而不在声卡挡板上。该端口一般采用四线插座，左声道和右声道各有两条线。此端口与 CD-ROM 的音频输出端相连，CD-ROM 在播放音乐 CD 时，就能通过声卡发出声音，并能控制 CD-ROM 的播放动作。

2.2.5 声音还原设备

所有的声音还原设备均使用音频模拟信号，把这些设备与声卡的线路输出端口或喇叭输出端口进行正确的连接，即可播放计算机中的声音。声音还原设备包括以下几种：

（1）耳机/普通音箱——属于无源声音还原设备，使用时只需插到声卡的 speaker 接口上。其特点是连接简单、重量轻、输出功率较小。

（2）有源音箱——带有功率放大器，和声卡的 speaker 或线路输出（LineOut）端口相连接，特点是输出功率较大、连接线较多，并且有一定的重量。

（3）单元音箱——一般根据声音频率的高低可以划分成 2 单元音箱、3 单元音箱等。

（4）独立的扬声器系统——要想获得高品质的音响效果，应有一套独立的扬声器系统。该系统包括音响放大器、专业音箱和专用音频连接线。就功能配置而言，扬声器系统有：普通立体声系统、高保真立体声系统、临场感立体声系统、环绕立体声系统等。

普通立体声系统一般配置两个音箱，分别放置在聆听位置前端的两侧，以满足一般多媒体制作的需要。

高保真立体声系统通常配置两个以上的音箱，每个音箱注重高音、中音、低音的质量和响度平衡，并且注重声像重现的位置。目前，多媒体计算机可配置被称为"5.1 环绕立体声"的系统，该系统要求声卡和相应的驱动软件支持 5.1 环绕立体声。

图 2.7 是目前比较有代表性的 5.1 环绕立体声系统。该系统由 5 个宽音域音箱、1 个重低音音箱和 1 个可遥控的调谐控制器组成。5.1 环绕立体声系统的摆放很讲究，否则得不到理想的环绕效果，图 2.8 是该系统各个音箱摆放位置的示意图。

图 2.7　5.1 环绕立体声系统的音箱

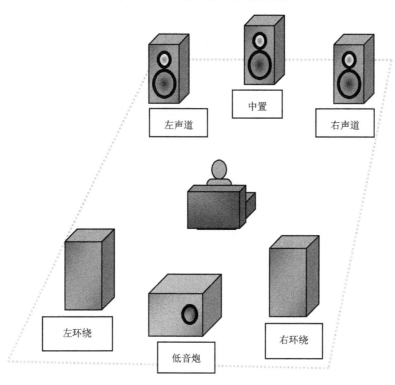

图 2.8　5.1 环绕立体声系统的音箱配置

2.3　多媒体设备接口

通用的多媒体设备接口包括并行接口、USB 接口、SCSI 接口、IEEE1394 接口、VGA 接口等。

2.3.1 并行接口

并行接口（简称并口），是采用并行通信协议的扩展接口。并行接口的数据传输率比串行接口快很多，标准并口的数据传输率为 1 Mb/s，一般用来连接打印机、扫描仪、外置存储设备等。并行接口如图 2.9 所示。

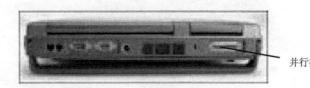

图 2.9　并行接口

2.3.2 USB 接口

USB 接口即通用串行总线接口，采用四针插头，支持热插拔，如图 2.10 所示。可用于连接打印机、扫描仪、外置存储设备、游戏杆等。USB 有两个规范，即 USB 1.1 和 USB 2.0。

图 2.10　USB 接口

USB1.1 标准的传输速度为 12 Mb/s，理论上可以支持 127 个使用 USB 接口的外设，通过 USB HUB 即 USB 集线器连接多个周边设备，连接线缆的最大长度为 5 m。

USB 2.0 接口标准由 COMPAQ、HP、Intel、Lucent、Microsoft、NEC 和 Philips 7 家厂商联合制定。目的是提高设备之间的数据传输速度，以便可以使用具有各种速度的且更加高效的外部设备。

USB2.0 标准的主要特点有：

（1）速度快。接口的传输速度高达 480 Mb/s，相当于串口速度的 4 000 多倍，完全能满足需要大量数据交换的外设的要求。

（2）连接简单快捷。所有的 USB 外设可通过机箱外的 USB 接口直接连入计算机。

（3）无须外接电源。USB 电源能向低压设备提供 5 V 的电源。

（4）有不同的带宽和连接距离。USB 提供低速与全速两种数据传送速度。全速传送时，结点间连接距离为 5 m。

（5）多设备连接。利用菊花链的形式扩展端口，从而减少了 PC 机 I/O 接口数量。

（6）提供了对电话的两路数据支持。USB 可支持异步以及等时数据传输，使电话可与 PC 集成，共享语音邮件及其他特性。

（7）具有高保真音频。由于 USB 音频信息生成于计算机外，因此减少了电子噪声干扰声音质量的机会。

（8）兼容性好。USB 2.0 标准使用的线缆和接头，具有良好的向下兼容性。若检测到 1.1 版本的接口类型，会自动按以前的 12 Mb/s 的速度进行传输。

2.3.3 SCSI 接口

SCSI 接口是小型计算机系统接口，能连接多种外设。具有应用范围广、多任务、带宽大、CPU 占用率低、热插拔等优点，可用于连接外置存储设备，打印机等。如图 2.11 所示。

图 2.11 SCSI 接口

SCSI 经过了 SCSI–1、SCSI–2、SCSI–3、Ultra2 SCSI、Ultra3 SCSI 和 Ultra320 SCSI 各个发展阶段，它们主要的区别在于 SCSI 标准中使用的命令集，以及带宽、设备的最大可能速度。SCSI 接口的特点为：

（1）可同时连接多达 30 个外设。

（2）总线配置为并行 8 位、16 位、32 位或 64 位。

（3）支持的高速硬盘空间较大，有些可高达 146.8 GB。

（4）支持更高的数据传输速率，IDE 是 2 Mb/s，最早的 SCSI 可以达到 5 Mb/s，SCSI–2 能达到 10 Mb/s，SCSI–3 能够达到 40 Mb/s、80 Mb/s。Ultra160 SCSI 的最大数据传输速度为 160 Mb/s，支持混合数据传输速度达到 320 Mb/s。

（5）成本较高，而且与 SCSI 接口硬盘配合使用的 SCSI 接口卡也比较昂贵。

（6）智能化的接口，SCSI 设备在数据传输过程中无须通过 CPU，通过 SCSI 总线内部的命令描述块的传送去启动、连接目标设备并执行具体任务，完成后才通知 CPU。

2.3.4 IEEE1394 接口

IEEE1394 接口也称"火线"接口，是苹果公司开发的串行标准，用于连接数码相机、DVD 驱动器等，如图 2.12 所示。同 USB 一样，IEEE1394 也支持外设热插拔，并可为外设提供电源，省去了外设自带的电源。IEEE1394 接口能连接多个不同设备，并支持同步数据传输。

IEEE1394 接口

图 2.12　IEEE1394 接口

2.3.5　VGA 接口

　　VGA 接口也就是视频图形阵列接口，它是显示适配器上输出模拟信号的接口，一般用于连接显示器，如图 2.13 所示。

2.4　多媒体存储设备

　　存储设备是多媒体技术必不可少的组成部分，容量大、速度高、可靠、成本低廉是存储设备的主要性能指标。早期计算机技术的发展受到存储条件的制约，多媒体技术的发展就得益于存储技术的突破，可以说，如果没有成功开发出容量大、

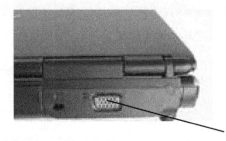

VGA 接口

图 2.13　VGA 接口

速度高、价格低的存储设备，就没有多媒体技术的今天。目前，各种存储器琳琅满目，如半导体存储器、磁光盘存储器、CD-R、CD-RW 激光存储器等，总体上来说，当前的存储器主要可以分成两类，激光存储设备和半导体存储设备。本节就介绍一下这些存储设备。

2.4.1　激光存储设备

　　自从 20 世纪中期的红宝石激光器问世以来，激光技术的应用已经开始渗透到很多领域。在 20 世纪 70 年代初美国 RCA 和荷兰飞利浦公司联合开发了激光盘系统 LD（Laser Disc），从此开创了以激光为手段、以光盘为存储介质的信息记录先河。此后在 20 世纪 80 年代初由日本索尼公司和荷兰飞利浦共同开发的 CD 光盘机又开创了数字化记录方式的新篇章。到目前为止数字光盘已从原来的 CD、CD-ROM、CD-I 发展到现在的 CD-R、CD-RW、MO、VCD、DVD 等。有人曾高度评价了光盘诞生的意义，认为其不亚于纸张的发明对人类的贡献。

1. 激光盘的盘片结构

　　激光盘主要由保护层、反射层、刻槽和聚碳酸酯衬垫组成，如图 2.14 所示。光盘上的铝反射层是用来反射激光光束的，其上的保护层主要用来保护铝层不被磨损。激光盘片上轧有许多用来表示二进制数据的坑，其宽度为 0.5 μm，最短为 0.83 μm，深度为 0.11 μm，相邻轨迹之间的距离为 1.6 μm。

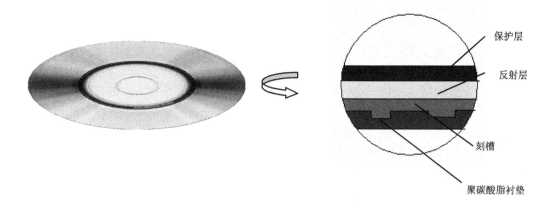

图 2.14　激光盘结构原理

光盘外径为 120 mm，重量为 14～18 g。光盘分为三个区：导入区、导出区和数据记录区，如图 2.15 所示。

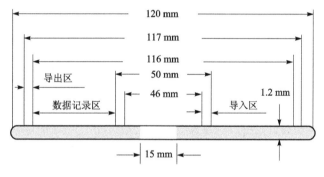

图 2.15　CD 盘结构

光盘光道的结构和磁盘磁道的结构不同，它不是同心环光道，而是螺旋形光道，其长度大约为 5 km。光盘转动的角速度在光盘的内外区是不同的，而它的线速度是恒定的，即光盘的光学读出头相对于盘片运动的线速度是恒定的，通常用 CLV 表示。由于采用了恒定线速度，所以内外光道的记录密度（bit/inch）可以做到一致，这样盘片就得到充分利用，可以达到它应有的数据存储容量，但存储特性变得较差，控制也较复杂。

2. 光盘数据的写入与读出

普通光盘的记录原理是采用在盘片上压制凹坑的方式，利用凹坑的边缘来记录“1”，而凹坑和非凹坑的平坦部分记录“0”，从而通过光学读出头对不同的反射光束的拾取来读出数据的。

普通光盘与磁盘、磁光盘和相变光盘不同，它只能读取数据，而不能由光盘驱动器写入数据。因此人们又称它为只读光盘。

普通光盘上的数据是用模具冲压而成的，而模具是用原版盘制成的。在制作原版盘时，是用编码后的二进制数据去调制聚焦激光束，对涂有感光胶的玻璃盘进行“刻录”。在刻录过程中曝了光的地方经化学处理后就形成凹坑，反之就保持原样。然后在带有凹坑的玻璃盘表面上镀上一层金属，用这种盘去制作母盘，用母盘去制作模具，再用模具去轧制盘片。大量的数据就这样"写入"了光盘。

由于光盘的数据读取是非接触式的，因此一张光盘的使用寿命要远大于普通软盘。

3. 数字光盘格式标准

光盘格式包含逻辑格式和物理格式。逻辑格式实际上就是文件格式，它规定如何把文件组织到光盘上，以及指定文件在光盘上的物理位置，包括文件的目录结构、文件大小以及所需盘片数目等；物理格式则规定数据如何放在光盘上，这些数据包括物理扇区的地址、数据的类型、数据块的大小、错误检测和纠错码等。

光盘格式标准文件记载了许多光盘格式，这些标准文件包括红皮书、黄皮书、ISO 9660、绿皮书、橙皮书、白皮书等，而且还在不断推出新的标准文件。

（1）红皮书（Red Book，激光唱盘标准）。红皮书是 CD–DA（CompactDisc-DigitalAudio）的标准，也就是所谓激光唱盘标准。这个标准是所有后继光盘的最基本的标准，所有其他的光盘格式标准都是在这个标准的基础上制定的。

在 CD–DA 中，存储声音数据的最基本单元是帧（Frame），它的结构如表 2.5 所示。

表 2.5　帧结构

4 B		32 B			
同步字节 3 B	控制字节 1 B	声音数据（左声道） 12 B（6 个样本）	Q 校验码 4 B	声音数据（右声道） 12 B（6 个样本）	P 校验码 4 B

CD 盘上的 98 帧组成一个扇区（Sector），光道上 1 个扇区有 3 234 B。它们的关系为：
3 234 B＝2 352 B（声音数据）＋2×392 B（EDC/ECC 字节）＋98 B（控制字节）。

其中，EDC/ECC 是 Error Detection Code /Error Correction Code 的缩写，即错误检测码/错误修正码。EDC/ECC 的结构如表 2.6 所示。

表 2.6　EDC/ECC 的结构

3 234 B			
用户数据 2 352＝98×（2×12）B	第二层 EDC/ECC 392 B	第一层 EDC/ECC 392 B	控制字节 98 B

CD 机每秒读 75 个扇区。CD 盘上的光道（Track）有两类，一类是物理光道，是一条不间断的螺旋线，只有一条；另一类是逻辑光道，每一条 CD–DA 的逻辑光道由多个扇区组成，扇区的数目可多可少，因此光道长度也可长可短，通常一个曲目组织成一条光道。

CD–DA 中每帧有一个控制字节，98 帧组成 8 个子通道，分别命名为 P、Q、R、S、T、U、V、和 W 子通道，一条光道上所有扇区的子通道组成 CD–DA 的 P、Q、…、W 通道，98 个控制字节组成的 8 个子通道的结构如表 2.7 所示。

表 2.7　CD–DA 的 P～W 子通道的结构

8 bit							
P 子通道 （b8）	Q 子通道 （b7）	R 子通道 （b6）	S 子通道 （b5）	T 子通道 （b4）	U 子通道 （b3）	V 子通道 （b2）	W 子通道 （b1）

98 个字节的 b8 组成 P 通道，98 个字节的 b7 组成 Q 通道，依此类推。通道 P 含有一个标志，它用来告诉 CD 播放机光道上的声音数据从什么地方开始；通道 Q 包含有运行时间信息，CD 播放机使用这个通道中的时间信息来显示播放音乐节目的时间。Q 通道的 98 bit 的数据排列如表 2.8 所示。

表 2.8　Q 通道的 98 bit 数据结构

98 bit				
2 bit	4 bit	4 bit	72 bit	16 bit

Q 通道的 98 bit 数据的含义如下：

2 bit：同步位。

4 bit：控制标志，定义这条光道上的数据类型。

4 bit：说明后面 72 bit 数据的标志。

72 bit：Q 通道的数据。在盘的导入区（Lead In）含有盘的内容表（TOC）；在其余的盘区含有当前的播放时间。

16 bit：CRC 纠错码用于错误检测。

（2）黄皮书（Yellow Book，CD–ROM 标准）。黄皮书是 CD–ROM（Compact Disc-Read Only Memory）的标准，它在红皮书的基础上增加了两种类型的光道，再加上红皮书的 CD–DA 光道，CD–ROM 共有 3 种类型的光道。

CD–DA 光道，用于存储声音数据。

CD–ROM Mode 1，用于存储计算机数据。

CD–ROM Mode 2，用于存储压缩的声音数据、静态图像或视频图像数据。

在该标准中对红皮书中 2 352 B 的用户数据作了重新定义，解决了把 CD 用作计算机存储器存在的两个问题：一是计算机的寻址问题；另一个是误码率问题，CD–ROM 标准使用了一部分用户数据当作错误校正码，称为第 3 层错误检测和错误校正，使 CD–ROM 盘的误码率进一步下降。

CD–ROM Mode 1 中的 2 352 B 的数据结构如表 2.9 所示。

表 2.9　CD–ROM Mode 1 的数据结构

2 352 B					
同步字节 12 B	扇区地址 4 B	用户数据 2 048 B	EDC 4 B	未用 8 B	ECC 276 B

CD–ROM 的扇区地址是用计时系统中的分、秒，以及 "分秒"（1/75 s）来表示的。CD–ROM 用户数据区的地址结构如表 2.10 所示。

表 2.10　CD–ROM 用户数据区的地址结构

4 B 的扇区地址（HEADER）			
分（min） 1 B 0～74	秒（sec） 1 B 0～59	分秒（frac） 1 B 0～74	方式（Mode） 1 B 01

CD–ROM Mode 2 中的 2 352 B 数据结构如表 2.11 所示。

表 2.11　CD–ROM Mode 2 的数据结构

2 352 B		
同步字节 12 B	扇区地址 4 B	用户数据 2 336 B

CD–ROM Mode 2 与 CD–ROM Mode 1 相比，存储的用户数据多 14%，但是由于没有第 3 层错误检测和错误修正码，因此用户数据的误码率比 CD–ROM Mode 1 中的误码率要高。在 CD–ROM Mode 2 的扇区地址中，方式（Mode）字节值为 02。

CD–ROM 光盘可以包含 CD–DA 光道和 CD–ROM Mode 光道，这种方式称为混合方式。一般这种盘的第一条光道是 CD–ROM Mode 1 光道，其余的光道是 CD–DA 光道。这种盘上的 CD–DA 光道可以在普通 CD 播放机上播放。

（3）黄皮书的扩充（CD–ROM/XA 标准）。CD 的第 3 个标准叫做 CD–ROM/XA（CD–ROM Extended Architecture）标准。它是黄皮书的扩充，这个标准定义了一种新型光道：CD–ROM/XA 光道。连同前面红皮书和黄皮书定义的，共有 4 种光道：CD–DA、CD–ROM Mode 1、CD–ROM Mode 2 和 CD–ROM Mode 2/XA，该光道用于存放计算机数据、压缩的声音数据、静态图像或视频图像数据。

CD–ROM/XA 对 CD–ROM Mode 2 作了扩充，定义了两种新的扇区方式。

CD–ROM Mode 2/XA Form 1：用于存储计算机数据。

CD –ROM Mode 2/XA Form 2：用于存储压缩的声音、静态图像或视频图像数据。

因此 CD–ROM/XA 允许把多媒体信息中的计算机数据、声音、静态图像或视频图像数据放在同一条光道上，计算机数据按 Form 1 的格式存放，声音、静态图像或视频图像按 Form 2 的格式存放。

CD–ROM Mode 2/XA Form 1 中的 2 352 个数据字节结构如表 2.12 所示。

表 2.12　CD–ROM Mode 2/XA Form 1 的数据结构

2 352 B					
同步字节 12 B	扇区地址 4 B	Form 1 8 B	用户数据 2 048 B	EDC 4 B	ECC 276 B

CD–ROM Mode 2/XA Form 2 中的 2 352 个数据字节结构如表 2.13 所示。

表 2.13　CD–ROM Mode 2/XA Form 2 的数据结构

2 352 B				
同步字节 12 B	扇区地址 4 B	Form 2 8 B	用户数据 2 324 B	EDC 4 B

（4）ISO 9660（CD–ROM 文件标准）。由于计算机的操作系统有多种，因此其文件格式也各不相同，这必然带来文件的不兼容问题。例如，MS-DOS 文件结构与 HFS（Hierarchical

File System）文件就互不兼容。由于 CD-ROM 标准并没有制定文件标准，因此国际标准化组织制定了一个名为 ISO 9660 的标准。这个标准既不是 MS-DOS 的文件结构标准，也不是 HFS 的文件结构标准，只是一个描述计算机用的 CD-ROM 文件结构标准。

计算机要能够读 ISO 9660 文件结构的盘，就必须要设计一个能支持该标准的代码转换软件，Microsoft 公司为读 CD-ROM 盘上的 ISO 9660 文件而开发的程序叫做 MSCDEX，它需要和 CD-ROM 驱动器所带的设备驱动程序联合使用，MS-DOS 操作系统才能读 CD-ROM 盘上的 ISO 9660 文件。MSCDEX 程序的主要功能是把 ISO 9660 文件结构转变成 MS-DOS 能识别文件结构。同样，其他的操作系统也需要开发类似于 MSCDEX 的软件，并且同样要与 CD-ROM 驱动器带的设备驱动程序联合工作，才能读 ISO 9660 盘上的文件。

（5）橙皮书（Orange Book，可刻录 CD 盘标准）。橙皮书是一种可刻录光盘标准，它允许用户把自己创作的多媒体文件记录到盘上，可刻录 CD 盘分成以下两类：

MO（Magnetic Optical）盘，这是一种采用磁记录原理利用激光读/写数据的盘，称为磁光盘。盘上的数据可以由用户擦写。

CD-R（Compact Disk-Recordable）盘，用户可以把自己的数据写到盘上，但是不能把写入的数据抹掉。

为此，橙皮书标准分成两部分：Part1 和 Part2，前者描述 MO，后者描述 CD-R。

Part1 标准描述 MO 盘上的两个区，这两个区如下：

可选预刻录区（Optional Pre-Mastered Area），这个区域的信息是按照红皮书、黄皮书标准预先刻制在盘上的，是一个只读区域。

用户可重写的记录区（Recordable User Area），普通的 CD 播放机不能读这个区域的数据，这是因为 CD 盘与磁光盘采用的记录原理不同。

Part2 标准定义可写一次性的 CD-R 盘。这种盘是一种预制光道的空白盘，用户把多媒体文件写到盘上之后，就把 TOC（内容表）写到盘上，在写入 TOC 之前，这种盘只能在刻录机上读；在 TOC 写入之后，这种盘就可以在普通的光驱上读取。

（6）白皮书（White Book，Video-CD 标准）。白皮书描述的是一个使用 CD 格式和 MPEG 标准的数字视频播放系统。Video-CD 标准有完整的文件系统，它的结构遵照 ISO 9660 的文件结构，因此 VCD 节目能够在 CD-ROM/XA 和 VCD 播放机上播放。

Video-CD 定义了 MPEG 光道的结构，它由 MPEG 视频扇区和 MPEG 音频扇区组成，光道上的音频和视频图像是按照 MPEG 标准 ISO 11172 的规定进行编码的，音频扇区和视频扇区交错保存在光道上。

视频扇区的一般格式如表 2.14 所示。

表 2.14 视频扇区的格式

一个信息包 2 324 B			
包头 4 B	SCR（系统参考时钟） 5 B	MUX 速率 3 B	信息包数据 2 312 B

音频扇区的一般格式如表 2.15 所示。

表 2.15　音频扇区的格式

一个信息包 2 324 B				
包头 4 B	SCR（系统参考时钟） 5 B	MUX 速率 3 B	信息包数据 2 292 B	（N） 20 B

4. VCD

（1）VCD 的版本。目前 VCD 光盘品种繁多，令人目不暇接，并出现了不同版本的光碟。目前市面上使用的 VCD 碟片共有 3 种版本，分别是 Ver1.0、Ver1.1 和 Ver2.0 版本。

早期的 Ver1.0 版本为卡拉 OK 碟片专用，因当时没有 VCD 这个名称，故称为卡拉 OK CD。后由日本 JVC 公司提出，并逐渐实用化，此时将 OK CD 改称为 Ver1.0 版本。Ver1.0 版本可储存歌曲名称及其他卡拉 OK 资料，是专为卡拉 OK 而设计的。

Ver1.1 版本是第一个 VCD 标准《VideoCD Version1.1》。Ver1.1 版本是在 Ver1.0 版本基础上改造的，其应用范围比 Ver1.0 版本扩展了许多，在性能方面也有大的改进，尤其是其压缩技术更先进了，图像分辨格式、扇区划分和信号封包形式的标准化及记录格式化，更适于图像的播放。

VideoCD Version2.0 版本与 Ver1.0 和 Ver1.1 版本的主要区别在于：Ver2.0 版本具有交互式的菜单选择功能及控制高清晰度静止画面功能。

菜单选择功能可把光盘中的内容分成若干段，并将名称显示在屏幕上，用户可按节目名称直接选取其中任一画面或任一首歌曲。

高清晰度静止画面是指在播放静止画面时，画面分辨率比动态提高 4 倍。不同版本有一定的兼容性，如用 Ver1.0 版本的 VCD 光盘机可以播放 Ver2.0 版本的光盘，而用 Ver2.0 的机器也可以播放 Ver1.0 的光盘，其结果都只能是 Ver1.0 标准的效果。

（2）VCD 盘的构成。VCD Ver1.1 版本是采用分轨制存放节目信息的，从导入区以后，便按顺序排列轨道 1、轨道 2、…，最多不大于轨道 99，如表 2.16 所示。除第一轨道存放系统文件以外，其余每一轨道存放一个节目，在节目中可以是 MPEG–1 音频、视频或仅有 MPEG 压缩音频，也可以是 CD–DA 音频（无压缩）。

表 2.16　VCD Ver1.1 分轨制结构

导入区	轨道 1	轨道 2	…	导入区

在 VCD Ver2.0 版本中，采用的是分轨与分段相结合的结构，在分段区中，是以 150 个扇区定义为一段，即一段可存放 2 s 节目，一个节目的段数不限，但不可超过 1 980 段，各个节目间的排列可能是不连续的，每个节目必须是从段首开始存放。

分段区放在轨道 1 的末尾，如分段区较长，轨道 2 可向后移。在 VCD Ver2.0 版本中，可存放以下 3 种类型的素材：MPEG–1 音频、视频节目或仅有 MPEG 压缩音频；CD–DA 音频节目；MPEG 静止压缩图像。

其中 CD–DA 只能存放在分轨区，而 MPEG 静止压缩图像（一般为节目菜单）只能存放在分段区，表 2.17 说明了分段区与分轨区的部分区别。

表 2.17　分段区与分轨区的区别

参数名称	分　段　区	分　轨　区
长度限制	固定长度，150 扇区/段	长度不限，由节目长度而定
排序	不连续排列，按节目起始所在段号定义节目号，用 4 位排序	连续排列，从第 2～第 99 轨用两位排序
寻址	间接寻址、对两个文件（PSD.VCD 及 LOT.VCD）解译	直接寻址，查入口地址表 ENTRIES

（3）VCD Ver2.0 目录结构。VCD Ver2.0 版本的光盘一般具有如图 2.16 所示的目录结构。

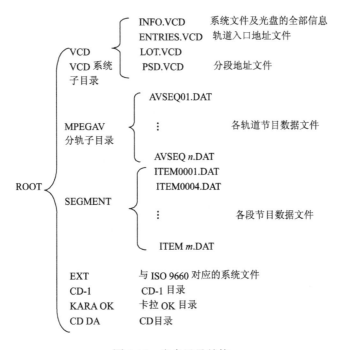

图 2.16　光盘目录结构

白皮书中规定，所有系统文件必须存放在固定的位置，所以在 VCD 系统文件子目录中，INFO.VCD 文件存放在光盘的 00 min 04 s 00 扇区，ENTRIES.VCD 文件存放在光盘的 00 min 04 s 01 扇区，LOT.VCD 文件存放于 00 min 04 s 02 扇区到 00 min 04 s 33 扇区，共占用了 32 个扇区；PSD.VCD 文件存放于光盘的 00 min 04 s 34 扇区到 00 min 07 s 64 扇区。其中 ENTRIES.VCD 存放了各轨道的入口地址。而 PSD.VCD 和 LOT.VCD 则存放了菜单中各项相关的地址表和偏移量表。

在轨道子目录（MPEGAV）中，依次列出了各轨道中所存储的节目数据文件。其中标有 01 的为第 2 轨中所存储的节目数据文件，标有 02 的为第 3 轨中所存储的节目数据文件，依此类推，节目的轨道最多不能大于第 99 轨。

分段区子目录中列出的是在分段区中存储的各节目的数据文件，但各文件名的序号可能是不连续的，这是因为文件名中所标的 4 位序列号，就是该文件起始数据所在的段号，或称段地址。由于一个节目所需的段数可能不止一段，而每个节目所需的段数也可能不同，所以一般各文件的序列号是不连续的。只有当每个节目的数据量仅需一段的存储空间时，各文件中所标的序列号才是连续的。

在分段区中存放的一般是节目的版权声明以及播放菜单所需的静止图像。CD–I、KARAOK、CDDA 子目录都是可选的，这要看盘中的节目安排如何，例如，在盘中没有安排 CDDA 音频节目，则该子目录可以不存在，或为空子目录。

在 EXT 子目录中则存放着一些与 ISO 9660 标准相对应的、适于在 PC 机中播放光盘的系统文件。

5. DVD

DVD（Digital Video Disc）是一种高密度数字视频光盘，是为了适应 MPGE–2 视频数据存放而设计的。因此它的容量要远大于 VCD，单面单层 DVD 盘片能够存储 4.7 GB 的数据，单面双层盘片的容量为 8.5 GB。一张单面单层 DVD 盘片可存储 133 min 的 MPEG–2 视频节目，其分辨率与 SDTV 相同，并配备 DolbyAC–3/MPEG–2Audio 质量的声音和不同语言的字幕。

DVD 的特点是存储容量大，最高可达到 17 GB。一片 DVD 盘的容量相当于现在的 25 片 CD–ROM（650 MB），而 DVD 盘的尺寸与 CD 相同。DVD 所包含的软、硬件都具有向下兼容的特性。

（1）DVD 的规格。DVD–Video 的规格如表 2.18 所示。DVD 盘上的视频都采用 MPEG–2 的视频标准。NTSC 的声音采用 DolbyAC–3 标准，MPEG–2Audio 作为选用；PAL 和 SECAM 的声音采用 MPEG–2Audio 标准，DolbyAC–3 作为选用。

表 2.18　视频图像规格

参数名称	规　　　格
数据传输率	可变速率，平均速率为 4.69 Mb/s（最大速率为 10.7 Mb/s）
图像压缩标准	MPEG–2 标准
声音标准	NTSC：Dolby AC–3 或 LPCM，可选用 MPEG–2 Audio PAL：MPEG MUSICAM*5.1 或 LPCM，可选用 Dolby AC–3
通道数	多达 8 个声音通道和 32 个字幕通道

（2）DVD 光盘结构。DVD 光盘与普通光盘十分相似，两者直径相同，厚度相同，都具有极为明亮光泽的表面。但实际上 DVD 光盘的容量比普通 CD 光盘的容量大得多，一张单面单层 DVD 光盘的容量大约是一张 CD 光盘的 7 倍。而且两者的结构也有较大差别：DVD 上的数据轨道仅相距 0.74 μm，凹坑和非坑面长度最短为 0.4～0.44 μm（取决于光盘类型）。

与 VCD 不同，DVD 由两层 0.6 mm 厚的衬底结合在一起，在一片标准的"单层"DVD 中，一层衬底带有数据层，另一层则为空白。

DVD 光盘可采用双层光盘的结构，因此 DVD 光盘的结构有单面单层、单面双层、双面单层和双面双层 4 种类型，如图 2.17 所示。

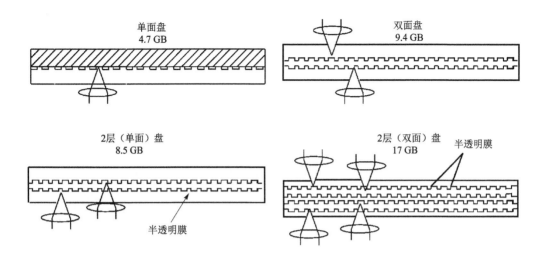

图 2.17 DVD 的各种盘结构

（3）影视 DVD 的区域编码。软件制造商为了防止非法复制，保护电影的版权，推出了 DVD 区代码的规定，密码内容将由专门机构管理。地区编码协议采用区域标识码系统，该区域码系统把全球分成 6 个发行区域，如表 2.19 所示。

表 2.19 影视 DVD 地区编码

区号	包括区域	区号	包括区域
1	美国和加拿大	4	中南美洲、新西兰和澳大利亚
2	日本和西欧	5	非洲、俄罗斯和东欧
3	亚洲（不含中国内地）	6	中国内地

这一区域编码系统在实施时，将 DVD 盘片和 DVD 播放机同时分区。每一种 DVD 播放机只能播放该区的 DVD 片（全域编码除外）。因此购买 DVD 播放机和 DVD 盘片时均要分清区域。

2.4.2 半导体存储器

半导体存储器以其存储速度快、体积小、故障率低而被广泛用于各种数据的保存。半导体存储器最常见的是 RAM（Random Access Memory）存储器，主要用作计算机的内存储器、存储操作系统或其他正在运行的程序。

RAM 分为静态 RAM（SRAM）和动态 RAM（DRAM）两大类，由于后者单位容量的存储成本较低，所以被广泛用于内存储器的制作。

RAM 存储器的特点是：速度快、可靠、可随时读 / 写、成本低，但当断电时，RAM 不能保留数据。一台用于多媒体制作的计算机，其 RAM 至少应有 64 MB 的容量。

近年来，为了使 RAM 在断电后也能保留数据，发展了使用 "Non-volatile" 技术的 RAM 存储器，记做 "RAM Non-volatile（非易失性内存）"。该存储器具有存储速度快、体积小、容量大、携带方便等特点，被广泛用于数码相机、手机、MP3 随身听、掌上电脑，以及小型打印机等可携带设备上。人们习惯上把 RAM Non-volatile 存储器叫做"存储卡"、"闪存器"、"优盘"等，如图 2.18 所示。

图 2.18　常见半导体存储器

2.5　多媒体系统的扩展设备

现在与图、文、声、像相关的多媒体设备越来越多，功能越来越强大，大大丰富了多媒体技术的应用。这些设备中很多设备都不属于前面讲过的显示适配器、显示器、声卡、声音还原设备以及光盘驱动器这些多媒体计算机的核心设备，这些设备对于多媒体计算机来说并不是必备的，但是它们可以大大扩展个人计算机多媒体方面的功能，因此我们把这些设备叫做多媒体扩展设备。比较常见的多媒体扩展设备主要有触摸屏、扫描仪、数码相机和数码摄像机、彩色打印机等。

2.5.1　触摸屏

触摸屏作为一种特殊的计算机外设，它能提供一种简单、方便、自然的人–机交互方式，并赋予了多媒体以崭新的面貌，是极富吸引力的全新多媒体交互设备。

触摸屏是一种定位设备，用户可以直接用手向计算机输入信息。触摸屏也是基本的多媒体系统用户输入接口设备之一。

1. 触摸屏的应用

触摸屏在我国的应用范围非常广阔，例如电信局、税务局、银行、电力等部门的业务查询以及城市街头的信息查询，此外还应用于领导办公、工业控制、军事指挥、电子游戏、点歌点菜、多媒体教学、房地产预售等。尤其是公共场合信息查询服务，它的使用与推广大大方便了人们查阅和获取各种信息。

触摸屏技术构造的应用系统非常适用以下领域：

● 自动控制及监测

● 展示

● 信息检索和查询

● 培训和教育

良好的触摸屏应该具有快速感应、精确定位、可靠性高和经久耐用等特点。触摸屏系统一般包括触摸屏控制器(卡)、触摸检测装置以及驱动程序三个部分。其中,触摸屏控制器(卡)的主要作用是从触摸点检测装置上接收触摸信息,并将它转换成触点坐标,再送给 CPU,它同时能接收 CPU 发来的命令并加以执行;触摸检测装置一般安装在显示器的前端,主要作用是检测用户的触摸位置,并传送给触摸屏控制卡;驱动程序的作用主要是提供数据分析方法,规范信号传送格式以及控制硬件动作。

2. 触摸屏的导电层

触摸屏的检测装置一般采用两种透明的导电层材料。

(1)ITO 涂层。这是一种弱导电体,材料是氧化铟,属于无机物。这种材料的特性是:当材料厚度低于 180 nm 时,透光率在 80%左右。若厚度再薄一些,透光率会提高。但当厚度进一步变薄时,透光率呈下降的趋势,直到接近 30 nm 时,透光率又回到 80%。

(2)镍金涂层。这是一种导电性能良好的材料。其特点是延展性和透明度很好,适用于制作外导电层。由于外导电层被频繁触摸,因此要使用延展性好的材料以延长使用寿命。但由于镍金涂层的导电性能过于良好,对其进行精密的电阻测量会很困难。另外,这种涂层的不均匀性也是个问题。

3. 触摸屏的种类

触摸屏的基本原理是,用手指或其他物体触摸安装在显示器前端的触摸屏时,所触摸的位置(以坐标形式)由触摸屏控制器检测,并通过接口(如 RS–232 串行口)送到 CPU,从而确定输入的信息。

触摸屏按安装方式可分为:外挂式、内置式、整体式、投影仪式。

以结构特性与技术区分有以下类型:

(1)红外线扫描式:价格低廉、安装非常方便、使用键盘接口不需要卡或其他任何控制器、可以使用在各档次计算机上;最大分辨率小。不易仿真鼠标键的单击和双击。

(2)电阻式:在两层导电层之间有许多细小的透明隔离点把它们隔开并绝缘。当手指触摸屏幕时,两层导电层在触摸点位置就有了一个接触。抗干扰能力强;怕锐器。

(3)电容式:较为可靠、精确;会引起漂移。

(4)表面声波式:根据罩在显示器上超声波栅格的阻断情况来确定触点的位置,超声波是通过附加的一层玻璃而不是空气传播的。抗干扰能力强、可靠精确、分辨率高、防刮、寿命最长、没有漂移,适合于公共场所。

(5)矢量压力式:在屏幕四角装上压力感应仪,当对触摸屏施加压力时,会由此引起感应仪电阻抗的变化。

4. 触摸屏的工作原理

(1)电阻触摸屏。电阻触摸屏的屏体部分是一块与显示器表面相匹配的多层复合薄膜,由一层玻璃或有机玻璃作为基层,表面涂有一层透明的导电层,上面再盖有一层外表面经硬化处理、光滑防刮的塑料层,它的内表面也涂有一层透明导电层,在两层导电层之间有许多细小(小于 1‰ in,1 in=25.4 mm)的透明隔离点把它们隔开绝缘。

当手指触摸屏幕时,平常相互绝缘的两层导电层就在触摸点位置有了一个接触,因其中

一面导电层接通 Y 轴方向的 5 V 均匀电压场，使得侦测层的电压由零变为非零，这种接通状态被控制器侦测到后，进行 A/D 转换，并将得到的电压值与 5 V 相比即可得到触摸点的 Y 轴坐标，同理得出 X 轴的坐标，这就是所有电阻技术触摸屏共同的最基本原理。电阻类触摸屏的关键在于材料。电阻屏根据引出线数多少，分为四线、五线、六线等多线电阻触摸屏。电阻式触摸屏在强化玻璃表面分别涂上两层 ITO 透明氧化金属导电层，最外面的一层 ITO 涂层作为导电体，第二层 ITO 则经过精密的网络附上横竖两个方向的 +5 V～0 V 的电压场，两层 ITO 之间以细小的透明隔离点隔开。当手指接触屏幕时，两层 ITO 导电层就会出现一个接触点，计算机同时检测电压及电流，计算出触摸的位置，反应速度为 10～20 ms。

五线电阻触摸屏的外层导电层由于被频繁触摸，所以就使用延展性好的镍金材料以延长使用寿命，但是工艺成本较为高昂。

电阻触摸屏是一种对外界完全隔离的工作环境，不怕灰尘和水汽，它可以用任何物体来触摸，可以用来写字画画，比较适合工业控制领域及办公室内有限人的使用。电阻触摸屏共同的缺点是因为复合薄膜的外层采用塑胶材料，不知道的人太用力或使用锐器触摸则可能划伤整个触摸屏而致其报废。

（2）红外线触摸屏。红外线触摸屏安装简单，只需在显示器上加上光点距架框，无须在屏幕表面加上涂层或控制器。光点距架框的四边排列了红外线发射管及接收管，在屏幕表面形成一个红外线网。用户以手指触摸屏幕某一点，便会挡住经过该位置的横竖两条红外线，计算机便可即时算出触摸点的位置。任何触摸物体都可改变触点上的红外线而实现触摸屏操作。

早期，红外触摸屏因存在分辨率低、触摸方式受限制和易受环境干扰而误动作等技术上的局限，而一度淡出过市场。此后第二代红外屏部分解决了抗光干扰的问题，第三代和第四代在提升分辨率和稳定性能上亦有所改进，但都没有在关键指标或综合性能上有质的飞跃。但是，了解触摸屏技术的人都知道，红外触摸屏不受电流、电压和静电干扰，适宜恶劣的环境条件，红外线技术是触摸屏产品最终的发展趋势。采用声学和其他材料学技术的触屏都有其难以逾越的屏障，如单一传感器的受损、老化，触摸界面怕受污染、破坏性使用，维护繁杂等问题。

红外线触摸屏只要真正实现了高稳定性能和高分辨率，必将替代其他技术产品而成为触摸屏市场的主流。过去的红外触摸屏的分辨率由框架中的红外对管数目决定，因此分辨率较低，市场上主要国内产品为 32×32、40×32，另外还有说红外屏对光照环境因素比较敏感，在光照变化较大时会误判甚至死机。这些正是国外非红外触摸屏的国内代理商销售宣传的红外屏的弱点。而最新的、第五代红外屏的分辨率则取决于红外对管数目、扫描频率以及差值算法，分辨率已经达到了 1 000×720，至于说红外屏在光照条件下不稳定，从第二代红外触摸屏开始，就已经较好地克服了抗光干扰这个弱点。第五代红外线触摸屏是全新一代的智能技术产品，它实现了 1 000×720 高分辨率、多层次自调节和自恢复的硬件适应能力和高度智能化的判别识别，可长时间在各种恶劣环境下任意使用。并且可针对用户定制扩充功能，如网络控制、声感应、人体接近感应、用户软件加密保护、红外数据传输等。原来媒体宣传的红外触摸屏的另外一个主要缺点是抗暴性差，其实红外屏完全可以选用任何客户认为满意的防暴玻璃而不会增加太多的成本和影响使用性能，这是其他的触摸屏所无法效仿的。

红外线式触摸屏价格便宜、安装容易、能较好地感应轻微触摸与快速触摸。但是由于红外线式触摸屏依靠红外线感应动作，外界光线的变化，如阳光、室内射灯等均会影响其准确度。而且红外线式触摸屏不防水和怕污垢，任何细小的外来物都会引起误差，影响其性能，不适宜于户外和公共场所使用。

（3）电容式触摸屏。电容式触摸屏的构造主要是在玻璃屏幕上镀一层透明的薄膜体层，再在导体层外上一块保护玻璃，双玻璃设计能彻底保护导体层及感应器。

此外，在附加的触摸屏四边镀上狭长的电极，在导电体内形成一个低电压交流电场。用户触摸屏幕时，由于人体电场、手指与导体层间会形成一个耦合电容，四边电极发出的电流会流向触点，而其强弱与手指及电极的距离成正比，位于触摸屏幕后的控制器便会计算电流的比例及强弱，准确算出触摸点的位置。电容触摸屏的双玻璃不但能保护导体及感应器，更有效地防止外在环境因素给触摸屏造成影响，就算屏幕沾有污秽、尘埃或油渍，电容式触摸屏依然能准确算出触摸的位置。

电容触摸屏的透光率和清晰度优于一般的电阻触摸屏，但还不能和表面声波屏相比。电容屏反光严重，而且，电容技术的四层复合触摸屏对各波长光的透光率不均匀，存在色彩失真的问题，由于光线在各层间的反射，还造成图像字符的模糊。电容屏在原理上把人体当作一个电容器元件的一个电极使用，当有导体靠近，与夹层ITO工作面之间耦合出足够量容值的电容，流走的电流就足够引起电容屏的误动作。我们知道，电容值虽然与极间距离成反比，却与相对面积成正比，并且还与介质的绝缘系数有关。因此，当较大面积的手掌或手持的导体物靠近电容屏而不是触摸时就能引起电容屏的误动作，在潮湿的天气，这种情况尤为严重，手扶住显示器、手掌靠近显示器7 cm以内或身体靠近显示器15 cm以内就能引起电容屏的误动作。电容屏的另一个缺点用戴手套的手或手持不导电的物体触摸时没有反应，这是因为增加了更为绝缘的介质。电容屏更主要的缺点是漂移：当环境温度、湿度，以及环境电场发生改变时，都会引起电容屏的漂移。例如：开机后显示器温度上升会造成漂移；用户触摸屏幕的同时另一只手或身体一侧靠近显示器会造成漂移；电容触摸屏附近较大的物体搬移后会漂移；用户触摸时如果有人围过来观看也会引起漂移！电容屏的漂移原因属于技术上的先天不足，环境电势面（包括用户的身体）虽然与电容触摸屏离得较远，却比手指头面积大的多，它们直接影响了触摸位置的测定。此外，理论上许多应该呈线性的关系实际上却是非线性的，如：体重不同或者手指湿润程度不同的人吸走的总电流量是不同的，而总电流量的变化和四个分电流量的变化是非线性的关系，电容触摸屏采用的这种四个角的自定义极坐标系还没有坐标上的原点，漂移后控制器不能察觉和恢复，而且，4个A/D完成后，由四个分流量的值到触摸点在直角坐标系上的 X、Y 坐标值的计算过程复杂。由于没有原点，电容屏的漂移是累积的，在工作现场也经常需要校准。电容触摸屏最外面的矽土保护玻璃防刮擦性很好，但是怕指甲或硬物的敲击，敲出一个小洞就会伤及夹层ITO，不管是伤及夹层ITO还是安装运输过程中伤及内表面ITO层，电容屏都不能正常工作了。

（4）表面声波触摸屏。表面声波触摸屏的触摸屏部分可以是一块平面、球面或是柱面的玻璃平板，安装在CRT、LED、LCD或是等离子显示器屏幕的前面。有别于其他触摸屏技术的是：这块玻璃平板只是一块纯粹的强化玻璃，没有任何贴膜和覆盖层。玻璃屏的左上角和右下角各固定了竖直和水平方向的超声波发射换能器，右上角则固定了两个相应的超声波接收换能器。玻璃屏的四个周边则刻有45°角由疏到密间隔非常精密的反射条纹。

工作原理以右下角的 X 轴发射换能器为例：

发射换能器把控制器通过触摸屏电缆送来的电信号转化为声波能量向左方表面传递，然后由玻璃板下边的一组精密反射条纹把声波能量反射成向上的均匀面传递，声波能量经过屏体表面，再由上边的反射条纹聚成向右的线传播给 X 轴的接收换能器，接收换能器将返回的表面声波能量变为电信号。

当发射换能器发射一个窄脉冲后，声波能量历经不同途径到达接收换能器，走最右边的最早到达，走最左边的最晚到达，早到达的和晚到达的这些声波能量叠加成一个较宽的波形信号，不难看出，接收信号集合了所有在 X 轴方向历经长短不同路径回归的声波能量，它们在 Y 轴走过的路程是相同的，但在 X 轴上，最远的比最近的多走了两倍 X 轴最大距离。因此这个波形信号的时间轴反映各原始波形叠加前的位置，也就是 X 轴坐标。

发射信号与接收信号波形在没有触摸的时候，接收信号的波形与参照波形完全一样。当手指或其他能够吸收或阻挡声波能量的物体触摸屏幕时，X 轴途经手指部位向上走的声波能量被部分吸收，反映在接收波形上即某一时刻位置上波形有一个衰减缺口。

接收波形对应手指挡住部位的信号衰减了一个缺口，计算缺口位置即得触摸坐标控制器分析接收信号的衰减，并由缺口的位置判定 X 坐标。之后在 Y 轴经同样的过程判定出触摸点的 Y 坐标。除了一般触摸屏都能响应的 X、Y 坐标外，表面声波触摸屏还能响应第三轴——Z 轴坐标，也就是能感知用户触摸压力大小值。该值可由接收信号衰减处的衰减量计算得到。X、Y、Z 三轴坐标一旦确定，控制器就把它们传给主机。

表面声波触摸屏的第一个特点是抗暴，因为表面声波触摸屏的工作面是一层看不见、打不坏的声波能量，触摸屏的基层玻璃没有任何夹层和结构应力（表面声波触摸屏可以发展到直接做在 CRT 表面从而没有任何"屏幕"），所以能够抵抗暴力使用。

表面声波触摸屏的第二个特点是反应速度快，是所有触摸屏中反应速度最快的。使用时感觉很顺畅。

表面声波触摸屏的第三个特点是性能稳定。因为表面声波技术原理稳定，且表面声波触摸屏的控制器靠测量衰减时刻在时间轴上的位置来计算触摸位置，所以表面声波触摸屏非常稳定，精度也非常高，目前表面声波技术触摸屏的精度通常是 4 096×4 096×256 级力度。

表面声波触摸屏的第四个特点是控制卡能知道什么是尘土和水滴，什么是手指，有多少在触摸。因为：我们的手指触摸在 4 096×4 096×256 级力度的精度下，每秒 48 次的触摸数据不可能是纹丝不变的，而尘土或水滴则一点都不变，当控制器发现一个"触摸"出现后纹丝不变超过 3 s 即自动识别为干扰物。

表面声波触摸屏的第五个特点是它具有 Z 轴，也就是压力轴响应。这是因为用户触摸屏幕的力量越大，接收信号波形上的衰减缺口也就越宽越深。目前在所有触摸屏中只有声波触摸屏具有能感知触摸压力的性能，有了这个功能，每个触摸点就不仅仅是有触摸和无触摸的两个简单状态，而是成为能感知力的一个模拟量值的开关了。这个功能非常有用，比如在多媒体信息查询软件中，一个按钮就能控制动画或者影像的播放速度。

表面声波触摸屏的缺点是触摸屏表面的灰尘和水滴会阻挡表面声波的传递，虽然智能的控制卡能分辨出来，但当尘土积累到一定程度时，信号就会衰减得非常厉害，此时表面声波触摸屏将变得迟钝甚至不工作。因此，表面声波触摸屏一方面在推出防尘功能，一方面则需要做定期清洁。

2.5.2 扫描仪

扫描仪是一种可将静态图像输入到计算机里的图像采集设备。扫描仪对于桌面排版系统、印刷制版系统都十分有用。如果配上文字识别（OCR）软件，用扫描仪可以快速方便地把各种文稿录入到计算机内，大大加速了计算机文字的录入过程。本节主要讲述扫描仪的分类、工作原理及其主要性能指标。

1. 扫描仪的分类

按扫描原理分类可将扫描仪分为以 CCD（电荷耦合器件）为核心的平板式扫描仪、手持式扫描仪和以光电倍增管为核心的滚筒式扫描仪；按操作方式可分为手持式、平板式、台式和滚筒式；按色彩方式可分为灰度扫描仪和彩色扫描仪；按扫描图稿的介质又可分为反射式（纸质材料）扫描仪、透射式（胶片）扫描仪以及既可扫描反射稿又可扫描透射稿的多用途扫描仪。

手持式扫描仪体积较小、重量轻、携带方便，但扫描精度较低，扫描质量较差；平板式扫描仪是市场上的主力军，主要用于 A3 和 A4 幅面图纸的扫描，其中又以 A4 幅面的扫描仪用途最广、功能最强、种类最多，分辨率通常在 600～1 200 dpi，高的可达 2 400 dpi，色彩数一般为 30 位，高的可达 36 位；台式扫描仪由高档平板式扫描仪和支架组成，台式扫描仪带有自动更换扫描稿、双面扫描等功能，通常用于扫描量大的场合。胶片扫描仪专门用于扫描照相底片，可以将负片直接扫描成正片。有 35 mm、4 in×5 in 等规格，用于摄影、照片洗印等领域。滚筒式扫描仪一般应用在大幅面扫描领域中，如大幅面工程图纸的输入。

2. 扫描仪的工作原理

（1）反射式扫描。大多数平板扫描仪和台式扫描仪采用反射式扫描原理，扫描仪的内部结构和工作原理如图 2.19 所示。

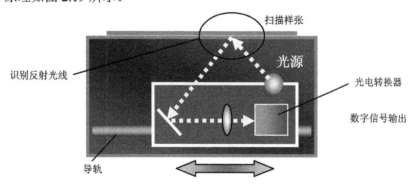

图 2.19　反射式扫描仪原理图

在平板扫描仪的内部，有一个由步进电动机驱动的可移动拖架，拖架上有光源、反射镜片、透镜和 CCD 光电转换元件等。扫描时，原稿固定不动，拖架移动，其上的光源随拖架移动，光线照射到正面向下的原稿上，其过程类似复印机。扫描仪扫描图像的步骤是：首先将欲扫描的原稿正面朝下铺在扫描仪的玻璃板上，原稿可以是文字稿件或者图纸照片；然后启动扫描仪驱动程序，安装在扫描仪内部的可移动光源开始扫描原稿。为了均匀照亮稿件，扫描仪光源为长条形，并沿 Y 方向扫过整个原稿；照射到原稿上的光线经反射后穿过一个很窄的缝隙，形成沿 X 方向的光带，又经过一组反光镜，由光学透镜聚焦并进入分光镜，经过棱镜和红、绿、蓝三色滤色镜得到的 RGB 三条彩色光带分别照到各自的 CCD 上，CCD 将 RGB 光带转变为模拟电子信号，此信号又被 A/D 变换器转变为数字电子信号。

至此，反映原稿图像的光信号转变为计算机能够接收的二进制数字电子信号，最后通过串行或者并行等接口送至计算机。扫描仪每扫一行就得到原稿 X 方向一行的图像信息，随着沿 Y 方向的移动，在计算机内部逐步形成原稿的全图。

在扫描仪获取图像的过程中，有两个元件起到关键作用。一个是 CCD，它将光信号转换成为电信号；另一个是 A/D 变换器，它将模拟电信号变为数字电信号。这两个元件的性能直接影响扫描仪的整体性能指标，同时也关系到我们选购和使用扫描仪时如何正确理解和处理某些参数及设置。

CCD 由三行光敏元件矩阵组成，分别对应 R（红色）、G（绿色）和 B（蓝色）三个颜色过滤器。拖架每向前移动一行，控制电路快速切换三行矩阵，使每行矩阵的光敏元件依次对原稿上的 R、G、B 三色进行扫描，并转换成电信号。当拖架继续移动时，重复上述过程，又会得到下一组 RGB 电信号。RGB 电信号随时被译码电路进行混色处理，然后以数字形式发送到计算机主机中。

（2）透射式扫描。采用透射式扫描原理的扫描仪一般有专用胶片扫描仪和混合式扫描仪两类。

专用胶片扫描仪的结构紧凑，与反射式扫描仪有所不同。反射镜片、透镜、CCD 光电转换元件和光源安装在固定架上，不能移动，可移动的是胶片原稿。其结构和工作原理如图 2.20 所示。

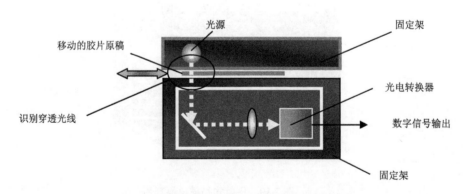

图 2.20　专用胶片扫描仪的结构和工作原理示意图

扫描时，固定在移动架上的胶片原稿缓慢移动，光源的光线透过胶片照射到反射镜片上，经过反射、聚焦，由 CCD 光电转换元件转换成电信号，最后经译码传送到主机中。专用透射式扫描仪可把扫描的负片转换成正片信息传送到主机中。

在普通平板扫描仪上增加一个带有独立光源和相应机构的配件，该扫描仪就具备了透射式扫描的特点，可扫描胶片的正片和负片。混合式扫描仪的结构和工作原理如图 2.21 所示。

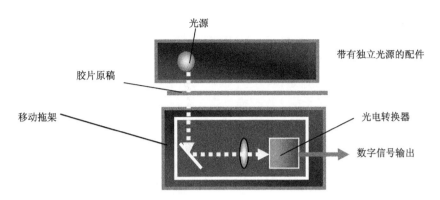

图 2.21　混合式扫描仪的结构和工作原理示意图

在扫描时，胶片原稿固定不动，移动拖架在步进电动机的带动下移动，顶部的独立光源也同步地随之移动。该光源的光线穿透胶片照射到移动拖架上的反射镜片、透镜和 CCD 光电转换元件上，变成电信号。最后经过译码，把数字化图像送到主机中。

由于混合式扫描仪实际上就是一台平板扫描仪，其光学扫描分辨率一般在 1 200～2 400 dpi（远不如专用胶片扫描仪高），所以用它扫描小尺寸的 35 mm 胶片的效果一般。

3. 扫描仪的技术指标

（1）分辨率。分辨率是衡量扫描仪的关键指标之一。它表明了系统能够达到的最大输入分辨率，以每英寸扫描像素点数（DPI）表示。制造商常用"水平分辨率×垂直分辨率"的表达式作为扫描仪的标称。其中水平分辨率又被称为"光学分辨率"，垂直分辨率又被称为"机械分辨率"。光学分辨率是由扫描仪的传感器以及传感器中的单元数量决定的。机械分辨率是步进电机在平板上移动时所走的步数。光学分辨率越高，扫描仪解析图像细节的能力越强，扫描的图像越清晰。

（2）色彩位数。色彩位数是影响扫描仪表现的另一个重要因素。色彩位数越高，所能得到的色彩动态范围越大，也就是说，对颜色的区分能够更加细腻。例如一般的扫描仪至少有30 位色，也就是能表达 2^{30} 种颜色（大约 10 亿种颜色），好一点的扫描仪拥有 36 位颜色，大约能表达 687 亿种颜色。

（3）速度。在指定的分辨率和图像尺寸下的扫描时间。扫描速度也是衡量扫描仪性能优劣的一个重要指标。在保证扫描精度的前提下，扫描速度越高越好。扫描速度主要与扫描分辨率、扫描颜色模式和扫描幅面有关，扫描分辨率越低，幅面越小，单色，扫描速度越快。计算机系统配置、扫描仪接口形式、扫描分辨率的设置、扫描参数的设定等都会影响扫描速度。

（4）内置图像处理能力。不同的扫描仪有不同的内置图像处理能力，高档扫描仪的内置图像处理能力很强，很少或无须人为干预。内置图像处理能力包括伽玛校正、色彩校正、亮度等级、线性优化、半色调处理等。

（5）智能去网。扫描印刷品时，印刷网纹也被扫描，因而图像伴有这种网纹。使用高级的图像处理软件和某些品牌的扫描仪可以去掉网纹，但图像的锐度会有很大损失。扫描仪图像网点转换成电脉冲，其脉冲宽度与网点的大小相对应，两个脉冲中心的距离就是网点间距。同时，扫描仪根据网点间距生成网格，其密度与图像网点的密度相等。然后，对网格内部的数据进行平均化处理，就可舍弃网点，得到纯净的图像。

（6）VAROS 光学分辨率倍增性能。VAROS 光学分辨率倍增性能可将扫描仪的光学分辨率提高一倍。在透镜和 CCD 之间安装一块可微量旋转角度的平板玻璃，在第 1 次扫描时，平板玻璃处于原始位置，光线穿过透镜，经平板玻璃折射，被 CCD 接收，这与普通扫描仪的工作过程没有什么区别。关键在于第 2 次扫描。第 2 次扫描时，平板玻璃旋转了一个小角度，使扫描图像的位置错开半个像素，当扫描完成后，错开半个像素的光线折射到 CCD 上，形成二次图像。然后，通过软件把两次得到的图像合并到一起，形成了分辨率高出一倍的图像。这就是说，运用 VAROS 光学分辨率倍增技术，可使 600 dpi 的扫描仪一举变成 1 200 dpi 的扫描仪，而价格仅略高于 600 dpi 的扫描仪。

（7）幅面。扫描仪支持的幅面大小，如 A4、A3、A1 和 A0。

2.5.3　数码相机

数码相机是一种数字成像设备，可以与计算机配套使用，数码照相机的特点是：以数字形式记录图像，在外观和使用方法上与普通的全自动照相机很相似，两者之间最大的区别在于成像器件和存储器件，前者是在 CCD 或 CMOS 上成像，然后存储在相机内的存储卡上，而后者通过胶卷曝光成像，同时将成像存储在底片上。

1. 数码相机的结构

数码相机主要由镜头、取景框、快门、CCD、译码器、存储器、数据接口和电源等部件构成，其基本结构如图 2.22 所示。

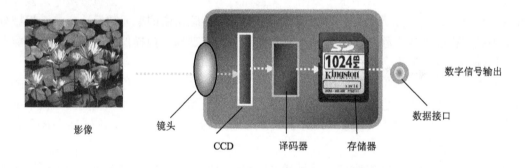

图 2.22　数码相机的基本结构

数码相机的镜头可以分为伸缩式镜头和潜望式镜头，潜望式镜头一般用于卡片机中，从镜头焦距来说又可分为定焦镜头（固定焦距）和变焦镜头（可变焦距）两大类。

小巧的卡片式数码相机多采用 3 倍变焦镜头；中高档数码相机一般采用 5～10 倍变焦镜头；专业数码相机则采用可更换的定焦镜头和变焦镜头。数码相机的光学镜头在镜头镀膜和结构方面有其特殊的加工工艺，使其更适合数码成像的需要，起到增加锐度、提升色彩饱和度、去除鬼影和光斑的作用。

取景框用于在相机中取景。目前几乎所有家用数码相机都采用液晶屏来取景，少数保留了取景框。专业单反数码相机一般采用光学取景框的方式取景，采用单镜头反光方式，把镜头中摄取的实际影像反射到取景框中，使观察到的影像与实际影像一致，这一类相机的液晶屏主要用于相机的设置和照片的回放。

相机内部的数字化器件主要有：CCD 或 CMOS 感光元件、译码器、存储器等。CCD 或 CMOS 把自然光变成电信号，目前大部分相机采用的感光部件都是 CCD，CMOS 以前只用在一些低档数码相机上，但随着 CMOS 技术的不断成熟，越来越多的专业单反相机开始采用 CMOS 作为感光器件，高档的 COMS 成像质量已经优于 CCD。译码器用于把电信号转换成数字信号，最后保存到存储器中。电池为相机提供电源，常采用可反复充电的锂电池。

2. 数码相机的技术指标

（1）CCD 像素数量。数码照相机内部采用 CCD 或 CMOS 作为光电转换元件，负责把可见光转换成电信号。CCD 或 CMOS 所具有的光敏单元（像素）数量是衡量数码照相机画幅大小的重要指标，像素数量越多，数码照片的画幅越大，记录的细节越多，图像越清晰。

图 2.23 是数码相机使用的 CCD 外观。

像素的多少不是衡量数码相机唯一的标准，不同档次的数码相机使用的 CCD 或 CMOS 不尽相同，同样都是 1 000 万像素，

图 2.23　数码相机使用的 CCD 外观

家用相机和专业相机的画面质量差异很大。决定画面清晰度和色彩还原度优劣的因素有多种，比如 CCD 尺寸、灵敏度、信噪比等，其中的 CCD 尺寸也是一个比较重要的因素，一般来说 CCD 尺寸大的成像效果会越好一些。

（2）光学镜头的规格与性能。光学镜头的规格和性能决定了成像的质量和成像风格。专供数码相机使用的光学镜头有以下性能特点：

① 定焦镜头的焦距以 mm 为单位，如 35 mm、50 mm。一般普通相机的镜头焦距在 50 mm 左右，拍摄出来的影像的比例关系和景物透视状况与人眼平时看到的效果基本一致，称为标准镜头，焦距小于标准镜头的称为广角镜头，而大于标准镜头的成为远摄镜头。

② 变焦镜头有多种变焦范围，通常用于中高档相机和单反数码相机。常见的变焦镜头有：17～70 mm，18～200 mm，70～300 mm，100～500 mm 等。其中，18～200 mm 变焦镜头由于焦距覆盖面大，价格适中，出门采风只需带一个镜头即可，被人们戏称为"一镜走天下"，备受广大摄影爱好者青睐。

③ 镜头的防抖动功能以前用于单反数码相机，现在越来越多的非专业相机也开始采用防抖动功能。该功能可使快门速度降低 2～3 挡，使拍照更容易驾驭，减少照片"脱焦"现象。"脱焦"现象是指照片虚化，不能准确对焦的现象。

④ 镜头的光圈是数码相机控制光线的窗口，光圈数值越小，透光量越大，如 F2.8 光圈值比 F11 光圈值的透光量大，光圈相邻两个刻度的进光量相差 2 倍。一款镜头的光圈值越小，表明它的透光量越大，价格也越昂贵。

（3）快门速度。快门速度决定了曝光时间的长短，通常具有一定选取范围。如某数码照相机的快门速度在（3～1）/2 000 s 之间。较慢的快门速度适于拍摄静止的、光线较暗的物体，若希望表现物体的流动感，通常也采用慢快门速度。高速快门一般用于拍摄运动的物体，光线过于强烈的环境也采用高速快门，以避免 CCD 感光过度，造成图像失真。

（4）显示屏。家用和中高档数码相机均配备彩色液晶显示屏（LCD），供拍照构图和浏览照片。LCD 的尺寸和像素数量越大，观察图片就越轻松。专业单反数码相机也有 LCD，但大多数品牌的相机不能用来拍照构图，只能用于浏览照片。LCD 的耗电量一般很大，为了节省电池，不拍照时，应关闭 LCD。

（5）存储卡。数码相机使用的存储卡多种多样，SM 卡、CF 卡、SD 卡、MS 记忆棒都可用于数码相机。存储卡又叫"压缩闪存卡（Compact Flash Memory Card）"，容量各异，从 64 MB～8 GB 不等。

除存储卡的容量以外，存储卡的存储速度也是重要指标，它直接影响数码相机拍照的速度。存储卡的存储速度越高，拍照等待时间越短，价格自然也越高。

（6）文件格式。数码相机拍摄的照片多采用 JPG 格式保存，专业数码相机也有采用 RAW 格式、TIF 格式保存照片的。JPG 格式是一种有损压缩格式，以很少的数据量记录彩色照片。RAW 和 TIF 格式是非压缩格式，能够保存彩色照片的原始数据，但数据量相当大。为了保存 RAW 和 TIF 格式的照片，数码相机必须配备容量相当大的存储卡。

（7）接口形式。数码照相机的接口形式主要有 4 种：USB 接口、IEEE 1394 接口、串行通信接口和 Video 输出接口。某些数码照相机采用其中的一种，而某些数码照相机则同时具有两种或三种接口形式。

2.5.4　彩色打印机

打印机是多媒体信息输出的常用设备，可以把计算机中的文档、图像等打印到纸上，用传统的平面媒体的形式展示出来。随着打印技术的发展，打印机从黑白走向了彩色，而且打印机的种类越来越多，打印精度、彩色还原度和速度不断提高，价格不断降低。目前比较常见的打印机主要有激光打印机、喷墨打印机和热升华打印机等。

1. 激光打印机

彩色激光打印机是一种高档打印设备，用于精密度很高的彩色样稿输出。与普通黑白激光打印机相比，彩色激光打印机采用四个鼓进行彩色打印，打印处理相当复杂，技术含量高，属于高科技的精密设备，其外观如图 2.24 所示。

激光打印机的工作原理，可以用几次图像变换来说明其实现过程。

（1）原稿变位图。激光打印机的光栅图像处理器将打印页面变为位图，然后转换为电信号送往激光扫描单元。

（2）位图变电荷"负像"。在激光扫描单元中，页面位图上的图像点被转换为激光信号发射到成像鼓上，对应于位图中的各像素点，有像素

图 2.24　激光打印机

值存在时就发射出激光束，无值时则不发射。激光发射时在成像鼓上产生一个细小的照射点，成像鼓预先带有电荷，被激光束照射到的点会被放电，未被照射到的点依然带有电荷，经过这一过程，页面位图就被转换成了成像鼓上的电荷"负像"。

（3）电荷"负像"变为墨粉"正像"。墨粉带有和成像鼓上相同性质的电荷，成像鼓转动，

电荷"负像"经过显影辊时，被放电的点就会吸附上带电的碳粉，而未被放电的点由于同性相斥则不吸收碳粉，这样电荷"负像"就被变成了墨粉"正像"。

（4）墨粉"正像"变为纸上位图。随成像鼓转动的还有转印鼓，被充电的纸张经过转印鼓时，墨粉被吸附到纸上成为打印图像。由于碳粉容易脱落，因此打印纸还要经过一个加热辊以使碳粉紧密地吸附在纸上。

由于彩色激光打印机使用四色碳粉，因此以上的电荷"负像"和墨粉"正像"的生成步骤要重复四次，每次吸附上不同颜色的墨粉，最后转印鼓上形成青、品红、黄、黑四色影像。正是因为彩色激光打印机有一个重复四次的步骤，所以彩色打印的速度明显慢于黑白打印。

2. 彩色喷墨打印机

喷墨打印机比激光打印机的使用更为普及，一般使用 4 色、6 色或更多色墨水，通过打印头把超微细墨滴喷在纸张上，形成彩色图像。喷墨打印机的外观如图 2.25 所示。

图 2.25 彩色喷墨打印机

假如将墨盒中的原色分别抽取不同的比例，再喷射到近似同一个点上，那么这个近似点便可以根据各原色不同的比例显示出不同的颜色，这就是彩喷的基本原理。喷墨打印机分为机械和电路两大部分，机械部分通常包括墨盒和喷头、清洗部分、运转机械、输纸机构和传感器等几个部分。

运转机械用于实现打印位置定位。输纸机构提供纸张输送功能，运动时它必须和运转机械很好地配合才能完成全页的打印，而传感器是为检查打印机各部件工作状况而设的。这些部件中以墨盒和喷头最为关键，因为喷墨打印机是一种通过控制指令来操控打印头及其喷嘴孔喷出定量墨水形成图像的打印机。而不同的喷墨打印机，其喷墨的方式又所不同。

根据其喷墨方式的不同，可以分为热泡式（Thermal Bubble）喷墨打印机及压电式（Piezoelectric）喷墨打印机两种。HP（惠普）、CANON（佳能）和 Lexmark（利盟）公司采用的是热泡式技术，而 EPSON（爱普生）使用的是压电喷墨式技术。

热泡式打印技术是在 20 世纪 70 年代末受注射器原理的启发而发明的。热泡式技术让墨水通过细喷嘴，在加热电阻的作用下，将喷头管道中的一部分墨汁气化，形成一个气泡，并将喷嘴处的墨水顶出喷到输出介质表面，形成图案或字符。因此这种喷墨打印机有时又被称为气泡打印机。用这种技术制作的喷头工艺比较成熟，成本也很低廉，但由于喷头中的电极始终受电解和腐蚀的影响，对使用寿命会有不少影响。所以采用这种技术的打印喷头通常都与墨盒做在一起，更换墨盒时即同时更新打印头。这样一来用户就不必再对喷头堵塞的问题太担心了。

热泡式技术的缺点是在使用过程中会加热墨水，而高温下墨水很容易发生化学变化，性质不稳定，所以打出的色彩真实性就会受到一定程度的影响；另一方面由于墨水是通过气泡喷出的，墨水微粒的方向性与体积大小很不好掌握，打印线条边缘容易参差不齐，一定程度上影响了打印质量。

完全不同于热泡式的工作原理，压电式喷墨技术是将许多小的压电陶瓷放置到喷墨打印机的打印头喷嘴附近，利用它在电压作用下会发生形变的原理，适时地把电压加到它的上面。压电陶瓷随之产生伸缩使喷嘴中的墨汁喷出，在输出介质表面形成图案。因为打印头的结构合理，能够通过控制电压来有效调节墨滴的大小和使用方式，从而获得较高的打印精度和打印效果。

它对墨滴的控制能力强，所以容易实现高精度的打印。用压电式喷墨技术制作的喷墨打印头成本比较高，所以为了降低用户的使用成本，一般都将打印喷头和墨盒做成分离的结构，更换墨水时不必更换打印头。

墨盒中的墨水经过压电式技术或者热喷式技术后，最终将不同的颜色喷射到一个尽可能小的点上，而大量这样的点便形成了不同的图案和图像，这一过程是一系列的繁杂程序。实际上，打印机喷头快速扫过打印纸时，它上面的无数喷嘴就会喷出无数的小墨滴，从而组成图像中的像素。

打印喷头上一般都有48个或48个以上的独立喷嘴，每个喷嘴又能够喷出3种以上不同的颜色：蓝绿色、红紫色、黄色、浅蓝绿色和淡红紫色。一般来说，喷嘴越多，完成喷墨的过程就越快，也即打印速度就越快。这些喷出来的不同颜色的小墨滴落于同一点上，形成不同的复色。

在单色喷墨时代，这个点越小，图像将会越精细。业界通常用 dpi 来表示，意思是在每英寸的范围内喷墨打印机可打印的点数。单色打印时 dpi 值越高打印效果越好。而彩色打印时情况比较复杂。通常打印质量的好坏要受 dpi 值和色彩调和能力的双重影响。

其中，色彩调和能力是个非常重要的指标，传统的喷墨打印机，在打印彩色照片时，若遇到过渡色，就会在三种基本颜色的组合中选取一种接近的组合来打印，即使加上黑色，这种组合一般也不能超过 16 种，对彩色色阶的表达能力难以令人满意。

为了解决这个问题，早期的彩色喷墨打印机又采用了调整喷点疏密程度的方法来表达色阶。这就造成了一些分辨率低的打印品在近看的时候会出现很多的小斑点。后来，人们想到了更好的办法，一方面通过提高打印密度（分辨率）来使打印出来的点变细，从而使图变得更为精细。另一方面，在色彩调和技术方面进行改进，常见的有增加色彩数量、改变喷出墨滴的大小、降低墨盒的基本色彩浓度等几种方法。其中，增加色彩数量来得最为行之有效。例如使用 6 色墨盒，当打印机将 6 种不同颜色的墨滴喷到同一个点上时，颜色组合最多可达 64 种，如果再结合三种不同大小的墨滴，那么便可能产生 4 096 种不同的颜色。

数据通过打印口传送给打印机，然后通过转换电路将其转换为操作打印喷头的指令，打印机的运转设备和各部件协调打印头，而打印头根据指令运用好原色，再结合色彩调和技术打印出精彩的图片。

3. 热升华打印机

彩色热升华打印机是一种色彩还原非常好的打印机，打印的图像色调连续，具有透明感，图像质量与照片一致，甚至超过照片，如图 2.26 所示。彩色热升华打印机以往一直用于专业照片级的输出。

热升华是将四种颜色（青色、品红色、黄色和黑色，简称 CMYK）的固体颜料（称为色卷）设置在一个转鼓上，这个转鼓上面安装有数以万计的半导体加热元件，当这些加热元件的温度升高到一定程度时，就可以将固体颜料直接转化为气态，然

图 2.26　彩色热升华打印机外观

后将气体喷射到打印介质上。每个半导体加热元件都可以调节出 256 种温度，从而能够调节色彩的比例和浓淡程度，实现连续色调的真彩照片效果。在几类热转换打印机中，热升华打印机的输出效果最好，但是它的缺点是打印速度相当慢，对打印介质要求高，从而直接导致打印成本的提高。

习　题

1. MPC 标准的具体内容包括什么？
2. 多媒体的基本设备包括哪些？
3. 显示适配器由哪几部分组成？
4. 请用自己的话解释彩色显示器的工作原理。
5. 什么是红皮书？
6. 简述常用的设备接口类型。
7. 在选择视频卡时，应注意哪些事项？
8. 彩色激光打印机的主要技术指标有哪些？
9. 喷墨打印机的基本原理是什么？

第 3 章 多媒体软件

多媒体软件是使多媒体硬件发挥作用的基础，是多媒体应用的核心技术之一。本章介绍多媒体软件系统、图形图像处理软件 Photoshop、动画编辑软件 Flash、音频处理软件 GoldWave 和视频处理软件 Premiere。

3.1 多媒体软件系统

本节介绍多媒体软件的层次以及各种软件类型，包括：驱动软件、操作系统、著作工具、处理软件、应用工具和应用系统。

3.1.1 多媒体软件的层次

多媒体软件依据其功能可以划分为 6 类 3 个层次：多媒体驱动程序、多媒体操作系统、多媒体著作工具、多媒体处理软件、多媒体应用工具和多媒体应用系统，如图 3.1 所示。

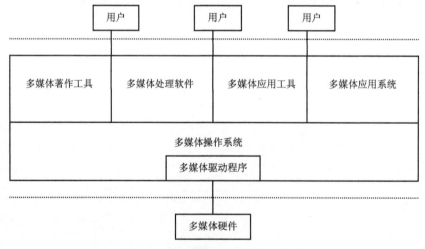

图 3.1　多媒体软件系统分层示意图

以下各节依次介绍这些类别的多媒体软件。

3.1.2 多媒体驱动程序

多媒体设备驱动程序实际上包括一系列控制硬件设备的函数，是操作系统中控制和连接硬件的关键模块。它提供连接到计算机的硬件设备的软件接口。也就是说，安装了对应设备的驱动程序后，设备驱动程序可向操作系统提供一个访问、使用硬件设备的接口，操作系统就可以正确的判断出它是什么设备、如何使用这个设备。

一般设备驱动程序完成打开、关闭、设置设备 IRQ（中断号）、提供输入／输出地址等功能。

WDM（Win32 Driver Model），即 Win32 驱动程序模型，是 Microsoft 力推的全新驱动程序模式，旨在通过提供一种灵活的方式来简化驱动程序的开发。在实现对新硬件的支持上，减少并降低了所必须开发的驱动程序的数量和复杂性。除了通用的平台服务和扩展外，WDM 还实现了一个模块化的、分层次的微型驱动程序结构。WDM 驱动的主要特点是可以让不支持多音频流的声卡支持多音频流，不使用音频线而直接听音乐 CD 等。

3.1.3 多媒体操作系统

多媒体操作系统是指除具有一般操作系统的功能外，还具有多媒体底层扩充模块，支持高层多媒体信息的采集、编辑、播放和传输等处理功能的系统。

多媒体操作系统一般是在已有的操作系统基础上扩充、改造、或者重新设计的。例如：

（1）Microsoft 公司推出的 Windows95/98、Windows NT、Windows 2000、Windows XP、Windows Vista 等微软视窗系列操作系统包含了全面的多媒体支持功能。

（2）Apple 公司最新推出的 Mac OS X Leopard 中提供了完善的多媒体操纵平台。

3.1.4 多媒体著作工具

1. 什么是多媒体著作工具

多媒体著作工具是指能够集成处理和统一管理多媒体信息，使之能够根据用户的需要生成多媒体应用系统的工具软件。也可以说，多媒体著作工具是开发多媒体教育、培训软件和其他多媒体应用，能够用来编辑、组织、集成多种多媒体信息，并设计交互式的信息阅读或信息再现方式的软件工具。

多媒体著作工具的主要功能是：

（1）设计显示信息，如文本、图形、图像、动画、视频等。

（2）设计交互，如提问、响应、选择、模拟、探索等。

2. 多媒体著作工具的功能和特性

多媒体著作工具的功能和特性包括以下 8 个方面：

（1）编程环境。

（2）超媒体功能和流程控制功能。

（3）支持多种媒体数据输入和输出。

（4）动画制作与演播。

（5）应用程序间的动态链接。

（6）制作片段的模块和面向对象化。

（7）界面友好、易学易用。

（8）良好的扩充性。

3. 多媒体著作开发工具软件

以下介绍最常用的两种多媒体著作开发工具：Authorware 和 Director。

（1）Authorware。Authorware 是 Macromedia 公司（现已被 Adobe 公司收购）开发的一套多媒体著作工具。用 Authorware 制作多媒体应用程序十分简便，它直接采用面向对象的流程图设计，程序的具体流向可以清晰地通过流程图反映出来。对于不具备高级语言编程经验的用户来说无疑是极为便捷的。另外，Authorware 不是对某种单一媒体素材进行编辑，而是一种将已有的各种媒体素材集成于一体的制作软件。若用户需要的是对某个声音、图像抑或是视频文件进行编辑、修改，就应该使用相应的软件；而当用户需要的是将各种媒体素材集成起来，制作完整的多媒体软件时，就需要使用 Authorware 一类的多媒体著作工具了。

图 3.2 显示了 Authorware 7.0 的创作环境界面。

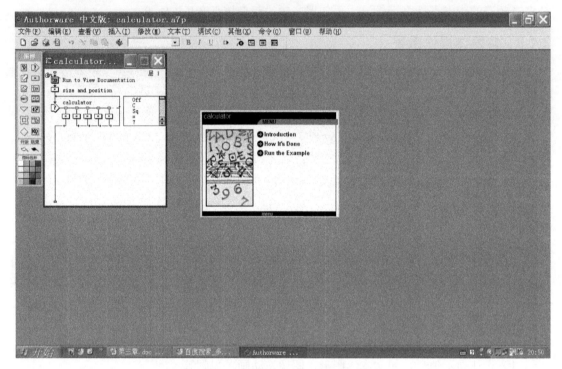

图 3.2　Authorware 7.0 的创作环境界面

与其他多媒体著作工具相比 Authorware 具有以下特点：

① 面向对象的流程图设计。Authorware 提供了大量的图标，而流程图就是由这些图标构成的。图标的内容直接面向用户，每个图标代表一个基本演示内容，例如文本、动画、图片、声音、视频等。对于外部素材的载入只需在对应图标中载入，完成相应的对话框设置即可。

② 交互能力强。Authorware 准备了 11 种交互方式，程序运行时可以通过对相应程序的流程进行控制。

③ 程序调试和修改直观简便。程序运行时可以逐步地跟踪程序运行和程序的流向。程序调试运行中如果想修改某个对象，只需双击该对象，系统立即暂停程序运行，自动打开编辑窗口并给出该对象的设置和编辑工具，修改完毕后编辑窗口还可继续运行。

④ 可与其他编程软件结合使用。对于 Authorware 的高级用户来说可以通过交互方式引用其他编程软件的成果，丰富自身的作品。

（2）Director。Macromedia 公司开发的 Director 软件为广大多媒体制作人员提供了创作交互式应用软件的强大工具。Director 是一个较为简单直观的软件，即使是首次使用该软件的用户也能编出令人赏心悦目的程序。而且，Director 的功能强大，开发者可以将三维界面、数据库访问和互联网链接技术集成于一个多媒体作品中。同时，Director 是一个高度面向对象的工具，非常适合图像设计者，它所独有的 Lingo 脚本可以对程序中各个部分进行精确控制。如图 3.3 所示为 Director MX 2004 的系统界面。

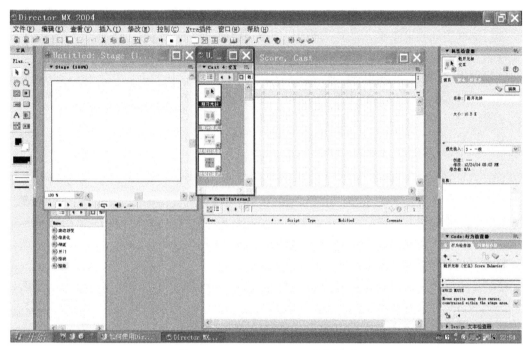

图 3.3　Director MX 2004 系统界面

与其他著作工具相比，Director 的特点为：

① 界面方面易用。

② 支持多种媒体类型。

③ 功能强大的脚本工具。

④ 独有的三维空间。

⑤ 创建方便可用的程序。

⑥ 作品可运行于多种环境。

⑦ 可扩展性强。

⑧ 优秀的内存管理能力。

3.1.5　多媒体处理软件

媒体素材指的是文本、图像、声音、动画和视频等不同种类的媒体信息，它们是多媒体产品中的重要组成部分。媒体素材包括对上述各种媒体数据的采集、输入、处理、存储和输出等过程，与之相对应的软件，称为多媒体素材制作软件，或是多媒体处理软件。

1. 文本编辑与录入软件

文本是符号化的媒体中应用得最多的一种，也是非多媒体计算机中主要使用的信息交流手段。在多媒体创作中，文本方式依然是最基础、使用最广泛的。尤其是在表达复杂而确切的内容时，人们总是以文字为主，其他媒体方式为辅。

如果要将文本数据输入到多媒体产品中，可以使用以下方式：

（1）直接输入。如果文本的内容不是很多，可以在制作多媒体作品时，利用著作工具中提供的文本工具直接输入文字。直接输入的优点在于方便快捷。

（2）幕后载入。如果在制作的作品中需要用到大量的文字，那么应由录入人员在专用的文字处理软件中先将文本输入到计算机中，并将其存储成文本文件（如 TXT），然后再用著作工具载入到多媒体作品中。

（3）利用 OCR 技术。如果要输入的文字是印刷品上的文字资料，那么可以使用 OCR 技术。OCR 技术是在计算机上利用光学字符识别软件控制扫描仪，对所扫描到的位图内容进行分析，将位图中的文字影像识别出来，并自动转换为 ASCII 字符。

（4）其他方式。利用其他方法如语音识别、手写识别等，也可以将文本文件输入到计算机中。

文字输入多媒体产品后，可以进行字符格式和段落格式的设置，就像在字处理软件中一样。例如，可以设置文字的字体、字号、颜色，也可以设置段落的缩进、间距、对齐等。

常用的文本编辑软件包括 Microsoft Word、WPS；常用的文本录入软件包括 IBM Viavoice、汉王语音录入和手写软件、清华 OCR、尚书 OCR 等。

2. 图形与图像数据的编辑与处理

在制作多媒体产品时，图形、图像资料一般都是以外部文件的形式载入到产品中的，所以可以把准备图像资料理解为准备各种数据格式（如 BMP、JPG、TIF 等）的图像文件。

图形、图像素材可以通过以下几个常用途径获得。

（1）CD–ROM 数字化图形、图像素材库：目前，光盘数字化图形、图像素材库越来越多。这些素材库分类详尽，包括点阵图、矢量图和三维图形，其质量、尺寸、分辨率和色彩数等都可以选择。

（2）使用软件自行创建图形、图像：如果自己有一定的绘画水平，可以利用专业绘图软件如 Freehand、Illustrator、CorelDraw、Photoshop 等绘制图形、图像。这些软件中都提供了相当丰富的绘画工具和编辑功能，可以很容易地完成创作，然后将其保存为适当格式的图像文件。如果产品对图像的品质要求较高，则需专业的计算机美工人员来绘制图像。

（3）利用扫描仪扫描图像：多媒体应用中的许多图像来源于照片、艺术作品或印刷品，扫描仪可以将其变换成单色或真彩的点阵图。

（4）利用数码相机拍摄图像：使用数码相机拍摄的人物或景物可以直接以数字化的形式存入照相机内的存储器，然后再传送到计算机进行处理。

（5）捕捉视频中的图像：通过软件可以直接从 VCD/DVD 等视频来源捕捉静态图像。

（6）通过 Internet 网络下载图形、图像：Internet 上有各种各样的图形、图像，在 Google、百度这样的著名搜索引擎上都有专门搜索图片的功能，可以很方便地获取素材。但在使用这些素材时应考虑版权问题。

获取了图像之后，通常还需要进行一定的加工，例如，进行图像增强、图像恢复、添加特殊效果等操作。此时需要使用图形图像处理软件，例如 Photoshop。

3. 动画制作软件

动画具有形象、生动的特点，适于表现抽象的过程，在多媒体应用软件中对信息的呈现具有很大的作用。

动画制作软件是由计算机专业人员开发的制作动画的工具，使用户能够通过一些交互式操作和编程实现多种动画功能。根据视觉空间的不同，计算机动画一般分为二维动画与三维动画，因此动画制作软件也分为三维动画制作软件和二维动画制作软件。

（1）三维动画制作软件。最常用的三维动画制作软件包括：3DS MAX、Maya、Softimage 3D 和 Lightwave。

3D Studio Max（3DS Max）是一款在国内外都应用非常广泛的三维设计工具，它不但用于电视及娱乐业中（比如片头动画和视频游戏的制作），而且在影视特效方面也有相当的应用。在国内发展的相对比较成熟的建筑效果图和建筑动画制作中，3DS MAX 的使用率更是占据了绝对的优势。

Maya 是一款功能强大的复杂三维设计工具，该软件大量用于电影、视频和电子游戏的制作（著名的例子包括电影《指环王》《蜘蛛侠》《星球大战》等中的视觉特效），目前国内的许多影视公司也在使用 Maya 制作项目。

SoftImage XSI 的前身是著名的三维制作软件 Softimage 3D，它是一款重量级的三维非线性创作工具，在电影（例如《侏罗纪公园》《第五元素》《木乃伊》《黑衣人》等）、广告和电子游戏等领域都占有重要的地位。SoftImage XSI 大大改进了现有的动画制作流程，能极大地提高创作人员的效率。

相比而言，Lightwave 3D 可以说是一款小巧精悍的三维制作软件，但它同样也广泛应用于包括电影（例如《泰坦尼克号》《黑客帝国 2》《X 档案》等）、广告、印刷、电子游戏（例如《毁灭战士 3（Doom 3）》）在内的各个领域。

（2）二维动画制作软件。虽然可以用来制作二维动画的软件有很多，例如 GIF Animator、COOL 3D、Firework 等，但随着 Flash 动画的全面流行，Flash 已经成为二维动画制作软件的代名词。本章第 3.3 节将详细介绍如何使用该软件进行动画制作。

4. 音频处理软件

声音与音乐在计算机中均为音频，是多媒体产品中使用最多的一类信息。音频主要用于节目的解说配音、背景音乐及特殊音响效果等。

音频素材的获取包括以下途径：

（1）完全自己制作：对于波形声音可以利用各种录音软件或数字录音棚录制，对于 MIDI 音乐可以使用专业 MIDI 编辑合成软件生成。

（2）利用现有的声音素材库。

（3）通过其他外部途径（如 CD、电视等）购买版权获得音频。

音频数据处理软件可分为两大类，即波形声音处理软件和 MIDI 软件。

（1）波形声音处理。对于已有的 WAV 文件，波形声音处理软件可以对其进行各种处理，例如：波形的剪贴和编辑、声音强度的调节、声音频率的调节、特殊声音效果的制作等。常用的波形声音处理软件有 GoldWave、Audition、WaveEdit、Creative WaveStudio 等。

（2）MIDI 软件。MIDI 软件用于编辑处理 MIDI 文件，如 MIDI Orchestrator。

5. 视频处理软件

近年来，随着 CPU 运行速度的不断提高和多媒体软硬件的发展，在多媒体产品中直接使用数字视频的做法日益盛行。与准备图形、图像数据一样，视频也是以外部文件的形式加载输入到产品中的。

视频素材主要通过以下途径获取：素材库光盘、通过数字摄像机获取视频（可以直接导入到计算机中）、通过视频处理软件自创视频效果（例如将多幅静态图像组合成视频）。

得到视频素材后，可以对素材进行各种编辑，例如，添加视频特效、在多段视频之间添加切换效果、多个视频段的合成等。这都是通过视频处理软件来实现的，常用的视频处理软件有 Premiere、AfterEffect 等。本章第 3.5 节将介绍如何使用 Premiere 进行视频处理。

3.1.6　多媒体应用工具

多媒体应用工具包括多种类型，最常用的是两类：数据压缩和解压缩工具、媒体播放工具。

1. 数据压缩和解压缩工具

数据压缩和解压工具可提高存储空间的利用率，缩短文件的传递时间。较流行的压缩工具有 WinRAR、WinZip 等。以下介绍最常用的 WinRAR。

WinRAR 是 32 位 Windows 版本的 RAR 压缩文件管理器，它允许用户创建、管理和控制压缩文件。WinRAR 的界面如图 3.4 所示。

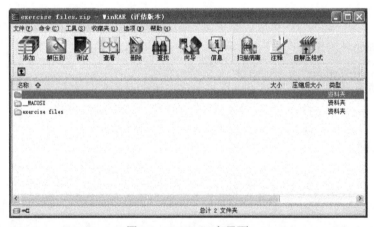

图 3.4　WinRAR 主界面

（1）压缩文件操作。使用右键快捷菜单对文件或文件夹进行压缩是最常用的压缩方法，步骤如下：

① 在资源管理器中用鼠标选中需要压缩的文件或文件夹（可以按住"Ctrl"或"Shift"键以便选中多个文件或文件夹），使其高亮显示。

② 用鼠标右键单击要压缩的文件或文件夹，在弹出的快捷菜单中，WinRAR 提供了"添加到压缩文件（A）…"和"添加到****.rar"两种压缩方法。如果选择其中的"添加到****.rar"命令，WinRAR 就可以快速地将要压缩的文件在当前目录下创建成一个 RAR 压缩包。

③ 如果要对压缩文件进行一些复杂的设置（如分卷压缩、给压缩包加密、备份压缩文件、给压缩文件添加注释等），可以在右键菜单中选择"添加到压缩文件（A）"命令，在弹出的

"压缩文件名和参数"对话框中有"常规"、"高级"、"文件"、"备份"、"时间"和"注释"6个选项卡，可以在各选项卡中设置相应选项。

④ 如果要将某个或某些文件添加到现有的压缩包中，可以执行以下步骤：

● 双击现有的压缩包文件，打开 WinRAR 窗口。

● 单击"添加"按钮，打开"请选择要添加的文件"对话框，在其中选择需要添加到压缩包的文件。也可以直接用鼠标拖放的方式将要添加的文件或文件夹拖到 WinRAR 窗口中。

● 在"压缩文件名和参数"对话框中设置相应选项。

● 单击"确定"按钮，则可以将选中的文件或文件夹添加到现有压缩文件中。

（2）解压缩文件操作。对于解压缩文件操作，WinRAR 也提供了快速的右键快捷菜单操作，步骤如下：

① 在资源管理器中，使用鼠标右键单击压缩包文件。

② 在右键快捷菜单中包括 3 个 WinRAR 解压缩的命令。

● 如果选择"解压文件"命令，则将打开"解压路径和选项"对话框，可自定义解压缩文件存放的路径和文件名称及其他选项；

● 如果选择"解压文件到当前文件夹"命令，则可以把压缩包里的文件解压缩到当前路径下；

● 如果选择"释放文件到***\"命令，则表示在当前路径下创建与压缩包名字相同的文件夹，然后将压缩包文件扩展到这个路径下。

也可以通过双击 RAR 压缩文件来调用 WinRAR 程序进行解压缩，步骤如下：

① 双击需要解压的压缩包文件，打开 WinRAR 窗口。此时如果直接双击其中的文件，系统会调用相应的程序打开该文件。

② 单击"解压到"按钮，将打开"解压路径和选项"对话框，可自定义解压缩文件存放的路径和文件名称及其他选项，单击"确定"按钮可以将所有文件按照设置的选项解压缩。

如果只想解压缩部分文件，可以首先在 WinRAR 窗口中选中一个或多个文件，然后直接拖放到资源管理器中，或者在选中的文件上单击鼠标右键，选择"解压到指定文件夹"命令。

在选中的文件上单击鼠标右键时，如果选择"删除文件"命令，则可以从压缩包里删除某个或某些文件。

（3）制作自解压文件。如果要用 WinRAR 为压缩文件制作自解压文件，可以使用以下步骤：

① 双击需要解压的压缩包文件，打开 WinRAR 窗口。

② 单击"自解压格式"按钮，打开"压缩文件***"对话框，一般采用默认选项即可，单击"确定"按钮则可以将当前压缩包制作成可自解压的 EXE 文件。

如果双击自解压文件，会弹出"WinRAR 自解压文件"对话框，可在其中设置解压缩的目标文件夹，之后单击"安装"按钮即可自行解压缩，而无须调用 WinRAR。

2. 媒体播放工具

多媒体播放工具为音频、动画和视频文件提供了一个展示舞台。目前流行的媒体播放软件包括 Windows Media Player、Apple QuickTime Player、RealOne 和豪杰超级解霸等。以下介绍最主流的两种。

（1）Windows Media Player。Windows Media Player 是 Windows 操作系统自带的媒体播放程序，可用于查找和播放计算机上的数字媒体文件、播放 CD 和 DVD，以及流入来自 Internet 的数字媒体内容。此外，可以从音频 CD 翻录音乐，刻录音乐 CD，将数字媒体文件同步到便携设备，并且可以在 Internet 上通过网上商店查找和购买数字媒体内容等。

Media Player 的界面如图 3.5 所示。

图 3.5　Media Player 界面

（2）Apple QuickTime Player。QuickTime Player 是 Apple 公司提供的一个免费的多媒体播放程序。可以使用它来观看多种文件，包括视频、音频、静止图像、图形和虚拟现实（VR）影片。QuickTime 支持 Internet 上的新闻、体育、教育、影片预告片和其他娱乐节目所使用的大多数最流行的格式。

QuickTime 的界面如图 3.6 所示（右下是其播放窗口）。

图 3.6　QuickTime Player 界面

3.1.7　多媒体应用系统

多媒体应用系统都是针对一定的实际应用领域而开发的，其用户不一定是计算机专家，甚至可能不太会操作计算机，所以要求其用户界面简单、直观、易学易用。目前，多媒体在教育、训练、咨询、信息服务与管理、信息通信、娱乐、大众媒体传播、联机交互等方面已经显示出强劲的应用势头，所以多媒体应用系统既可以是资料性的多媒体数据库，也可以是图声并茂、生动活泼的教育培训系统、娱乐游戏、商业展示系统、旅游咨询系统等，如 VOD（视频点播）系统、视频会议系统、IP 电话、多媒体消息业务。

VOD 系统使人们可以根据自己的兴趣，不用借助影碟机而通过电脑主动地、有选择性地点播自己喜爱的歌曲。

视频会议系统是一个以网络为媒介的多媒体会议平台，使用者可突破时间与地域的限制，通过互联网实现面对面般的交流效果。

IP 电话是按国际互联网协议规定的网络技术内容开通的电话业务，中文翻译为"网络电话"或"互联网电话"，简单来说就是通过互联网进行实时的语音传输服务。它是利用国际互联网为语音传输的媒介，从而实现语音通信的一种全新的通信技术。

多媒体消息业务可以支持多媒体功能，借助高速传输技术传送视频片段、图片、声音和文字多媒体信息，不仅可以在手机之间进行多媒体传输，而且可以在手机和电脑之间传输，例如大家熟悉的彩信业务。

3.2 图形图像处理软件 Photoshop

Photoshop 是最著名的图形图像处理软件，它提供了专业化的图形图像处理功能，能够实现复杂的图像处理效果。本节介绍 Photoshop 的工作环境、Photoshop 的基本操作、图像的简单操作、Photoshop 工具的使用、操作过程的记录与取消，以及使用滤镜。

3.2.1 Photoshop 的工作环境

启动 Photoshop（本书以最新版的 Photoshop CS3 为例）并在其中打开一个文件之后，其工作环境如图 3.7 所示，界面中包括标题栏、菜单栏、属性栏、工具箱、图像窗口、状态栏、调板窗口。

图 3.7　Photoshop CS3 的工作界面

3.2.2　Photoshop 的基本操作

使用 Photoshop 进行图像处理有两种最基本的方式，一是在一个新建的空白图像中绘制，二是打开一个已有的图像进行编辑和修改。以下介绍各种基本的文件操作。

1. 新建文件

要在 Photoshop 中新建一个文件，可执行菜单栏中的"文件"→"新建"命令，打开"新建"对话框，如图 3.8 所示。在该对话框内设置相应的参数，如宽度、高度、分辨率、背景等属性，最后单击"确定"按钮即可。

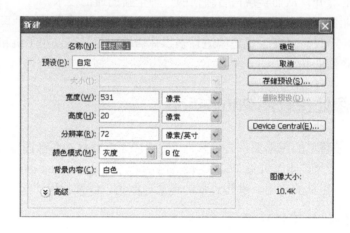

图 3.8　"新建"对话框

也可以使用键盘快捷键"Ctrl ＋ N"打开"新建"对话框。

2. 打开文件

选择"文件"→"打开"命令，可以打开"打开"对话框，在该对话框中选择需要的目标文件，单击"打开"按钮，即可打开目标文件。也可以使用键盘快捷键"Ctrl ＋ O"执行打开操作。

选择"文件"→"最近打开文件"的命令，可以弹出最近编辑过的文件的列表，直接从中选择即可打开选择的文件。

3. 保存文件

选择"文件"→"存储"命令，或者按键盘上的"Ctrl ＋ S"快捷键，可以执行保存命令。该命令将把编辑过的文件按原路径、原文件的名称、原文件的格式存入硬盘，并且覆盖原文件。因此使用"保存"命令的时候要特别小心，否则会丢失原始文件。如果文件是第一次保存的话，会出现"存储为"对话框。

在编辑图像时，如果不想对原图像进行修改，则应该另存为一个副本。此时，可以选择"文件"→"存储为"命令，或者按键盘上的"Ctrl＋Shift＋S"快捷键，都可以打开"存储为"对话框，如图 3.9 所示，可以在其中进行存储的各种设置。设置完成后，单击"保存"按钮即可对所需要的副本进行保存。

如果在使用"存储为"命令时保存图像为不同格式，则可能会弹出相应的对话框，提示进行相应设置。例如，如果将图像存储为 GIF 格式，将会依次弹出如图 3.10 所示"索引颜色"

对话框和如图 3.11 所示的"GIF 选项"对话框。

图 3.9 "存储为"对话框

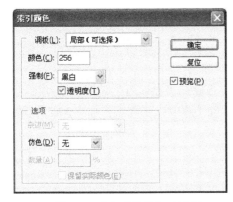

图 3.10 "索引颜色"对话框

图 3.11 "GIF 选项"对话框

如果需要将文件存储为网页或者设备需要用的格式，应选择"文件"→"存储为 Web 和设备所用格式"命令，打开如图 3.12 所示的"存储为 Web 和设备所用格式"对话框。在该对话框中可以进行各种设置，例如，可以控制 JPEG 格式的品质。

4. 关闭文件

如果要关闭当前文件，可以选择"文件"→"关闭"命令，或单击图像窗口右上方的"关闭"按钮，或者按快捷键"Ctrl ＋ W"。

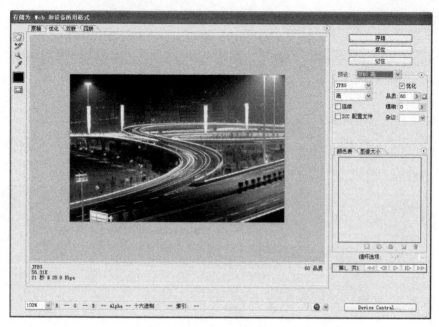

图 3.12 "存储为 Web 和设备所用格式"对话框

3.2.3 图像的简单操作

本节介绍几种常用的图像操作，包括：图像尺寸的调整、画布尺寸的调整和图像颜色的调整。

1. 图像尺寸的调整

在实际生活和工作中，经常需要对图像的大小进行调整。例如，用数码相机拍的相片通常分辨率都比较大，可以用 Photoshop 将其缩小。

打开文件之后，选择"图像"→"图像大小"命令，弹出如图 3.13 所示的"图像大小"对话框，改变相应的参数，即可调整图像的大小。

如果只是想调整在 Photoshop 中的显示尺寸，可以在"导航器"调板中拖动滑动条（如图 3.14 所示），或者使用工具箱中的"缩放工具" （选中该工具后按住"Alt"键单击可以缩小显示尺寸）。

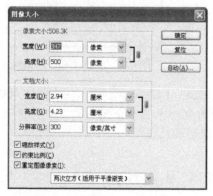

图 3.13 "图像大小"对话框

图 3.14 调整图像的显示大小

2. 画布尺寸的调整

如果需要对画布的尺寸进行调整,可以选择"图像"→"画布大小"命令,打开如图 3.15 所示的"画布大小"对话框,在其中可以设置画布大小(使用"定位"区域中的图标,可以设置在哪个方向上缩放画布)。

3. 图像颜色的调整

对图像颜色进行调整是常见的图像处理操作,Photoshop 提供了多种颜色调整功能,以下介绍常用的一种。

打开图像后,选择"图像"→"调整"→"色相/饱和度"命令,弹出"色相/饱和度"对话框,如图 3.16 所示,调整相应的参数,即可在窗口中看到改变图像颜色的效果。单击"确定"按钮,就可以对图像做整体的修饰。

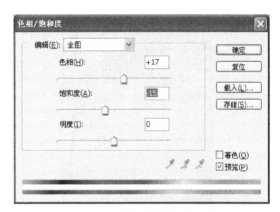

图 3.15 "画布大小"对话框   图 3.16 "色相/饱和度"对话框

如果只想对图像的一部分颜色做出修改,可通过各种选取工具(例如矩形选框工具、多边形套索工具等)选取要修改颜色的选区,然后使用"色相/饱和度"命令。例如,可以选中照片中的人物头发部分,然后调整"色相/饱和度",从而很容易地给人物"染发"。

3.2.4 Photoshop 工具的使用

本节介绍常用的 Photoshop 工具,掌握这些工具是实现图像处理的基础。

1. 选取工具

使用"矩形选框工具" ⬚ 可以建立矩形选区,如图 3.17 所示。

使用"椭圆选框工具" ⬭ 能建立椭圆选区,如图 3.18 所示。

图 3.17 选取矩形区域   图 3.18 选取椭圆区域

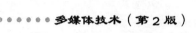

图 3.19　几种"套索"工具

使用各种"套索"工具，如图 3.19 所示，可以选择不规则的选区。

使用"快速选择工具"和"魔棒工具"，可以选中图像中颜色相近的部分。例如，选中"快速选择工具"后，在人物周围的区域多次单击，就可以很容易地选中除人物以外的部分，如图 3.20（a）图所示。按"Delete"键，则可以将除了人物以外的部分删除。如果要增加选区，继续在图像上单击；如果要减少选区，按住"Alt"键并单击即可。最后按"Delete"键删除选区中的内容，这样就可以得到一个"抠图"效果，如图 3.20（b）图所示。

（a）　　　　　　　　　　　　　　　　　（b）

图 3.20　使用"快速选择工具"选取内容

使用选择工具选中了选区后，如果要取消选区，可以按"Ctrl ＋ D"快捷键。其他与选取内容相关的操作可以在"选择"菜单中找到，例如，"选择"→"反向"命令可以选中当前选区以外的所有内容。

2. 绘图工具

（1）画笔工具。使用画笔和铅笔工具都能绘制出各种形状的图形，使用画笔工具绘制的线条比较柔和，而使用铅笔工具绘制的线条比较生硬。由于画笔工具和铅笔工具的操作方法相同，下面以画笔工具为例进行说明。

单击工具箱中的"画笔工具"，其属性栏如图 3.21 所示，可以调整画笔的形状、大小、直径等属性来修改画笔。

图 3.21　画笔的属性框

单击"导航器"调板左边的"画笔"按钮，弹出"画笔"调板，如图 3.22 所示，在其中也可改变画笔的相关属性。

设置完成后即可在画布上进行绘制。

（2）文字工具。右键单击文字工具弹出如图 3.23 所示的文字工具组。以下介绍如何使用最基本的"横排文字工具"。

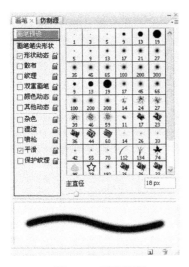

图 3.22 画笔调板   图 3.23 文字工具组

单击"横排文字工具"，此时属性框中的显示如图 3.24 所示，可以在其中设置文字属性，例如文字大小、字体等。

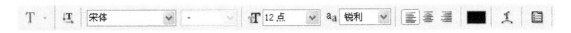

图 3.24 文字属性框

如果单击最右边的"显示/隐藏字符和段落调板"按钮，则可以打开字符和段落调板，如图 3.25 所示，可以分别在其中设置字符格式和段落格式。

图 3.25 "字符"调板和"段落"调板

设置了文字选项后，在需要输入文字的位置单击，然后输入即可。文字创建时，在"图层"调板中可以看到创建了一个对应的文字图层，如图 3.26 所示。

图 3.26　输入文字

（3）填充工具。在选中了某个选区后，选择"渐变工具" ，或"油漆桶工具" 可以对该选区进行填充。注意在操作时应确保当前可编辑图层是包含选区的图层，否则无法执行操作。

"渐变工具"的属性栏如图 3.27 所示，选择适当的属性后，把鼠标移动到要填充颜色的区域，拖放鼠标，即可填充颜色。

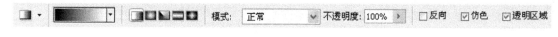

图 3.27　"渐变工具"属性框

"油漆桶工具"的属性栏如图 3.28 所示，选择适当的属性后，把鼠标移动到要填充颜色的区域，单击鼠标，即可填充颜色。

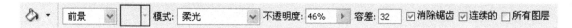

图 3.28　"油漆桶工具"属性框

3. 图像的修饰和修复

（1）效果修饰。使用鼠标右键单击工具箱的"模糊工具"，会弹出如图 3.29 所示的工具组：

图 3.29　效果修饰工具

使用模糊工具可以将僵硬的边界变的柔和，颜色过度变平缓，从而产生模糊图像的效果。使用方法为：打开一幅图像，单击"模糊工具"，设置好画笔的大小，用鼠标在图像中拖动，这样可以使图像变得模糊，如图 3.30 所示（左图为原图，右图为添加了模糊效果的图）。

锐化工具正好和模糊工具相反，它通过增加像素之间的对比度，使图像看起来更加清晰。锐化工具的使用方法和模糊工具一样。

使用涂抹工具会绘制出水抹过的效果，还可以产生油墨擦过的效果。使用方法为：打开一幅图像，选择涂抹工具，设置合适的属性，使用鼠标在图像中拖动，就会出现涂抹效果。

图 3.30　使用模糊工具

（2）颜色修饰。在工具箱中右键单击"减淡工具"，会弹出颜色修饰工具组，如图 3.31 所示。

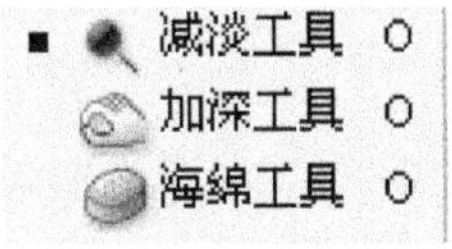

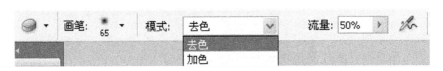

图 3.31　颜色修饰工具组

使用减淡工具在图像上拖曳，可以使拖曳过的地方颜色变亮。使用方法为：打开一幅图像，在工具箱中单击"减淡工具"，按住鼠标不放，在图像中拖动鼠标即可生成减淡的效果。

加深工具与减淡工具的使用方法相同，只是得到完全相反的效果，它可将操作区域图像变暗。

使用海绵工具可以准确地增加或减少图像的饱和度。在海绵工具的属性栏中设置相应的属性，将参数选项设置好后，在图像中操作即可改变区域的饱和度。使用加色模式处理会增加图像中颜色的饱和度，使用去色模式处理会减少图像颜色的饱和度。"海绵工具"的属性栏如图 3.32 所示。

图 3.32　"海绵工具"属性栏

（3）擦除工具。右键单击"橡皮擦工具"会弹出橡皮擦工具组，如图 3.33 所示。

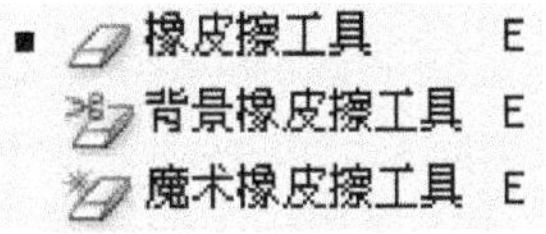

使用橡皮擦工具可以擦除图像的颜色，并将擦除的位置用背景色或透明色填充。使用的时候可以结合属性栏中的各项设置进行应用。

图 3.33　橡皮擦工具组

使用背景橡皮擦工具可以将图像擦除，使擦除的位置变成透明区域。如果在背景图层中进行擦除操作，被擦除的区域也将变成透明区域，并且背景图层将自动转换成普通图层。

使用魔术橡皮擦工具时，只要单击图像就可以擦除与单击点相同颜色的区域颜色。它的原理类似于魔棒工具，只要在想擦除的颜色范围上单击鼠标，就可以擦除临近区域中类似的颜色范围。

（4）图章工具。图章工具包括仿制图章和图案图章，它们都能复制图像，但复制的方法不同。

使用仿制图章工具可以在图像中取样，然后将取到的样本复制到其他图像中或相同图像上。使用方法如下：选中仿制图章工具，按住键盘上的"Alt"键，鼠标变形状后，将鼠标移动到要复制的区域，按下鼠标左键，然后释放"Alt"键，来回拖动鼠标即可。

图案图章的使用方法类似于仿制图章工具，但它们的取样方式不同。使用图案图章的步骤如下：使用矩形选框工具选中图像中想要定义为图案的区域，选择"编辑"→"定义图案"命令，弹出"图案名称"对话框，如图 3.34 所示，设置名称后单击"确定"按钮；选择仿制图章工具，然后在属性栏图案选项里选择刚定义好的图案，在图像上拖曳鼠标涂抹，则可以将定义的图案复制到图像上。

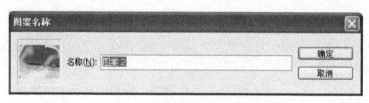

图 3.34 "图案名称"对话框

（5）修补工具。使用修复画笔工具组中提供的工具可以修复图像的瑕疵。右键单击修复画笔工具，弹出如图 3.35 所示的修复画笔工具组。以下主要介绍修复画笔工具的使用。

图 3.35 修复画笔工具组

修复画笔工具使用图像中的样本像素来绘画，它可以将样本像素的纹理、光照和阴影等与目标像素相匹配，不留痕迹地修复图像。

如果要使用修复画笔处理图像，首先应选择修复画笔工具，然后将鼠标移动到需要复制的目标像素位置，按住"Alt"键，等鼠标变成"采集形状"后单击鼠标左键，完成像素采集，然后移动鼠标到需要修改的地方拖放，即可用采集样本代替鼠标拖曳过的地方。

3.2.5 操作过程的记录与取消

1. 复原命令

在 Photoshop 中，如果要把编辑过的图像复原到原始图像的状态，可选择"文件"→"恢复"命令。

2. 历史记录调板

"历史记录"调板中记录了对当前图像文件进行的所有操作，如图 3.36 所示。通过拖动左边的滑块，可以将图像恢复到特定的操作步骤处。

注意：在 Photoshop 中，按"Ctrl ＋ R"快捷键只能恢复最近的一步操作。

图 3.36 "历史记录"调板

3.2.6 使用滤镜

滤镜可以用来改进图像和产生特殊效果，Photoshop 的所有滤镜都按类别放置在"滤镜"菜单中。每种滤镜都有不同的效果，一般既可以应用于选区也可以应用于整幅图像。以下简单介绍一些常用滤镜的使用方法。

1. 像素化滤镜

像素化滤镜可以将图像分成许多小块，然后进行重组，因此，处理后的图像外观像是由无数个碎片拼凑起来的。下面介绍最常用的一种效果——"马赛克"的制作方法。

选择"滤镜"→"像素化"→"马赛克"命令，则打开如图 3.37（a）所示的"马赛克"对话框，在其中设置相应选项后，单击"确定"按钮，则效果如图 3.37（b）所示。

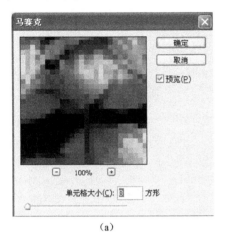

（a）　　　　　　　　　　　　　　　　（b）

图 3.37　制作马赛克效果

2. 模糊滤镜

模糊滤镜可以使图像产生模糊效果。例如，选择"滤镜"→"模糊"→"动感模糊"命令，则弹出如图 3.38（a）所示的"动感模糊"对话框，在其中设置选项，然后单击"确定"按钮，则效果如图 3.38（b）所示。

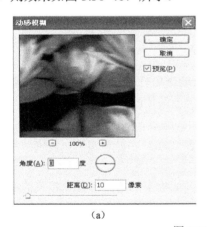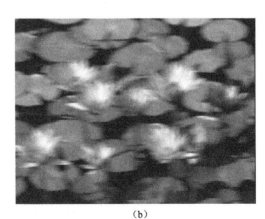

（a）　　　　　　　　　　　　　　　　（b）

图 3.38　制作动感模糊效果

3. 纹理滤镜

纹理滤镜可以为图像增加某种特殊的纹理或材质效果。例如，选择"滤镜"→"纹理"→"马赛克拼贴"命令，则弹出如图 3.39 所示的"马赛克拼贴"窗口，在其中设置选项，然后单击"确定"按钮，则可以设置马赛克拼贴效果。

图 3.39　设置马赛克拼贴效果

3.3　动画编辑软件 Flash

Flash 是当前最流行的交互式矢量动画制作软件，用它制作出来的 Flash 动画以其强大的表现力获得了广泛的应用。本节将介绍 Flash 的常识和如何制作 3 类基本的动画：逐帧动画、形状补间动画和补间动画。

3.3.1　Flash 概述

Flash 是采用了流媒体技术和矢量图形技术的一款动画软件，用它制作出来的动画作品文件尺寸非常小，能在有限带宽的条件下顺畅地播放，因而被广泛地用于 Web。

1. Flash 的功能

Flash 的基本功能包括：绘图和填充、文字处理、创建动画元件和实例、使用动作控制内容、添加声音与视频和集成电影。

（1）绘图和填充。在 Flash 中，可以通过使用工具面板上的绘图工具及相关的操作面板绘制出需要的任何图形，而且还可以很方便地对这些图形进行编辑和修改。

（2）文字的输入和修改。在 Flash 电影中可以使用文字，不但可以设置文字的字体、字号、样式、间距、颜色以及对齐方式等，而且还可以对文字进行旋转、缩放、倾斜和翻转等变形操作。另外，用户还可以将文字转换成矢量图形，使文字能够和图形进行转换，从而极大地增强了文字的表现力。

（3）创建动画元件和实例。在一些动画中，常常会看到一些相同的对象在动画中运动，为了使电影的编辑更加简单化，减小动画文件的尺寸，可将那些重复利用的图像、动画或按钮制作成元件，元件在动画中的具体体现就是电影场景中的实例。将元件修改时，动画中的实例就会自动更新，保持与元件的一致性。

（4）使用动作控制内容。在 Flash 中，可以通过内嵌的 ActionScript 脚本语言设置动作来创建交互式电影。所谓动作是指定事件发生时即可运行的指令集，既可以在播放磁头到达某帧时触发动作，也可以在用户单击按钮或按键时触发动作。

（5）添加声音与视频。Flash 提供了使用声音的多种方法，既可以使声音独立于时间线连续播放，也可以使声音和动画保持同步。Flash 也能轻松实现各种视频内容的导入，并且 Flash 视频已经成为一种主流的视频展示方式。

（6）集成电影。在 Flash 中，用户可以很容易地将创建的图像、场景、元件、动画、按钮、声音以及视频组合在一起形成一个有完整内涵的、交互式的电影，而且用户还可以控制每一个对象出现的时间、位置以及变化等。

2. Flash 工作流程

在 Flash 中创作要遵循一定的工作流程：先创建一个电影，在其中绘制或导入图形或图像；然后在舞台上安排这些内容并使用时间线面板创建动画效果，在这个过程中可以使用动作使 Flash 电影能够响应特定事件，从而获得交互效果；电影制作完成后，应将其导出为一个用 Flash 播放器能够播放的 .swf 文件。

3. Flash 工作界面概览

启动 Flash（本书以 Flash CS3 Professional 为例），其工作界面如图 3.40 所示。

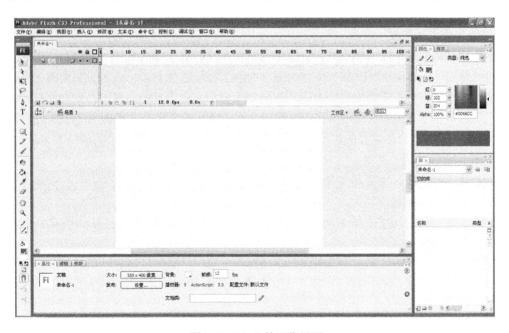

图 3.40　Flash 的工作界面

Flash 的操作界面由菜单栏、时间轴、工具栏、舞台和工作区、属性检查器，以及各种工作面板等组成。

（1）菜单栏。窗口顶部的菜单栏中显示包含功能命令的菜单，包括："文件"、"编辑"、"视图"、"插入"、"修改"、"文本"、"命令"、"控制"、"调试"、"窗口" 和 "帮助" 等。

（2）时间轴。时间轴是 Flash 最重要的设计元素之一，它控制着整个动画的时间维度。时间轴窗口中包含了用来组织动画的不同图层和不同的帧，移动时间轴上的播放头，动画中的内容就随着帧的不同而发生相应的变化，连续播放就产生了动画。时间轴窗口中包括帧、图层、播放头，以及各种相关工具和信息。

（3）工具箱。工具箱位于窗口左部，其中的工具用于绘制、涂色、选择和修改图形对象，并可以更改舞台的视图。

（4）舞台与工作区。舞台类似于其他软件中的画布，用户可定义动画的尺寸和舞台的颜色。舞台是显示影片中各个帧内容的区域，可以在其中直接绘制图像，也可以在舞台中安排导入的图像。

舞台外面的灰色区域是工作区，类似于剧院的后台，它也可以放置对象，但只有舞台上的内容才是最终显示出来的动画作品，工作区内的对象不会在动画中显示。

（5）属性检查器。使用属性检查器能够很容易地访问到舞台、工作区以及时间轴上当前选定对象的属性，以便修改对象的属性。

（6）工作面板。不同的工作面板用于完成不同的功能，有的用于查看和设置对象属性，例如“信息”面板可以查看和设置选定对象的各种基本信息属性；有的用于完成特定功能，例如“变形”面板用于让对象变形。

3.3.2　制作逐帧动画

本节介绍逐帧动画的概念和如何在 Flash 中创建逐帧动画。

1. 什么是逐帧动画

逐帧动画是最基本的一类动画，它按照时间顺序描绘每一帧的变化，因此能够表现变化细腻的动画效果。逐帧动画更改每一帧中的舞台内容，它最适合于每一帧中的图像都在更改而不是仅仅简单地在舞台中移动的复杂动画。逐帧动画增加文件大小的速度比补间动画快得多。

在实际应用中，逐帧动画通常不是动画的主体，因为它制作起来费时费力，而且占用空间较大，但它常常作为一种重要的补充，毕竟它的精确的表现力是其他形式的动画所无法比拟的。

2. 制作逐帧动画

要创建逐帧动画，需要将每个帧都定义为关键帧，然后为每个关键帧创建或修改不同的图像。制作逐帧动画的步骤为：

（1）在时间轴活动层中单击动画要开始的一帧，再单击右键，在打开的快捷菜单中选择“插入关键帧”命令。

（2）在该关键帧中绘制或导入图形、图像。

（3）单击选择下一帧，执行“插入关键帧”命令，添加一个新的关键帧，此时其内容与第一个关键帧相同。

（4）在舞台上改变新添加关键帧的内容，或者删除原来内容后绘制新内容。

（5）执行步骤（3）～步骤（4）创建完整的动画序列。如有必要，则添加图层以使多个对象不互相干扰（不同图层上也可以是另外的逐帧动画）。

（6）按“Ctrl ＋ Enter”键测试动画效果。

例如，制作一个球向右加速滚动的效果，其步骤如下：

（1）在 Flash 中创建两个图层，分别命名为“背景”和“球”，其中的内容如图 3.41 所示

（为方便操作，将"球"和"背景"分别组合）。

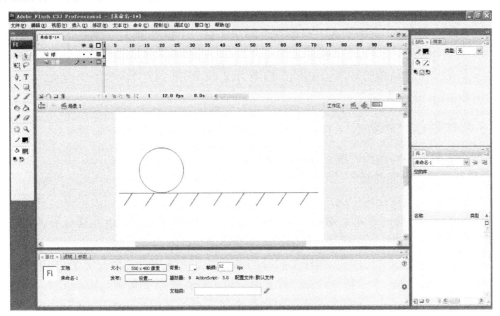

图 3.41 "背景"和"球"

（2）假如我们用 10 帧来表现整个过程。在"背景"层第 10 帧单击鼠标右键，选择"插入帧"命令，将背景延续显示到第 10 帧。

（3）在"球"图层的第 2 帧上单击鼠标右键，选择"插入关键帧"命令，此时第二个关键帧中的内容与第一个关键帧中一样。选中该"球"，按右方向键将其向右稍微移动一些，此时的舞台如图 3.42 所示。

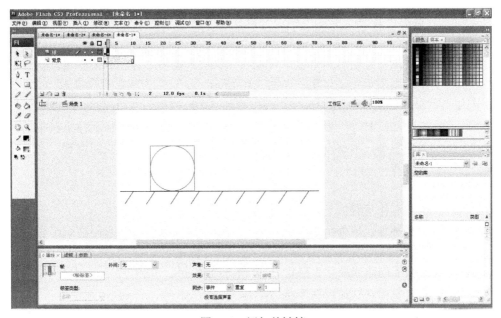

图 3.42 添加关键帧

（4）在"球"图层的第三帧插入另外一个关键帧，将"球"向右移动一些。

（5）重复步骤（4），但每次向右移动的距离都比上一次稍微大一些，以便造成加速的效果。

（6）最后完成的动画的时间轴如图 3.43 所示，按"Ctrl ＋ Enter"键测试动画。

图 3.43　"运动的球"完成时的时间轴

3.3.3　制作形状补间动画

本节介绍形状补间动画的概念和制作过程。

1. 什么是形状补间动画

形状补间动画是指在两个或两个以上的关键帧之间对形状进行补间的动画，从而创建出类似于形变的效果，使一个形状看起来随着时间变成另一个形状。Flash 也可以补间形状的位置、大小和颜色等属性。

图 3.44　对象的类型为形状

制作形状补间动画时必须最少有两个关键帧，在第一个关键帧中绘制一个形状，也可以拖曳一个实例或输入文字，但实例与文字不能被看做是形状，必须使用"Ctrl ＋ B"键或选择"修改"菜单中的"分离"命令将其分离成形状，然后在第二个关键帧修改该形状或重新绘制其他形状，这样，Flash 将自动计算两个关键帧之间的不同并插入补间帧，从而创建出形状补间动画效果。一般最好一次只补间一个形状，以获得最佳效果。如果要一次补间多个形状，则所有的形状必须在同一个图层上。

需要特别注意的是，在开始关键帧和结束关键帧中必须包含必要的"形状"。在 Flash 中的"形状"是指直接用绘图工具绘制出来的矢量图形，或将文字、位图图像、组合体、元件的实例等对象用"修改"菜单中的"分离"命令（快捷键为"Ctrl ＋ B"）打散后分离成的形状。

要判定当前选中的对象是否为形状，可以在属性检查器中查看。如果在属性检查器中显示为"形状"类型，则表示它是形状，如图 3.44 所示。

2. 产生形状补间的属性

在制作形状补间动画时，一般都是通过变化开始帧和结束帧的形状属性来获得的。能够产生形状补间的属性包括：形状本身、形状的颜色、形状的大小、形状的位置、文字，以及各种属性变化的综合等。

3. 制作步骤

形状补间动画的制作步骤如下：

（1）单击图层名称使之成为活动图层，然后在动画开始播放的地方创建或选择一个关键帧。

（2）在该关键帧上创建或放置"形状"。要获得最佳效果，帧中应当只包含一个项目（图形对象或分离的组、位图、实例或文本块）。

（3）单击时间轴上需要动画结束的位置，创建或者选择一个关键帧。将该帧上的对象删除，然后利用绘图工具重新绘制图形或用其他方法创建"形状"。也可以在另外一帧上直接调整对象的大小、位置或修改该帧上对象。或者是在另外一帧上插入"空白关键帧",然后在该帧上创建"形状"。

(4)在动画开始帧与结束帧之间的任意一帧上单击鼠标右键,选择"创建补间形状"命令,此时时间轴中两帧之间出现一个箭头和浅绿色的背景色,表示生成了形状补间。

图 3.45 设置形状补间选项

(5)如有必要,设置形状补间动画的选项,如图 3.45 所示。

"缓动"选项用于设置渐变的加速度,可以设置−100~100 的值,负数值表示动画先慢后快,正数值表示动画先快后慢,绝对值越大,表示加速或减速的越明显。默认情况下,补间帧之间的变化速率是不变的,也就是说该值为 0。使用"缓动"选项可以通过逐渐调整变化速率创建出更加自然的变形效果。

"混合"选项用于设置渐变时的融合效果,"分布式"表示动画中间形状更平滑和不规则,"角形"表示渐变时更棱角分明,动画中间形状会保留有明显的角和直线。

注意:"角形"只适合于具有锐化转角和直线的混合形状。如果选择的形状没有角,Flash 会还原到分布式补间形状。

例如,以下示例制作了一个球下落和弹起的过程:

(1)在 Flash 中创建两个图层,分别命名为"地面"和"球"。在"地面"图层绘制地面,将"地面"帧的内容延续到第 20 帧,然后锁定该图层。在"球"图层用椭圆工具绘制一个"球",如图 3.46 所示。

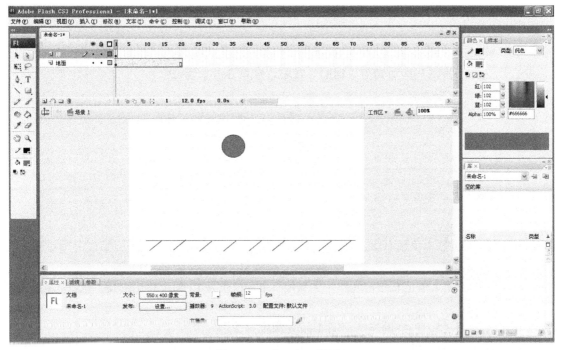

图 3.46 "球"和"地面"

(2) 在"球"层的第 9 帧插入一个关键帧,使用任意变形工具将其调整为一个椭圆,注意其"体积"应与"球"大致相当,另外其位置应与第 1 帧中的"球"位置在同一条垂直线上(使用属性面板将其 x 坐标设置为相同),并且与"地面"接触。在第 1 和第 9 帧之间设置形状补间,并且将"缓动"选项设置为-100,以便产生加速的效果。此时的舞台和时间轴如图 3.47 所示。

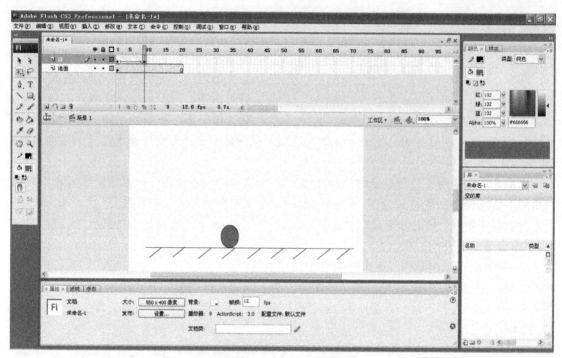

图 3.47 "球"下落的过程

(3) 在第 10 帧插入关键帧,然后选择"修改"菜单"变形"子菜单"顺时针旋转 90°"命令,用选择工具将其移动到与"地面"接触,如图 3.48 所示。

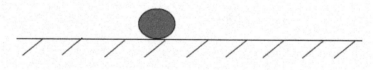

图 3.48 触地后变形的"球"

(4) 在第 11 帧上单击右键,选择"插入帧"命令,以获得"球"落地过程中相对静止的状态。

(5) 在第 9 帧上单击右键,选择"复制帧"命令;在第 12 帧上单击右键,选择"粘贴帧"命令。

(6) 用步骤(5)一样的方法将第 1 帧复制到第 20 帧。

(7) 在第 12~20 帧设置形状补间动画,并且将"缓动"选项设置为 100,以便获得减速的效果，此时的舞台和时间轴如图 3.49 所示。

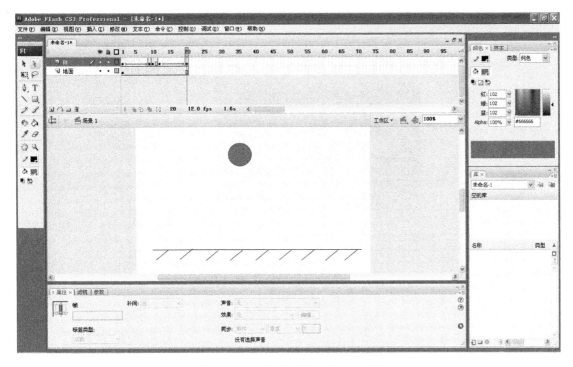

图 3.49　动画完成时的舞台和时间轴

（8）按 "Ctrl ＋ Enter" 键测试动画。

4. 实例——探照灯文字

以下结合使用形状补间动画和遮罩技术——遮罩，是指一个图层中的对象以一定方式遮盖住另外一个（或多个）图层中的对象，或者说以一定方式透过一个图层中的对象去查看另外一个（或多个）图层上的对象——来实现一个探照灯文字的效果（探照灯左右移动，且其中心的亮度大于四周），步骤如下：

（1）新建一个电影文件，设置文档背景颜色为 "黑色"。

（2）在时间轴上单击 "图层 1"，将其命名为 "文字遮罩" 层。

（3）单击工具箱中的 "文本工具"，在属性检查器中设置字体、字号及颜色，然后在舞台正中间输入文字 "多媒体技术"。

（4）新建一个图层，并将其命名为 "探照灯" 层。单击工具箱中的 "椭圆工具" 设置笔触颜色为无色、填充为灰白放射状渐变填充，在文字左侧绘制一个渐变填充的圆形，如图 3.50 所示。

（5）在 "文字遮罩" 层第 50 帧单击右键，选择 "插入帧" 命令。

（6）单击 "探照灯" 层，在第 25 帧插入关键帧，用选择工具将渐变的圆形移动到文字右侧（注意选中 "视图" 菜单 "对齐" 子菜单中的 "贴紧对齐" 选项）。

（7）在该层第 1 帧上单击右键，选择 "复制帧" 命令，在第 50 帧上单击右键，选择 "粘贴帧" 命令。

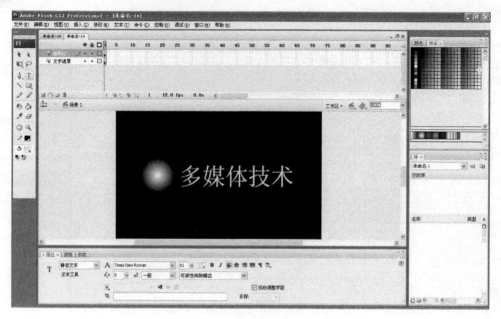

图 3.50　绘制探照灯

（8）在"探照灯"层第 1 帧和 25 帧之间、第 25 帧和 50 帧之间设置形状补间动画。

（9）把"文字遮罩"层"拖动到"探照灯"层上方。

（10）在图层区的"文字遮罩"层上单击右键，选择"遮罩层"命令，将该层设置为遮罩层，而"探照灯"层自动被设置为被遮罩层，同时这两层也被锁定，此时的时间轴窗口与场景如图 3.51 所示，动画制作结束。

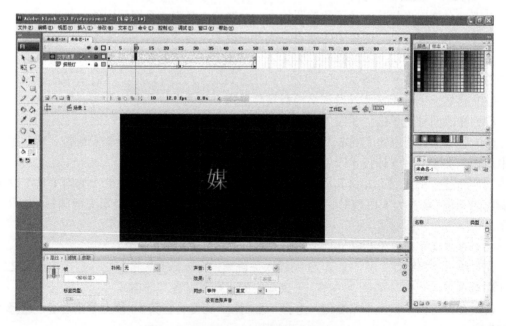

图 3.51　探照灯文字效果的时间轴和舞台

（11）按"Ctrl + Enter"键测试动画。

3.3.4 创建补间动画

本节介绍如何在 Flash 中创建补间动画。

1. 什么是补间动画

与形状补间动画一样，补间动画也是由 Flash 自动生成的动画。补间动画主要用于表现渐变、运动、过渡、淡入淡出等动画效果。

补间动画是指在两个或两个以上的关键帧之间对某些特定类型的对象进行补间的动画，通常包含有对象的移动、旋转和缩放等效果。

制作补间动画至少需要两个关键帧，在第一个关键帧中为特定对象（只能是元件的实例、组合对象或文字等整体对象）设置大小、位置、倾斜等属性，然后在第二个关键帧中更改相应对象的属性。这样，Flash 将自动计算两个关键帧之间的运动变化过程，从而产生动画效果。

需要强调的是：能够生成补间动画的对象只能是整体对象，也就是使用选择工具不能拖动分离的对象，包括元件的实例、组合对象、文字、位图图像、视频对象等。

实际上，能够进行补间动画的对象刚好和能够进行形状补间动画的对象互补，也就是说，凡是形状都可以制作形状补间动画，而形状之外的其他对象则可以制作补间动画。如果要对"形状"制作补间动画，应将其组合或者转换为元件的实例。

2. 产生补间的属性

根据对象的不同，能够产生补间动画的对象属性也不同。

对于文字对象来说，可以变化的属性包括文字的位置和旋转属性。文字的字号和颜色属性虽然也能设置，但无法生成渐变效果。例如，如果在一帧上设置字号为 20，而另外一帧（动画的最后一帧）上设置字号为 50，那么在两帧之间制作补间动画时，其字号变化的效果为跳变（也就是只有在最后一帧才变为 50），而不是渐变。如果要设置文字的大小和颜色变化的动画，应将文字先转换为形状，然后对其应用形状补间动画。

对于组合体对象来说，可以变化的属性包括：大小、位置和变形属性等。

对于元件的实例来说，可以变化的属性包括：大小、位置、变形、颜色和透明度等。

不论是哪种对象，要修改其大小属性，可以使用属性检查器、任意变形工具、"变形"面板或"信息"面板；要修改其位置属性，可以直接用选择工具拖动，也可以借助"信息"面板或属性检查器精确控制对象的位置；要修改其变形属性，可以使用"变形"面板或任意变形工具。

3. 补间动画的制作步骤

创建补间动画的通用步骤如下：

（1）单击图层名称使之成为活动图层，然后在动画开始播放的图层中选择或创建一个空白关键帧。

（2）在该帧中创建内容，内容可以是元件的实例、组合对象、文本等。为了使 Flash 能够正确生成需要的效果，一般在帧中只包含一个对象。

（3）在动画要结束的地方创建第二个关键帧，作为补间动画的结束帧，然后选中该帧。

（4）执行以下操作之一，以更改结束帧中的实例、组或文本块：将项目移动到新的位置；修改该项目的大小、旋转或倾斜等属性；修改该项目的颜色（仅限于实例或文本块）。

（5）右键单击开始帧和结束帧范围内的任何帧，选择"创建补间动画"命令。

（6）在属性检查器中设置补间的选项，如图 3.52 所示。如果在第（4）步中修改了项目的大小，则选择"缩放"来补间所选项目的大小。

图 3.52　设置补间动画的选项

（7）设置"缓动"选项。负数值表示动画先慢后快，正数值表示动画先快后慢，绝对值越大，表示加速或减速的越明显。

（8）要在补间时旋转所选的项目，应从"旋转"菜单中选择一个选项："无"（默认设置）表示禁止旋转；"自动"表示可以在需要最小动作的方向上旋转对象一次；选择"顺时针"或"逆时针"选项可以旋转对象，并能输入数值指定旋转的次数。

（9）如果使用运动引导线，可以选择"调整到路径"选项，即将补间对象的基线调整到运动引导线，同时也可以选择"贴紧"以便根据其中心点将补间对象附加到运动引导线。

（10）选择"同步"选项，使图形元件实例的动画和主时间轴同步。

例如，以下示例采用补间动画的方式实现球下落和弹起的过程。由于本例与之前一节中用形状补间动画实现该效果的唯一不同就是补间动画要求被补间的对象是元件或组合体，因此可以通过以下步骤修改相应例子：

（1）打开第 3.3.3 节中制作的球下落和弹起的例子，将其另存为一个文件。

（2）在时间轴上单击选中"球"层的第 1 帧，然后按"Ctrl ＋ G"键将"球"组合。

（3）用步骤（2）同样的方式，将第 9、12、20 帧中的"球"组合。由于关键帧中的对象已经变为组合体，所以原来应用的形状补间动画就无法正确生成，此时的舞台和时间轴如图 3.53 所示。

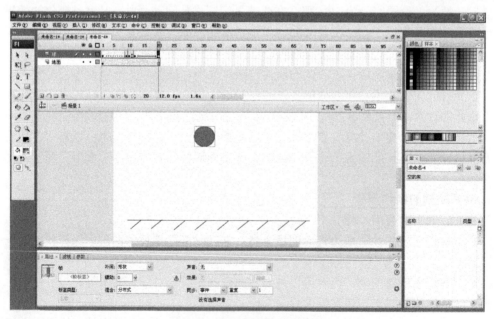

图 3.53　将形状更改为组合体

（4）在第 1 和第 9 帧之间单击鼠标右键，选择"删除补间"命令。

（5）在第 12 和第 20 帧之间单击鼠标右键，选择"删除补间"命令。

（6）在第 1 和第 9 帧之间单击鼠标右键，选择"创建补间动画"命令，并确保属性检查器中的"缓动"选项设置为−100。

（7）在第 12 和第 20 帧之间单击鼠标右键，选择"创建补间动画"命令，并确保属性检查器中的"缓动"选项设置为 100。此时的时间轴如图 3.54 所示。

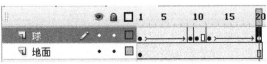
图 3.54　将形状补间修改为补间

（8）按"Ctrl ＋ Enter"键测试动画，可以看到"球"在下落和弹起的过程中并没有发生变形，而只是在相应补间动画的最后一帧才变化，而不是渐变。这是因为第 9 帧和第 20 帧中的组合体对象并不是由第 1 帧和第 12 帧中的组合体对象变形而来，而是由原来在第 9 帧和第 20 帧的形状组合得到的新的组合体，因此 Flash 无法正确计算它们之间的变形。

可以继续执行以下步骤修改该动画。

（9）在第 9 帧上单击右键，选择"清除关键帧"命令，然后再单击右键，选择"插入关键帧"命令，将第 1 帧中的组合体复制过来。用选择工具将其放置到与"地面"接触，并用任意变形工具将其变形为椭圆，表示其下坠过程中的变形。

（10）用步骤（9）同样的方法清除第 20 帧的内容，然后复制第 12 帧中的组合体，最后修改其位置和变形。这样，最后就能得到渐变的效果，与第 3.3.3 节中使用形状补间的效果类似。

3.4　音频处理软件 GoldWave

音频处理软件用于编辑加工音频素材，本节介绍常用的音频处理软件 GoldWave，包括界面、基本操作、制作音频特效等。

3.4.1　GoldWave 的界面

启动 GoldWave，然后打开一个音频文件，其界面如图 3.55 所示。

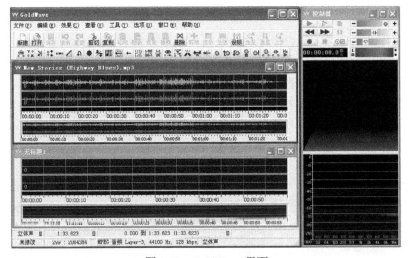
图 3.55　GoldWave 界面

该界面中包括3个窗口：主窗口、声音窗口和控制器窗口。

主窗口中包括菜单栏、工具栏和状态栏；控制器窗口中包含各种控制工具；声音窗口中包含声音的波形，用于声音编辑。

3.4.2 GoldWave 的基本操作

1. 打开声音文件

对音频进行处理之前，应该将其在 GoldWave 中打开，方法为：单击工具栏中的"打开"按钮，然后在"打开声音文件"对话框中选择，最后单击"打开"按钮。

2. 播放声音

在声音编辑过程中，如果想试听一下效果，可以单击控制器中的播放按钮，如图 3.56 所示。单击绿色的播放按钮可以播放当前声音文件或选中的片段，单击黄色的播放按钮可以循环播放当前声音文件或选中的片段。

单击控制器中的"设置控制器属性"按钮，可以打开如图 3.57 所示的"控制器属性"对话框，可以在其中设置控制器的属性并了解各选项的含义。

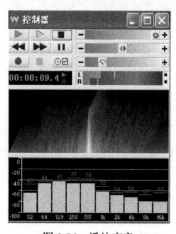

图 3.56 播放声音

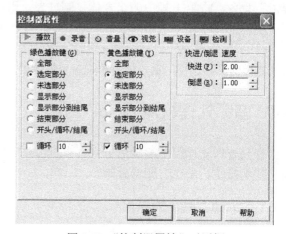

图 3.57 "控制器属性"对话框

3. 录制声音

如果要自行创建声音，可以使用 GoldWave 的录音功能，步骤如下：

（1）单击工具栏中的"新建"按钮，弹出如图 3.58 所示的"新建声音"对话框。

（2）在该对话框中设置声音选项，然后单击"确定"按钮。

（3）确保将麦克风插到声卡的 MIC 插孔上，音源来源设定为"麦克风"。

（4）单击控制器窗口的"开始录音"按钮。

（5）完成录音后单击"停止录音"按钮。

（6）保存声音。

4. 截取部分声音

在对声音做任何操作之前，除非是要应用在整个声音文件，否则都应先选取想要应用操作的声音片段。

在声音窗口的波形上按住鼠标左键向右拖动，即可选取声音片段。也可以在声音窗口中右击鼠标，在快捷菜单中选择"设置开始标记"命令，然后在需要结束的位置单击右键，选择"设置结束标记"命令。截取部分声音后的声音窗口如图3.59所示。

图3.58 "新建声音"对话框

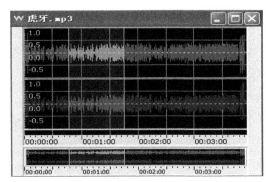

图3.59 截取部分声音

5. 声音文件格式转换

如果要将声音文件进行转换，例如从 WAV 格式转换为 MP3，可以执行以下步骤：

（1）选择"文件"→"批处理"命令，弹出"批处理"对话框，如图3.60所示。

（2）单击"添加文件"按钮，把想要转换格式的文件添加到列表中，可同时添加多个文件。也可以单击"添加文件夹"按钮，将整个文件夹中的文件都添加到列表中。

（3）选中对话框下面的"转换文件格式为"选框，在"另存类型"下拉列表中选择想转换的文件格式。还可以设置"音质"和"速率"等其他选项。

（4）把选项卡切换到"文件夹"选项卡，如图3.61所示，可以在其中设置文件的保存位置。

图3.60 "批处理"对话框

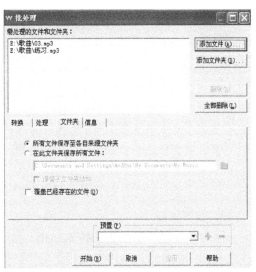

图3.61 "批处理"对话框"文件夹"选项卡

（5）单击"开始"按钮即可以开始转换文件格式。

（6）完成后单击"确定"按钮。

3.4.3 制作声音效果

1. 调整音量

如果要调整声音或声音片段的音量，可以单击工具栏中的"更改音量"按钮 ，此时将弹出如图 3.62 所示的"更改音量"对话框，拖动音量滑动条调整音量的大小，也可以使用预置列表中预置的选项。如果要试听效果，可以单击"试听当前设置"按钮 ，确定是需要的音量后，单击"确定"按钮。

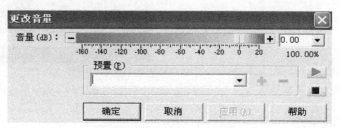

图 3.62 "更改音量"对话框

2. 淡入/淡出效果

声音的淡入/淡出效果是常用的一种效果，通常在引入声音时使用淡入效果，而在结束声音时使用淡出效果。

选中想要淡入的声音片段后，单击工具栏中的"淡入"按钮 ，打开如图 3.63（a）所示的"淡入"对话框，在其中设置选项后单击"确定"按钮。

选中想要淡入的声音片段后，单击工具栏中的"淡出"按钮 ，打开如图 3.63（b）所示的"淡出"对话框，在其中设置选项后单击"确定"按钮。

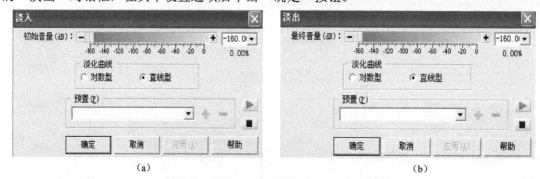

（a）　　　　　　　　　　　　　　　　　（b）

图 3.63 "淡入"对话框和"淡出"对话框

3. 回声效果

回声效果是一种常用的特殊效果，能创造出一种余音绕梁的感觉。制作方法为：选中需要添加回声的片段，单击工具栏中的"回声"按钮 ，弹出如图 3.64 所示的"回声"对话框，设置相应选项后，单击"确定"按钮。

4. 混音效果

如果想将一段声音与另一段声音混合，例如，给朗诵配乐，那么可以使用混音功能，制作步骤如下：

（1）选中需要混合到其他声音中的声音片段，按"Ctrl + C"键将其复制到剪贴板。

（2）切换到要添加混音的声音文件或片段。

（3）选择"编辑"→"混音"命令，打开如图 3.65 所示的"混音"对话框。

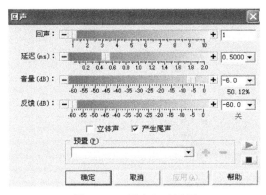

图 3.64 "回声"对话框

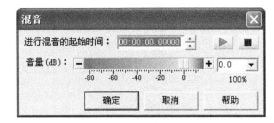

图 3.65 "混音"对话框

（4）在该对话框中设置混音的起始时间和音量，然后单击"确定"按钮。

3.4.4 菜单简介

本节对 GoldWave 主要的 4 个菜单进行简单介绍，以使读者对该软件有整体的了解。

1. 文件菜单

文件菜单中包括各种与文件操作有关的命令，如图 3.66 所示。

例如，选择"文件信息"命令将弹出"文件信息"对话框，如图 3.67 所示，可以在其中查看或设置相关信息。

图 3.66 文件菜单

图 3.67 "文件信息"对话框

2. 编辑菜单

编辑菜单中的选项用于进行各种编辑操作，如图 3.68 所示。例如，"粘贴到新文件"命令可以把当前选中的声音片段直接粘贴到一个新文件中，"插入静音"命令可以在开始标记处插入一段静音。

3. 效果菜单

效果菜单用于为声音添加特效，如图 3.69 所示（该菜单中的很多选项都在工具栏中提供，方便了用户的使用）。

图 3.68　编辑菜单

图 3.69　效果菜单

　　例如，如果想制作快放或慢放效果，可以在选中声音片段后选择"时间弯曲"命令，打开如图 3.70 所示的"时间弯曲"对话框。在其中设置声音长度变化的百分比或长度，并可以选择不同的算法（其中"类似"和"FFT"算法产生的效果更接近于原声的效果），最后单击"确定"按钮。

4. 工具菜单

　　工具菜单中提供一些常用的工具，如图 3.71 所示。例如，"CD 读取器"可以从音乐 CD 中提取出声音；"效果组合编辑器"可以一次性处理多种特效；"文件合并器"则可以将多个声音文件合并。

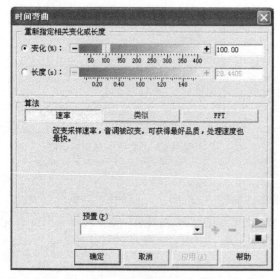

图 3.70　效果菜单

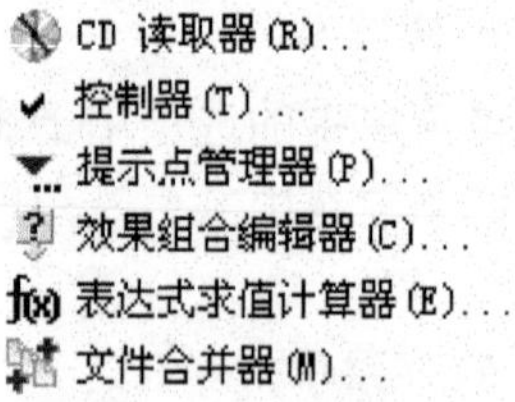

CD 读取器 (R)...
控制器 (T)...
提示点管理器 (P)...
效果组合编辑器 (C)...
表达式求值计算器 (E)...
文件合并器 (M)...

图 3.71　工具菜单

3.5 视频处理软件 Premiere

Premiere 是一种常用的视频编辑软件,可以在各种平台下和硬件配合使用,广泛应用于电视台、广告制作、电影剪辑等领域。本节介绍如何使用 Premiere(以 Premiere Pro CS3 为例)进行简单的视频处理。

3.5.1 Premiere 界面

1. 启动 Premiere

启动 Premiere 后,会出现如图 3.72 所示的欢迎界面。

单击"新建项目"按钮,弹出"新建项目"对话框,如图 3.73 所示。

在"有效的预置模式"中选择"DVCPR050 24 p 标准",单击"位置"选项后的"浏览"按钮选择新建项目文件的存放位置,在"名称"文本框中输入新建项目的名称,然后单击"确定"按钮,则可以看到 Premiere 的工作界面,如图 3.74 所示,其中包括菜单栏、项目面板、信息/效果/历史面板、素材库/效果控制/调音台面板、节目监视器面板、时间线、音频基准电平表和工具面板。

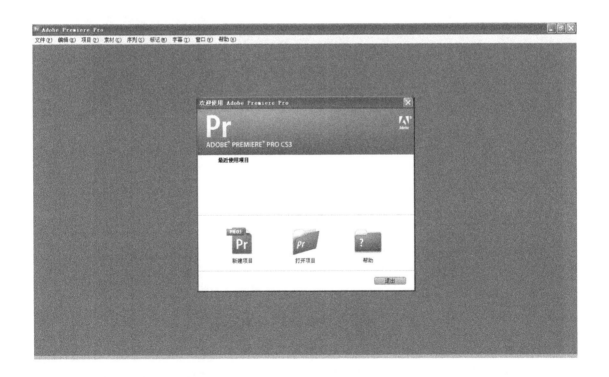

图 3.72 Premiere 欢迎界面

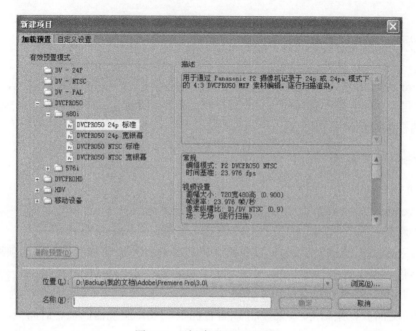

图 3.73 "新建项目"对话框

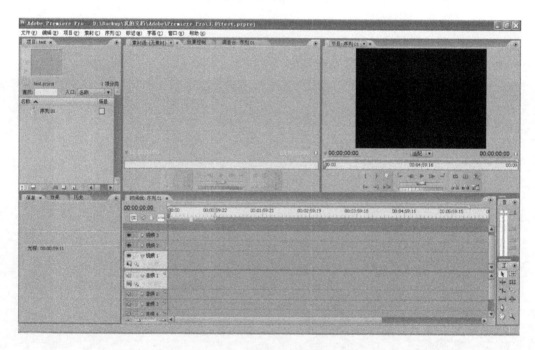

图 3.74 Premiere 工作界面

2. 菜单

Premiere 包括文件、编辑、项目、素材、序列、标记、字幕、窗口和帮助菜单，基本功能如下：

（1）文件菜单：主要用于打开或存储文件或项目等操作。

（2）编辑菜单：提供常用的编辑命令，例如恢复、重做、复制文件等操作。

（3）项目菜单：用于工作项目的设置及对工程素材库的一些操作。

（4）素材菜单：用于进行素材的处理。

（5）序列菜单：对序列的操作。

（6）标记菜单：包含设置标记点的命令。

（7）字幕菜单：用于字幕的设计，包括设置字体、尺寸、对齐、填充等方式以及创建图形元素等操作。

（8）窗口菜单：包括控制显示/关闭窗口和面板的命令。

（9）帮助菜单：提供各种帮助命令。

3. 项目面板

在界面左侧上方为软件的"项目"面板，如图 3.75 所示。在项目面板中可以存储当前项目所需要的所有素材文件，包括视频、音频和图形文件等。如果选中了一段视频或音频，单击面板中预览图左侧的播放按钮可以预览效果，同时在右侧会显示文件的详细信息。

4. 信息/效果/历史面板

在软件界面的左侧下方为信息/效果/历史组合面板，单击面板上的标签可以在三个面板之间切换。

在"信息"面板中显示当前选中对象的详细信息，如图 3.76 所示。

在"效果"面板中显示了 5 类特效：预置、音频特效、音频切换效果、视频特效、视频切换效果，如图 3.77 所示。

在"历史"面板中显示从打开文件开始后所进行的每一步操作记录，如图 3.78 所示。通过拖动左边的滑块，可以撤销或重做操作。

图 3.75 项目面板

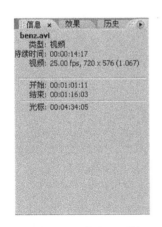

图 3.76 "信息"面板

图 3.77 "效果"面板

图 3.78 "历史"面板

5. 素材源/效果控制/调音台面板

在软件界面上部的中间部分为素材源/效果控制/调音台面板。

把项目面板中的某个素材拖放到"素材源"面板中，可以预览显示该素材；在面板的下方为控制台，可以对相关素材进行播放、设定入点和出点等操作，如图 3.79 所示。

图 3.79 "素材源"面板

单击"效果控制"标签，可以打开"效果控制"面板，如图 3.80 所示。该面板显示了时间线窗口中选中的素材所应用的各种特效，可以在其中设置相应选项。

单击"调音台"标签，可以打开"调音台"控制面板，如图 3.81 所示，在该面板中可以调节时间线中的音频音量和其他参数。

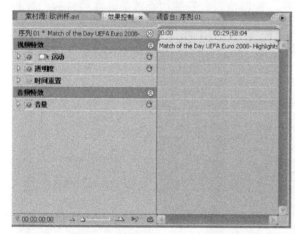

图 3.80 "效果控制"面板

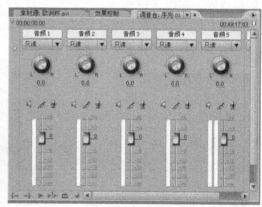

图 3.81 调音台面板

6. 节目监视器面板

在软件界面的右上角为节目监视器面板，如图 3.82 所示，在此面板中可以预览显示时间线中的视频节目。

7. 时间线面板

时间线面板是非线性编辑器的核心面板，在时间线面板中，从左到右以电影播放时的次序显示所有该电影中的素材。视频、音频素材中的大部分编辑合成工作和特技制作都是在该面板中完成的，如图 3.83 所示。

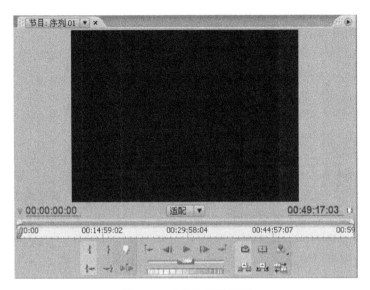

图 3.82　节目监视器面板

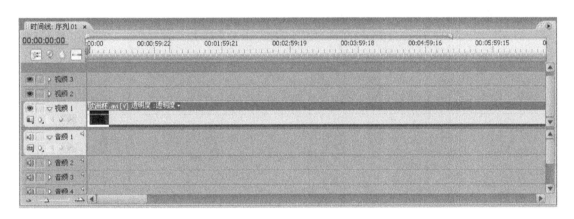

图 3.83　时间线面板

8. 音频基准电平表和工具面板

在软件界面的右下角分别为音频基准电平表和工具面板，如图 3.84 所示。

图 3.84 中上部分所示为音频基准电平表，在时间线播放的时候，可以实时显示时间线中的音频基准电平表。图 3.84 中下部显示的是工具面板，其中包括了选择工具、剃刀工具、钢笔工具等经常用到的工具，这些工具也是在编辑视频的过程中用到的主要工具。

图 3.84　音频基准电平表和工具面板

3.5.2 素材的导入

1. Premiere 支持的素材类型

（1）视频格式文件。Premiere 支持的视频格式文件包括：avi、mpg、mov、wmv、asf、flm、dlx 等。

（2）音频格式文件。Premiere 支持的音频格式文件包括：wav、mp3、wma 等。

（3）静态图形文件。Premiere 支持的静态图形文件包括：bmp、jpg、gif、ai、png、psd、eps、ico、pcx、tga、tif 等。

2. 导入素材

在 Premiere 中建立一个新项目后，需要导入素材到项目窗口中。

选择"文件"→"导入"菜单命令，在图 3.85 所示的"导入"对话框中选择需要导入的素材文件，然后单击"打开"按钮即可。

在"导入"对话框中，如果选择"导入文件夹"选项，则可以导入包括若干素材的文件夹。如果要在某个文件夹中同时导入多个文件，可以按住"Ctrl"键，然后逐个单击选中所需的文件。

在"项目"面板的空白处右击鼠标，选择"导入"命令；或者在"项目"面板的空白处双击鼠标，都可以打开"导入"对话框。

图 3.85 "导入"对话框

3.5.3 制作快镜头和慢镜头效果

影视节目中常见的快镜头和慢镜头在 Premiere 中很容易实现，步骤如下：

（1）启动 Premiere，新建一个使用默认选项的项目。

（2）在"项目"面板的空白处双击左键，导入需要处理的视频素材。

（3）将"项目"面板中的视频素材拖动到时间线窗口中的"视频 1"轨道中。

（4）选择工具栏中的"剃刀工具"，在"视频 1"轨道上单击将视频轨道上的视频截断，然后用"选择工具" 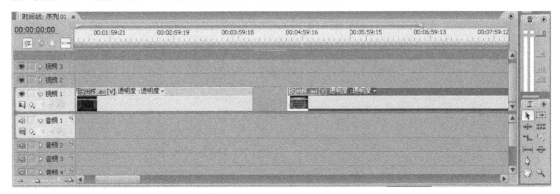 将它们分开，如图 3.86 所示。

图 3.86 使用剃刀工具剪断素材

（5）使用鼠标右键单击第一部分视频，在弹出的菜单中选择"速度/持续时间"命令，如图 3.87 所示。

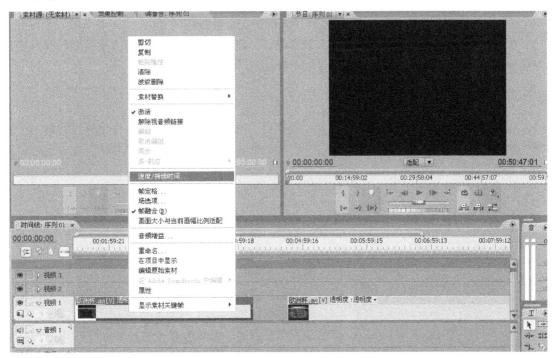

图 3.87 选择"速度/持续时间"命令

（6）在弹出的"素材速度/持续时间"对话框中，设置"速度"参数为 200%，如图 3.88 所示。默认速度为 100%，当数值大于 100%时，就会产生快镜头效果。单击"确定"按钮。此时时间线中的第一部分视频素材的持续时间会按相应的比例缩短，如图 3.89 所示。这样就可以使第一部分视频以原来两倍的速度播放。

图 3.88 "素材速度/持续时间"对话框

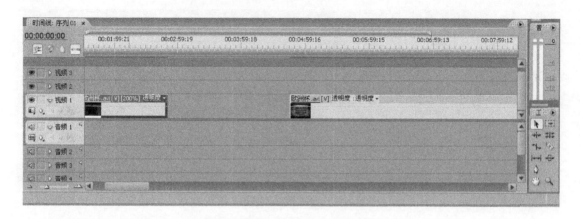

图 3.89　制作成快镜头效果的视频素材

（7）制作慢镜头的方法和制作快镜头的方法相似，唯一不同的是需要在"速度"栏中输入小于 100%的数，例如 50%。可以为第二段视频设置慢镜头效果。

需要特别注意的是，在制作慢镜头效果时，一定要为该段素材预留出适当的时间长度，以便存放新增加的部分，否则可能出现由于视频重叠而缺帧的情况。

3.5.4　创建和删除视频切换效果

视频切换效果，也叫视频转场效果，是应用于两个视频段之间的一种视频过渡效果。视频切换包括很多类型，如 3D 运动、拉伸、滑动等，它们都被集成到"效果"面板的"视频切换效果"中。

1. 创建视频切换

为视频素材添加切换效果的步骤为：

图 3.90　选中"摆出"切换效果

（1）新建一个项目。

（2）导入两段视频素材，然后把它们拖到时间线窗口的视频轨道中。

（3）在"效果"面板中展开视频切换效果，选中所需要的切换效果，如图 3.90 所示。

（4）将选中的切换效果拖动到时间线中两段视频素材的相交处，这样便完成了为视频素材添加切换效果。

2. 删除视频切换

删除视频切换有两种方法：一是使用鼠标左键单击选中切换标记，然后按"Delete"键；二是在切换标记上右击鼠标，在弹出的菜单中选择"清除"。

如果在时间线中不容易看到切换标记，可以选择工具面板中的"缩放工具" ，然后单击时间线上的视频片段，这样可以看到更多的细节。与其他软件的缩放工具类似，按住"Alt"键再单击，则可以减少细节的显示。

3.5.5 创建和删除视频特效

使用视频特效可以弥补拍摄中的不足，或根据实际需要对某些特定的画面进行修饰强化，以达到增强视觉效果的作用。

1. 创建视频特效

为视频素材添加特效的步骤为：

（1）新建一个项目。

（2）导入一段视频素材，将素材拖到时间线窗口的视频轨道中。

（3）在"效果"面板中展开视频特效，选中所需要的视频特效，如图 3.91 所示。

（4）将选中的特效拖动到时间线中的视频素材上，这样就可以将该特效添加到视频素材。

图 3.91　选中快速模糊效果

2. 删除视频特效

在时间线窗口中选中已经添加了视频特效的素材，在"效果控制"面板中选中要删除的视频特效项，按下"Delete"键就可以将它删除。

3.5.6 创建字幕

给视频添加字幕是常见的一种编辑操作，步骤如下：

（1）新建一个项目。

图 3.92　"新建字幕"对话框

（2）导入一段视频素材，将素材拖拽到时间线窗口的视频轨道中。

（3）选择"文件"→"新建"→"字幕"命令，弹出"新建字幕"对话框，如图 3.92 所示，设置了字幕名称后单击"确定"按钮。

（4）打开如图 3.93 所示的字幕编辑窗口。该窗口中提供了各种工具和选项，可用于字幕的设置。输入字符并编辑，然后关闭字幕编辑窗口。

（5）在"项目"窗口中将创建的字幕文件拖放到视频轨道中（注意要与刚才导入的视频素材在不同的轨道中）并将其在时间线窗口中的长度拉长，在监视器窗口中预览，即可以看到字幕与视频一起显示的效果，如图 3.94 所示。

在创建字幕时，如果单击字幕窗口主窗口左上角的"滚动/游动选项"按钮，则可以打开如图 3.95 所示的"滚动/游动选项"对话框，可以在其中设置滚动/游动选项，从而创建出常见的滚动/游动字幕。

字幕创建好后如果想再编辑，可以在"项目"窗口中双击相应的字幕图标，打开字幕窗口进行编辑。

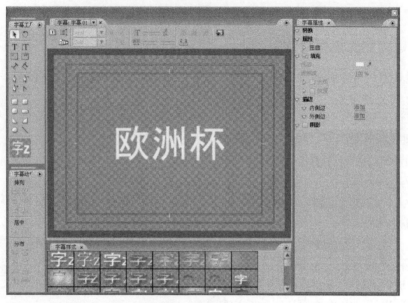

图 3.93　字幕编辑窗口

图 3.94　字幕与视频一起显示的效果

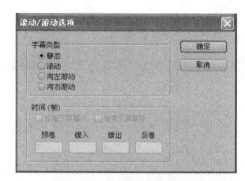

图 3.95　"滚动/游动选项"对话框

 习　题

1. 简述多媒体软件系统中的各个层次。

2. 分类列举常见的多媒体处理软件。

3. 根据自己的创意，用 Photoshop 创作一则手机促销广告。

4. 找几张自己满意的相片，用 Flash 制作一个电子相册，并配乐。

5. 使用 GoldWave 编辑一个声音文件，要求添加至少 3 种声音效果。

6. 使用 Premiere 对一个视频文件进行编辑，要求用到视频切换效果、视频特效和字幕。

第 4 章　多媒体压缩技术

多媒体数据压缩技术是多媒体技术研究的重要领域之一,本章介绍数据压缩的基本概念、无损压缩编码和有损压缩编码。

4.1　数据压缩概述

本节介绍数据压缩的重要性、常见的冗余类别和数据压缩分类。

4.1.1　数据压缩的重要性

随着科学技术的不断发展,尤其计算机技术的飞速发展,人类已经进入到了信息时代。信息时代的一个重要特征就是信息的数字化,而数字化的信息与现在的科学技术,尤其是硬件存储技术以及硬件传输技术产生了矛盾。

与此同时,随着计算机的普及以及多媒体计算机的发展,计算机进入了家庭,对多媒体信息所需要的存储以及传输量的要求变得巨大起来。但是目前的硬件技术远远不能满足大量的数字化信息的需求,而这一矛盾也成为制约计算机发展的一个"瓶颈"。

因此,如何以现有的硬件技术来存储和传输大量的数字化信息成为当今计算机行业迫切需要解决的问题。数据压缩成为解决以上所述的矛盾的一个有效的途径。因此,如何有效地把大量数据进行压缩成为当今计算机行业中的一个热门课题。

4.1.2　常见的冗余类别

那么有没有可能对数据进行压缩呢?以多媒体数据中最为庞大的一类数据——图像数据为例,人们研究发现,图像数据的表示中存在着大量的冗余。如果把那些图像数据中存在的冗余数据去除,那么就可以使原始图像数据极大地减少,从而解决图像数据量巨大的问题。要对图像数据进行有效的压缩,就必须先了解图像数据的冗余情况。下面介绍一些常见的图像数据冗余的情况。

1. 空间冗余

这是在图像数据中经常存在的一种冗余。在任何一幅图像中,均有由许多灰度或颜色都相同的邻近像素组成的区域,它们形成了一个性质相同的集合块,即它们相互之间具有空间(或空域)上的强相关性,在图像中就表现为空间冗余。对空间冗余的压缩方法就是把这种集合块当作为一个整体,用极少的信息来表示它,从而节省存储空间。这种压缩方法叫做空间压缩或帧内压缩,它的基本点就在于减少邻近像素之间的空间相关性。

2. 结构冗余

在有些图像的纹理区，图像的像素值存在着明显的分布模式。例如，方格状的板图案等。我们称此为结构冗余。已知分布模式，可以通过某一过程生成图像。

3. 时间冗余

这是序列图像（电视图像、运动图像）表示中经常包含的冗余。图像序列中两幅相邻的图像有较大的相关，这反映为时间冗余。同理，在语音中，由于人在说话时其发音的音频是一连续和渐变的过程，而不是一个完全的时间上独立的过程，因而存在着时间冗余。这种压缩对运动图像往往能得到很高的压缩比，这也称为时间压缩和帧间压缩。

4. 视觉冗余

在多媒体技术的应用领域中，人的眼睛是图像信息的接收端。而人类的视觉系统并不能对图像画面的任何变化都能感觉到，视觉系统对于图像场的注意是非均匀和非线性的，即主要部分质量，同时取画面的整体效果，不拘泥于每一个细节。

例如，人的视觉对于边缘的急剧变化不敏感，且人眼对图像的亮度信息敏感，对颜色的分辨力弱等。因此，对于压缩或量化而使图像发生的变化，如果这些变化不能被视觉所感受，我们仍认为图像质量是完好的或是足够好的，即图像压缩并恢复后仍有满意的主观图像质量。

事实上，人类视觉系统的一般分辨能力估计为 2^6 灰度等级，而一般图像的量化采用的是 2^8 的灰度等级。像这样的冗余，我们称之为视觉冗余。

5. 知识冗余

有些图像的理解与某些知识有相当大的相关性。例如：狗的图像有固定的结构。比如，狗有四条腿，头部有眼、鼻、耳朵，有尾巴等。这类规律性的结构可由先验知识和背景知识得到，我们称此类冗余为知识冗余。

6. 其他冗余

多媒体数据除了具有上面所说的各种冗余外，还存在一些其他的冗余类型。例如由图像的空间非定常特性所带来的冗余等。

空间冗余和时间冗余是将图像信号看作为随机信号时所反映出的统计特征，因此有时把这两种冗余称为统计冗余。它们也是多媒体图像数据处理中两种最主要的数据冗余。

4.1.3　数据压缩分类

多媒体数据压缩方法根据不同的依据可产生不同的分类。第一种，按照其作用域在空间域或频率域上分为空间方法、变换方法和混合方法；第二种，根据是否自适应分为自适应性编码和非自适应性编码；第三种，根据质量有无损失可分为有损失编码和无损失编码。

无损失压缩又称冗余压缩法或熵编码。算法的出发点是去掉或减少数据中的冗余（相关性），压缩过程中不能破坏数据中所包括的信息，也就是没有任何损失，解压缩后的数据必须与原先的一样，无损失压缩主要用于文本和数据压缩。

有损失压缩又称熵压缩法，是指在压缩过程中减少了数据中包含的数据量，也就是说有一定的失真，因而在解压缩后恢复的数据与原先的不完全一致。然而，正是由于减少了数据量，有失真的压缩才能获得较高的压缩比。只要这些失真在一定的允许范围内，该压缩算法就是可以接受的，比如对图像和声音的压缩。

典型的无损失压缩算法有 Huffman 编码、Fano-Shannon 编码、算术编码、流程编码、

Lempel-Zev 编码等。典型的有损失压缩算法有模型编码、矢量量化、子带编码、变换编码、小波编码等。具体应用时常采用多种压缩算法的混合，如用于音频压缩的矢量量化和激励线性预测（VSELP），用于静态图像压缩的 JPEG、动态图像的 MEPG 等。

有关数据压缩的分类，请参见图 4.1。

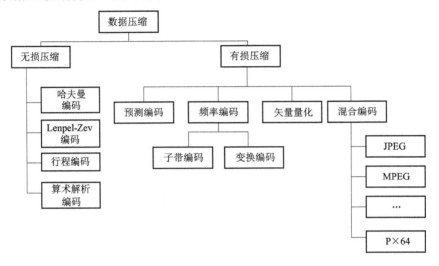

图 4.1　数据压缩技术的分类

4.2　无损编码

多媒体数据压缩编码方法根据质量有无损失，即有无失真，可分为有损编码和无损编码。

无损压缩编码又称冗余压缩法或熵编码。算法的出发点是去掉或减少数据中的冗余（相关性），压缩过程中不能破坏数据中所包括的信息，也就是没有任何损失，解压缩后的数据必须与原先的一样，无损失压缩主要用于文本和数据压缩。

4.2.1　熵

数据压缩技术的理论基础是信息论。根据信息论的原理，可以找到最佳数据压缩编码方法，数据压缩的理论极限是信息熵。首先介绍一下有关概念。

1. 信息和熵的概念

信息是用不确定性的量度定义的。一个信息的可能性越小，其信息越多；而信息的可能性越大，则其信息越少。在数学上，所传输的信息是其出现概率的单调下降函数。所谓信息量是指从 N 个相等可能事件中选出一个事件所需要的信息量度或含量，也就是在辨识 N 个事件中特定的一个事件的过程中所需要提问"是或否"的最少次数。例如，要从 64 个数中选定某一个数，可以先提问"是否大于 32？"，不论回答是或否都消去了半数的可能事件，这样继续问下去，只要提问 6 次这类问题，就能从 64 个数中选定某一个数。这是因为每提问一次都会得到 1 bit 的信息量。因此在 64 个数中选定某一个数所需要的信息量是 $\log_2 64 = 6$ bit。设从 N 个数中选定任一个数 x 的概率为 $p(x)$，假定选定任意一个数的概率都相等，即 $p(x) = \dfrac{1}{N}$，因此定义信息量为：$\log_2 N = -\log_2 \dfrac{1}{N} = -\log_2 p(x) = I[p(x)]$，如果将信源中所有可能事件的信息量进行平均，就得到了信息的"熵"（Entropy），即信息熵。

2. 信息熵编码原理

在数据传输系统中，存在着两个最基本的问题：一是应该传输什么信息；二是如何传输这些信息。这两个问题针对两个明显的目的，即只传输所需要的信息，而且以任意小的失真或零失真来接收这些信息。

Shannon 信息论认为，信源所含有的信息熵（熵）就是进行无失真编码的理论极限。换句话说，低于此极限的无失真编码方法是找不到的，而只要不低于此极限，那就总能找到某种适宜的编码方法来任意地逼近熵。

Shannon 信息论认为，信源中或多或少含有自然冗余度，这些冗余度既来自于信源本身的相关性，又来自于信源概率分布的不均匀性。只要找到去除相关性或改变概率分布不均匀性的方法和手段，也就找到了信息熵编码的方法。例如，在图像中既存在着空间上的相关性，同时还存在着灰度的概率分布的不均匀性，对运动图像而言还存在着帧与帧之间在时间上的相关性。因此如何利用信息熵理论减少数据在传输和存储时的冗余度，就是信息熵编码所要解决的问题。

所以说，熵值是一条界限，如果所找到的压缩方法去除的冗余度越接近熵值线，压缩比例也就越高，但一旦越过熵值线，就成了有损压缩，就会产生认为失真（见图 4.2）。如何计算熵值，如何找到去除冗余度的方法是多媒体技术的关键，也是计算机网络系统和通信系统的关键技术问题。

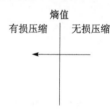

图 4.2　信息熵原理示意图

3. 信源 S 的熵的定义

按照仙农（Shannon）的理论，信源 S 的熵定义为：

$$H(S) = \eta = \sum p_i \log_2 (1/p_i)$$

其中 p_i 是符号 s_i 在 S 中出现的概率；$\log_2(1/p_i)$ 表示包含在 s_i 中的信息量，也就是编码 s_i 所需要的位数。例如，一幅用 256 级灰度表示的图像，如果每一个像素点灰度的概率均为 $p_i = 1/256$，编码每一个像素点就需要 8 位。

[**例**] 有一幅由 40 个像素组成的灰度图像，灰度共有 5 级，分别用符号 A、B、C、D 和 E 表示，40 个像素中出现灰度 A 的像素数有 15 个，出现灰度 B 的像素数有 7 个，出现灰度 C 的像素数有 7 个等，如表 4.1 所示。如果用 3 个位表示 5 个等级的灰度值，也就是每个像素用 3 位表示，编码这幅图像总共需要 120 位。

表 4.1　符号在图像中出现的数目

符　　号	A	B	C	D	E
出现的次数	15	7	7	6	5

按照仙农理论，这幅图像的熵为：

$H(S) = (15/40) \times \log_2(40/15) + (7/40) \times \log_2(40/7) + \cdots + (5/40) \times \log_2(40/5) = 2.196$

这就是说每个符号用 2.196 位表示，40 个像素需用 87.84 位。实际的压缩比约为 1.3:1。

利用信息熵的编码方法有多种，比较典型的如著名的赫夫曼编码方法（利用概率分布特性）、行程编码方法（利用相关特性）和算术编码（利用概率分布）。我们将着重介绍赫夫曼编码方法。

4.2.2 Huffman 编码

赫夫曼（Huffman）编码方法于 1952 年问世，迄今仍经久不衰，广泛应用于各种数据压缩技术中，且仍不失为熵编码中的最佳编码方法。以下有一个定理保证了按字符出现概率分配码长，可使平均码长最短。

定理 在变字长编码中，若各码字长度严格按照所对应符号出现概率的大小逆序排列，则其平均长度为最小。

实现上述定理的编码步骤如下：

（1）将信源符号出现概率按递减的顺序排列；

（2）将两个最小的概率进行组合相加，并继续这一步骤，始终将较高的概率分支放在上部，直到概率达到 1.0 为止；

（3）对每对组合中的上边一个指定为 1，下边一个指定为 0（或相反：对上边一个指定为 0，下边一个指定为 1）；

（4）画出由每个信源符号概率到 1.0 处的路径，记下沿路径的 1 和 0；

（5）对于每个信源符号都写出 1、0 序列，则从右到左就得到赫夫曼码。

下面以一个具体例子来说明赫夫曼编码过程。

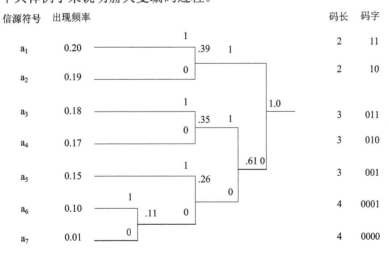

图 4.3 赫夫曼编码示例

由图 4.3 可以看出，这个编码过程实际上是构成一棵二叉树的过程，码字都是从"树根"出发排列的。从这个赫夫曼编码实例得出结论如下：

（1）信源符号出现概率越高的码长度越短，如：a_1 概率为 0.20，码长：2 位；a_7 概率为 0.01，码长：4 位；从总体上进行了压缩。

（2）在码字上具有异字头性，即任何一个短码字不是长码字的前缀，换句话说，任何一个长码字的前几位是由某一个短字码组成。显然，编出来的码都是异字头码，这就保证了码的唯一可译性。赫夫曼码的码长虽然是可变的，但却不需要另外附加同步代码。

（3）同时，每一个信源集合都严格按概率大小排列，按定理可知编码是最佳的。

（4）赫夫曼编码是一种消除由于概率分布不均匀性所造成的冗余算法，是一种无损压缩算法。

（5）赫夫曼编码效率：信源熵为 2.61 bit，而编成码的平均字长为 2.72 bit，可以算出编码效率为：

$$\mu = \frac{H(X)}{l} = \frac{2.61}{2.72} = 96\%$$

其中 $H(X)$ 为信息熵，l 为平均字长。

应该指出的是，由于"0"与"1"的指定是任意的，故由上述过程编出的最佳码不是唯一的，但其平均码长是一样的，故不影响编码效率与数据压缩性能。

（6）赫夫曼编码的问题：① 赫夫曼码没有错误保护功能；② 赫夫曼码是可变长度码，因此很难随意查找或调用压缩文件中间的内容，然后再译码，这就需要在存储代码之前加以考虑。

4.2.3 算术编码

算术编码在图像数据压缩标准（如 JPEG、JBIG）中扮演了重要的角色。算术编码方法比 Huffman 和将要介绍的行程编码等熵编码方法都复杂，但是它不需要传送像 Huffman 编码的编码表，同时算术编码还有自适应能力的优点。

在算术编码中，信息用 0 到 1 之间的实数进行编码。算术编码用到两个基本的参数：大概率 L 和小概率 S，这两个参数是在编码初始化的时候预置的。为了使算术编码的思想容易理解，这里假设信源符号中只有"0"符号对应小概率 S 和"1"符号对应大概率 L，并且符号"0"和符号"1"的出现概率保持不变。

算术编码的第一步，根据概率 L 和 S 的值将初始区间，即半开区间 [0，1)，分割成两个子区间，如图 4.4 所示。

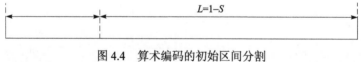

图 4.4　算术编码的初始区间分割

分割之后，如果到来的第一个符号是"0"，对应小概率 S，则输出码字落入 0 至 S 区间。若到来的第一个符号是"1"，对应大概率 L，则输出码字落入 S 至 1 区间。假设到来的是 1，则进入 S 至 1 区间，对此区间按照两个概率参数的比例对此区间进行分割。则对于将要到来的符号，如果是"0"，对应小概率 S，则输出码字落入 S 至 S+LS 区间；若到来的第二个符号是"1"，对应大概率 L，则输出码字落入 S+LS 至 1 区间。进入相应的区间后，等待下一个符号的到来，并依此类推，直到该组符号结束为止。

符号序列结束之后，必然会最终落入一个区间。那么，获得码字的方法可以是从该区间起始点的二进制小数表示的实数中截取若干位。当然，由于实际的计算机的精度有限，运算得出的实数的溢出问题是非常明显的。多数机器都有 16 位、32 位或者 64 位的精度，因此这个问题可使用比例缩放方法解决。另外需要注意的是，分割的方法是：无论是概率 L 的区间还是概率 S 的区间在 0 端解码，必须在分割过程中保持一致并且解码端也必须能够得到这个信息。因此，应该用初始分割区间作为一个需要预置的参数。

如果源符号序列不只有两个信源符号，其算术编码的方法也是一样的。只是需要预置与信源符号数目相当的概率参数，每一次的区间分割都会分割出该数目的子区间。例如，有 4 个符号的信源，在算术编码中，信息用 0～1 之间的实数进行编码，算术编码用到两个基本的参数：符号的概率和它的编码间隔。

假设信源符号为{00，01，10，11}，这些符号的概率分别为{0.1，0.4，0.2，0.3}，根据这些概率可把间隔 $[0, 1)$ 分成 4 个子间隔：$[0, 0.1)$，$[0.1, 0.5)$，$[0.5, 0.7)$，$[0.7, 1)$，其中 $[x, y)$ 表示半开放间隔，即包含 x 不包含 y。上面的信息可综合在表 4.2 中。

表 4.2 信源符号，概率和初始编码间隔

符 号	00	01	10	11
概 率	0.1	0.4	0.2	0.3
初始编码间隔	$[0, 0.1)$	$[0.1, 0.5)$	$[0.5, 0.7)$	$[0.7, 1)$

如果二进制消息序列的输入为：10 00 11 00 10 11 01。编码时首先输入的符号是 10，找到它的编码范围是 $[0.5, 0.7)$。由于消息中第二个符号 00 的编码范围是 $[0, 0.1)$，因此它的间隔就取 $[0.5, 0.7)$ 的第一个 1/10 作为新间隔 $[0.5, 0.52)$。依此类推，编码第 3 个符号 11 时取新间隔为 $[0.514, 0.52)$，编码第 4 个符号 00 时，取新间隔为 $[0.514, 0.514\,6)$，…。消息的编码输出可以是最后一个间隔中的任意数。整个编码过程如图 4.5 所示。表 4.3、表 4.4 为编、译码过程分解。

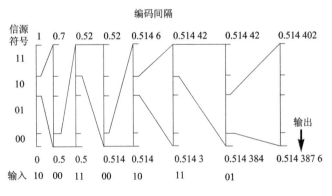

图 4.5 算术编码过程举例

实际上在译码器中需要添加一个专门的终止符，当译码器看到终止符时就停止译码。

在算术编码中需要注意的几个问题：

（1）由于实际的计算机的精度不可能无限长，运算中出现溢出是一个明显的问题，但各数机器都有 16 位、32 位或者 64 位的精度，因此这个问题可使用比例缩放方法解决。

表 4.3 编码过程

步　骤	输入符号	编码间隔	编码判决
1	10	[0.5，0.7)	符号的间隔范围 [0.5，0.7]
2	00	[0.5，0.52)	[0.5，0.7] 间隔的第一个 1/10
3	11	[0.514，0.52)	[0.5，0.52] 间隔的最后 3 个 1/10
4	00	[0.514，0.514 6)	[0.514，0.52] 间隔的第一个 1/10
5	10	[0.514 3，0.514 42)	[0.514，0.514 6) 间隔的第五个 1/10，从第二个 1/10 开始
6	11	[0.514 384，0.514 42]	[0.514 3，0.514 42] 间隔的最后 3 个 1/10
7	01	[0.514 383 6，0.514 402)	[0.514 384，0.514 42) 间隔的 4 个 1/10，从第一个 1/10 开始
8	从 [0.514 387 6，0.514 402) 中选择一个数作为输出：0.514 387 6		

表 4.4 译码过程

步　骤	间　隔	译码符号	译码判决
1	[0.5，0.7)	10	0.514 39 在间隔 [0.5，0.7]
2	[0.5，0.52)	00	0.514 39 在间隔 [0.5，0.7) 的第一个 1/10
3	[0.514，0.52)	11	0.514 39 在间隔 [0.5，0.52) 的第七个 1/10
4	[0.514，0.514 6)	00	0.514 39 在间隔 [0.514，0.52) 的第一个 1/10
5	[0.514 3，0.514 42)	10	0.514 39 在间隔 [0.514，0.514 6) 的第五个 1/10
6	[0.514 384，0.514 42)	11	0.514 39 在间隔 [0.514 3，0.514 42) 的第七个 1/10
7	[0.514 39，0.514 394 8)	01	0.514 39 在间隔 [0.514 39，0.514 394 8] 的第一个 1/10
8	译码的信息：10 00 11 00 10 11 01		

（2）算术编码器对整个消息只产生一个码字，这个码字是在间隔 [0，1) 中的一个实数，因此译码器在接收表示这个实数的所有位之前不能进行译码。

（3）算术编码也是一种对错误很敏感的编码方法，如果有一位发生错误就会导致整个信息译错。

算术编码的译码器必须接收到表示这个实数的所有位之后才能进行译码。如果在传送该实数的过程中，有任何一位发生错误就会导致整个符号序列解码出错。算术编码的自适应特性实际上就是在编码的过程中，对信源符号的概率根据编码时符号出现的频繁程度动态地进行修改。

4.2.4 RLC 编码

行程编码（Run Length Code），也称行程长度编码。行程编码是无失真压缩编码方法。

行称编码的基本原理是建筑在图像的统计特性基础之上的。现实中有许多这样的图像，在一幅图像中具有许多颜色相同的图块。在这些图块中，许多行上都具有相同的颜色，或者在一行上有许多连续的像素都具有相同的颜色值。在这种情况下就不需要存储每一个像素的颜色值，而仅仅存储一个像素的颜色值，以及具有相同颜色的像素数目就可以，或者存储一个像素的颜色值，以及具有相同颜色值的行数。具有相同颜色并且是连续的像素数目称为行程长度，简称长度。不同颜色值的长度总是交错出现，交错发生变化的频度与图的复杂度有关。假定有一幅灰度图像，第 n 行的像素值如图 4.6 所示。

0000 　 11111 　 777…777 　 444…444 　 333　0000

4个0 ｜ 5个1 ｜ 　 30个7 　 ｜ 　 20个4 　 ｜3个3｜ 5个0

图 4.6　RLC 的编码方法

我们假设用这样的一对符号格式表示一个长度颜色值：（颜色值｜长度），这里暂不考虑如何区分每一对符号即颜色值与长度之比。用 RLC 编码方法得到的代码为：04，15，730，420，33，05。这相对于把每个像素的颜色值进行直接传输，显然是获得了压缩。并且可以按不同颜色值出现的概率，分配以不同码长的码字。大概率用短码，小概率用长码。

译码时按照与编码时采用的相同的规则进行，还原后得到的数据与压缩前的数据完全相同。

RLC 压缩编码尤其适用于计算机生成的图像。这些图像在同一行或相邻行的像素之间具有强的相关性，采用 RLC 编码会取得满意的压缩效果。然而，RLC 对于一幅纯粹随机的图像，不仅不能压缩图像数据，反而可能使原来的图像数据变得更大。

4.2.5　词典编码

词典编码（dictionary encoding）的根据是数据本身包含有重复代码这个特性。词典编码法的种类很多，归纳起来大致有两类。

第一类词典法的想法是企图查找正在压缩的字符序列是否在以前输入的数据中出现过，然后用已经出现过的字符串替代重复的部分，它的输出仅仅是指向早期出现过的字符串的"指针"。这种编码概念如图 4.7 所示。

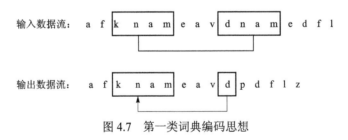

图 4.7　第一类词典编码思想

这里所指的"词典"是指用以前处理过的数据来表示编码过程中遇到的重复部分。这类编码中的所有算法都是以 Abraham Lempel 和 Jakob Ziv 在 1977 年开发和发表的称为 LZ77 的算法为基础的，例如 1982 年由 Storer 和 Szymanski 改进的称为 LZSS 的算法就是属于这种情况。

第二类算法的想法是企图从输入的数据中创建一个"短语词典（dictionary of the phrases）"，这种短语不一定是像"严谨勤奋求实创新"和"国泰民安是坐稳总统宝座的根本"这类具有具体含义的短语，它可以是任意字符的组合。编码数据过程中当遇到已经在词典中出现的"短语"时，编码器就输出这个词典中的短语的"索引号"，而不是短语本身。这个概念如图 4.8 所示。

J.Ziv 和 A.Lempel 在 1978 年首次发表了介绍这种编码方法的文章。在他们的研究基础上，Terry A.Weltch 在 1984 年发表了改进这种编码算法的文章，因此把这种编码方法称为 LZW

（Lempel-Ziv Walch）压缩编码，并首先在高速硬盘控制器上应用了这种算法。

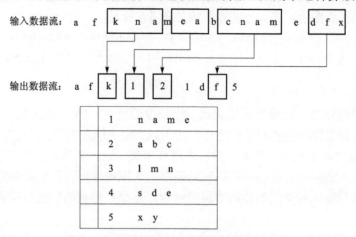

图 4.8　第二类词典编码思想

1. LZ77 算法

LZ77 算法属第一类词典编码思想，属无损压缩算法范围。

为了更好地说明 LZ77 算法的原理，请看以下实例：

[**例**] 待编码的数据流如表 4.5 所示，编码过程如表 4.6 所示。现作如下说明：

（1）"步骤"栏表示编码步骤。

（2）"位置"栏表示编码位置，输入数据流中的第一个字符为编码位置 1。

（3）"匹配串"栏表示窗口中找到的最长的匹配串。

（4）"字符"栏表示匹配之后在前向缓冲存储器中的第一个字符。

（5）"输出"栏以"（Back_chars，Chars_length）Explicit_character"格式输出。其中，（Back_chars，Chars_length）是指向匹配串的指针，告诉译码器"在这个窗口中向后退 Back_chars 个字符然后复制 Chars_length 个字符到输出"，Explicit_character 是真实字符。例如，表中的输出"（5,2）C"告诉译码器回退 5 个字符，然后复制 2 个字符"AB"。

表 4.5　待编码的数据流

位置	1	2	3	4	5	6	7	8	9
字符	A	A	B	C	B	B	A	B	C

表 4.6　编码过程

步　骤	位　置	匹　配　串	字　符	输　出
1	1	—	A	（0，0）A
2	2	A	B	（1，1）B
3	4	—	C	（0，0）C
4	5	B	B	（2，1）B
5	7	A B	C	（5，2）C

LZ77 算法存在的几点问题：

① 输出表现形式过于复杂，每一个字符匹配一次效率过低，没有起到压缩的作用；

② 如果没有匹配，输出空指针，如：（0，0）A。

为了克服以上 LZ77 算法的不足，我们引入了 LZSS 算法。

2. LZSS 算法

LZSS 算法属第一类词典编码思想，属无损压缩算法范围，是 LZ77 算法的改进版。

针对 LZ77 算法的问题，LZSS 算法提出了最小匹配长度的概念，即满足最小长度匹配即输出指针，否则输出字符本身；这样就克服了空指针的问题，输出整体压缩效果良好，整体压缩比高过 LZ77 算法。具体算法如下：

[**例**] 编码字符串如表 4.7 所示，编码过程如表 4.8 所示。现说明如下：

（1）"步骤"栏表示编码步骤。

（2）"位置"栏表示编码位置，输入数据流中的第一个字符为编码位置 1。

（3）"匹配"栏表示窗口中找到的最长的匹配串。

（4）"字符"栏表示匹配之后在前向缓冲存储器中的第一个字符。

（5）"输出"栏的输出为：

① 如果匹配串本身的长度 Length≥MIN_LENGTH，则输出指向匹配串的指针，格式为（Back_chars，Chars_length）。该指针告诉译码器"在这个窗口中向后退 Back_chars 个字符然后复制 Chars_length 个字符到输出"。

② 如果匹配串本身的长度 Length < MIN_LENGTH，则输出真实的匹配串。

表 4.7　输入数据流

位置	1	2	3	4	5	6	7	8	9	10	11
字符	A	A	B	B	C	B	B	A	A	B	C

表 4.8　编码过程（MIN_LENGTH＝2）

步　骤	位　置	匹　配　串	输　　出
1	1	—	A
2	2	A	A
3	3	—	B
4	4	B	B
5	5	—	C
6	6	B B	（3，2）
7	8	A A B	（7，3）
8	11	C	C

3. LZ78 算法

LZ78 算法属第一类词典编码思想，属无损压缩算法范围。LZ78 的编码思想是不断地从字符流中提取新的级-符串（String），通俗地理解为新"词条"，然后用"代号"也就是码字（Code Word）表示这个"词条"。这样一来，对字符流的编码就变成了用码字去替换字符流

（Charstream），生成码字流（Codestream），从而达到压缩数据的目的。具体算法如下：

[**例**] 编码字符串如表 4.9 所示，编码过程如表 4.10 所示。现说明如下：

（1）"步骤"栏表示编码步骤。

（2）"位置"栏表示在输入数据中的当前位置。

（3）"词典"栏表示添加到词典中的缀–符串，缀–符串的索引等于"步骤"序号。

（4）"输出"栏以（当前码字 W，当前字符 C）简化为（W，C）的形式输出。

表 4.9　编码字符串

位置	1	2	3	4	5	6	7	8	9
字符	A	B	B	C	B	C	A	B	A

表 4.10　编码过程

步　骤	位　置	词　典	输　出
1	1	A	（0，A）
2	2	B	（0，B）
3	3	B C	（2，C）
4	5	B C A	（3，A）
5	8	B A	（2，A）

与 LZ77 相比，LZ78 的最大优点是在每个编码步骤中减少了缀–符串（String）比较的数目，而压缩率与 LZ77 类似。

LZ78 算法存在的几点问题：

① 输出表现形式过于复杂，每一个字符匹配一次效率过低；

② 如果没有匹配，输出空指针，如：（0，A）。

为了克服以上 LZ78 算法的不足，我们引入了 LZW 算法。

4. LZW 算法

LZW 算法属第二类词典编码思想，属无损压缩算法范围，是 LZ78 的改进版；LZW 算法针对 LZ78 算法的问题，提出了在词典中先将单个字符放进去的解决方案，输出形式全部是数字型指针，输出形式简化，大大提高了整体压缩比。具体算法如下：

在 LZW 算法中使用的术语与 LZ78 使用的相同，仅增加了一个术语——前缀根（Root），它是由单个字符串组成的缀–符串（String）。在编码原理上，LZW 与 LZ78 相比有如下差别：① LZW 只输出代表词典中的缀–符串（String）的码字（Code Word）。这就意味在开始时词典不能是空的，它必须包含可能在字符流出现中的所有单个字符，即前缀根（Root）；② 由于所有可能出现的单个字符都事先包含在词典中，每个编码步骤开始时都使用一字符前缀（one-character prefix），因此在词典中搜索的第一个缀–符串有 2 个字符。

[**例**] 编码字符串如表 4.11 所示，编码过程如表 4.12 所示。

现说明如下：

（1）"步骤"栏表示编码步骤。

（2）"位置"栏表示在输入数据中的当前位置。

（3）"词典"栏表示添加到词典中的缀–符串，它的索引在括号中。

（4）"输出"栏表示码字输出。

表4.11　被编码的字符串

位　置	1	2	3	4	5	6	7	8	9
字　符	A	B	B	A	B	A	B	A	C

表4.12　编码过程

步　骤	位　置	词　典		输　出
		（1）	A	
		（2）	B	
		（3）	C	
1	1	（4）	A B	（1）
2	2	（5）	B B	（2）
3	3	（6）	B A	（2）
4	4	（7）	A B A	（4）
5	6	（8）	A B A C	（7）
6	—	—	—	（3）

表4.13解释了译码过程。每个译码步骤译码器读1个码字，输出相应的缀–符串，并把它添加到词典中。例如，在步骤4中，先前码字（2）存储在先前码字（pW）中，当前码字（cW）是（4），当前缀–符串string.cW是输出（"A B"），先前缀–符串string.pW（"B"）是用当前缀–符串string.cW（"A"）的第一个字符，其结果（"B A"）添加到词典中，它的索引号是（6）。

表4.13　LZW的译码过程

步　骤	代　码	词　典		输　出
		（1）	A	
		（2）	B	
		（3）	C	
1	（1）	—	—	A
2	（2）	（4）	A B	B
3	（2）	（5）	B B	B
4	（4）	（6）	B A	A B
5	（7）	（7）	A D A	A B A
6	（3）	（8）	A B A C	C

对 LZW 算法进一步的改进是增加可变的码字长度，以及在词典中删除老的缀–符串。在 GIF 图像格式和 UNIX 的压缩程序中已经采用了这些改进措施之后的 LZW 算法。

4.3　有损编码

有损失压缩编码又称熵压缩法，是指在压缩过程中减少了数据中包含的数据量，也就是说有一定的失真，因而在解压缩后恢复的数据与原先的不完全一致，但不会让人对原始资料表达的信息造成误解。然而，正是由于减少了数据量，有失真的压缩才能获得较高的压缩比。有损压缩适用于重构信号不一定非要和原始信号完全相同的场合。例如，图像和声音的压缩就可以采用有损压缩，因为其中包含的数据往往多于我们的视觉系统和听觉系统所能接收的信息，丢掉一些数据而不至于对声音或者图像所表达的意思产生误解，只要这些失真在一定的允许范围内，该压缩算法就是可以接收的，且可大大提高压缩比。

4.3.1　预测编码

预测编码方法是一种较为实用被广泛采用的一种压缩编码方法。由于相邻像素之间总是比较接近，除非是处于边界状态。这样，当前像素的灰度或颜色信号的数值就可以用前面已出现的像素的值进行预测，得到一个预测值。将实际值与预测值求差，对这个差值信号进行编码、传送。这种编码方法称为预测编码。

1. 线性预测编码 LPC

线性预测编码（linear predictive coding，缩写为 LPC）是一种非常重要的音频编码方法。从原理上讲，LPC 是通过分析话音波形来产生声道激励和转移函数的参数，对声音波形的编码实际就转化为对这些参数的编码，这就使声音的数据量大大减少。在接收端使用 LPC 分析得到的参数，通过话音合成器重构话音。随着话音波形的变化，周期性地使模型的参数和激励条件适合新的要求。

在线性预测中，把对信号样值的编码传输转化为对预测误差的编码传输。设 $f(n)$ 为待编码像素值，其前面 N 个像素值为 $\{f(n-i)\,|\,i=1，\cdots，N\}$。在预测器采用均方误差极小准则的情况下，$f(n)$ 的预测值为：

$$\hat{f}(n)=\sum_{i=1}^{N}a_i f(n-i) \tag{4.1}$$

实际值和预测值之间的差值，即预测误差以下式表示：

$$e(n)=f(n)-\hat{f}(n) \tag{4.2}$$

由于信号的相关性，$e(n)$ 的值很小。线性预测的模型如图 4.9 所示。

线性预测编码 LPC 往往适用于实时语音编码系统。

有一类语音数字技术称为波形编码器，试图按照输入模拟信号的时间再生实际幅值。波形编码器的一个重要分支成为差分编码器。预测编码或者预测量化编码器包括增量调制（DM）和差分编码调制（DPCM）。

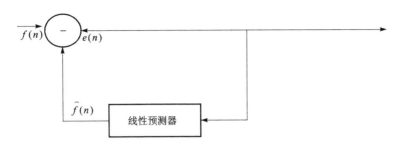

图 4.9　线性预测的模型

2. 增量调制

　　由于 DM 编码的简单性，它已成为数字通信和压缩存储的一种重要方法，很多人对最早在 1946 年发明的 DM 系统做了大量的改进和提高工作。后来的自适应增量调制 ADM 系统采用十分简单的算法就能实现 32～48 kb/s 的数据率，而且可提供高质量的重构话音，它的 MOS 评分可达到 4.3 分左右。今天应用的最简单的语音差分编码器就是增量调制。增量调制也称 Δ 调制（Delta Modulation，缩写为 DM），它是一种预测编码技术，是 PCM 编码的一种变形。PCM 是对每个采样信号的整个幅度进行量化编码，因此它具有对任意波形进行编码的能力；DM 是对实际的采样信号与预测的采样信号之差的极性进行编码，将极性变成"0"和"1"这两种可能的取值之一。如果实际的采样信号与预测的采样信号之差的极性为"正"，则用"1"表示；相反则用"0"表示，或者相反。由于 DM 编码只需用 1 位对话音信号进行编码，所以 DM 编码系统又称为"1 位系统"。

　　DM 波形编码的原理如图 4.10 所示。纵坐标表示"模拟信号输入幅度"，横坐标表示"编码输出"。用 i 表示采样点的位置，$x[i]$ 表示在 i 点的编码输出。输入信号的实际值用 y_i 表示，输入信号的预测值用 $y[i+1]=y[i]\,\Delta$ 表示。假设采用均匀量化，量化阶的大小为 Δ，在开始位置的输入信号 $y_0=0$，预测值 $y[0]=0$，编码输出 $x[0]=1$。

　　现在让我们看几个采样点的输出。在采样点 $i=1$ 处，预测值 $y[1]=\Delta$，由于实际输入信号大于预测值，因此 $x[1]=1$；…；在采样点 $i=4$ 处，预测值 $y[4]=4\Delta$，同样由于实际输入信号大于预测值，因此 $x[4]=1$；其他情况依此类推。

　　从图 4.10 中可以看到，在开始阶段增量调制器的输出不能保持跟踪输入信号的快速变化，这种现象就称为增量调制器的"斜率过载"（slope overload）。一般来说，当输入信号的变化速度超过反馈回路输出信号的最大变化速度时，就会出现斜率过载。之所以会出现这种现象，主要是反馈回路输出信号的最大变化速率受到量化阶大小的限制，因为量化阶的大小是固定的。从图 4.10 中还可以看到，在输入信号缓慢变化部分，即输入信号与预测信号的差值接近零的区域，增量调制器的输出出现随机交变的"0"和"1"。这种现象称为增量调制器的粒状噪声（granular noise），这种噪声是不可能消除的。

　　在输入信号变化快的区域，斜率过载是关心的焦点，而在输入信号变化慢的区域，关心的焦点则是粒状噪声。为了尽可能避免出现斜率过载，就要加大量化阶 Δ，但这样做又会加大粒状噪声；相反，如果要减小粒状噪声，就要减小量化阶 Δ，这又会使斜率过载更加严重。这就促进了对自适应增量调制（Adaptive Delta Modulation，缩写为 ADM）的研究。

　　为了使增量调制器的量化阶 Δ 能自适应，也就是根据输入信号斜率的变化自动调整量化

阶 Δ 的大小，以使斜率过载和粒状噪声都减到最小，研究人员研究了各种各样的方法，

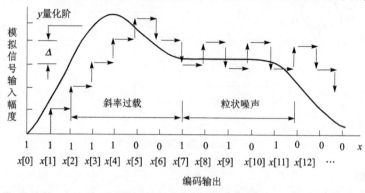

图4.10　DM波形编码示意图

而且几乎所有的方法基本上都是在检测到斜率过载时开始增大量化阶 Δ，而在输入信号的斜率减小时降低量化阶 Δ。

例如，宋（Song）在1971年描述的自适应增量调制技术中提出：假定增量调制器的输出为1和0，每当输出不变时量化阶增大50%，使预测器的输出跟上输入信号；每当输出值改变时，量化阶减小50%，使粒状噪声减到最小，这种自适应方法使斜率过载和粒状噪声同时减到最小。

又如，使用较多的另一种自适应增量调制器是由格林弗基斯（Greefkes）于1970年提出的，称为"连续可变斜率增量调制（Continuously Variable Slope Delta modulation，缩写为CVSD）"。它的基本方法是：如果CVSD的输出连续出现三个相同的值，量化阶就加上一个大的增量，反之，就加一个小的增量。

为了适应数字通信快速增长的需要，Motorola公司于20世纪80年代初期就已经开发了实现CVSD算法的集成电路芯片。如MC3417/MC3517和MC3418/MC3518，前者采用3位算法，后者采用4位算法。MC3417/MC3517用于一般的数字通信，MC3418/MC3518用于数字电话。MC3417/MC3418用于民用，MC3517/MC3518用于军用。

3. DPCM的基本原理

差分脉冲编码调制DPCM（Differention Pulse Code Modulation）是利用样本与样本之间存在的信息冗余度来进行编码的一种数据压缩技术。差分编码器的工作原理就是消除冗余和减熵。消除冗余是对输入样本与预测值之差进行量化，达到一定的幅值水平。因此，差分编码器的两个重要组成部分就是预测器和量化器。

图4.11表示了DPCM编、解码方框图。系统包括发送、接收和信道传输三个部分。其原理是：图中输入信号 $f(n)$ 是信号在采样点 n 或时刻 n 的实际值， $\hat{f}(n)$ 是以已出现的采样点或者时刻 $n-1$ 的输出值为基础对时刻 n 的预测值， $e(n)$ 是预测误差。量化预测误差，然后对量化的预测误差 $e'(n)$ 进行编码，传送到接收端。 $e'(n)$ 加上 $\hat{f}(n)$ 就得到了输入样本的重构值 $f'(n)$ 。在发送端和接收端均进行预测，重复此过程。我们假设不存在信道误差，量化器的引入导致了不可逆的信息损失，使信号质量受损。

DPCM对实际信号值与预测值之差进行量化编码，这就降低了传送或存储的数据量。此外，它还能适应大范围变化的输入信号。

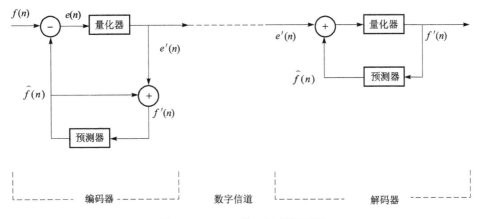

图 4.11　DPCM 编、解码原理图

4. 最佳线性预测

对于一个 N 阶预测器

$$\hat{f}(n) = \sum_{i=1}^{N} a_i f(n-i) \quad (i=1,\ 2,\ \cdots,\ N)$$

如果预测器中预测系数 a_i 是固定不变的常数，称之为线性预测。

预测误差为

$$e(n) = f(n) - \hat{f}(n)$$

$$= f(n) - \sum_{i=1}^{N} a_i f(n-i)$$

线性预测器中，若 a_i 作为待定参数，满足使预测误差最小，且保持固定不变时，便构成最佳线性预测器。应用均方误差最小准则，求出预测系数 a_i，即为最佳线性预测系数。这样便能获得 $f(n)$ 的最佳线性预测值 $\hat{f}(n)$。

5. 自适应预测编码（Adaptive DPCM）

在以上讨论的 DPCM 系统中，一旦预测系数确定下来，DPCM 系统在整个运行过程中就不会发生变化。然而在音频输入来源很多的时候，比如在音频的压缩中有不同的说话者或者有数字信号等等，要从差分编码系统中得到最好的性能，就必须对不同的信号调整预测器的参数。在图像的压缩中也一样，最佳预测器的系数和最佳量化器的参数均与图像内容有关，为了获得更高的编码效率，就要使编码系统能随着图像信号的局部特性进行参数的自动调节。自适应预测编码 DPCM（Adaptive DPCM）就是预测器的预测系数和量化器的量化参数，能够根据输入信号的变化，包括图像的局部区域分布特点和音频信号在不同时刻的特点，而自动调整。因而，ADPCM 系统包括自适应预测和自适应量化两部分内容。

（1）自适应预测指的就是在编码的过程中自适应地修改和调整预测器的参数。

仍然以前面的三阶预测器为例：

$$\hat{f}(n) = a_1 f(n-1) + a_2 f(n-2) + a_3 f(n-3) \tag{4.3}$$

现在增加一个自适应参数 "m"，得

$$\hat{f}(n) = m \cdot [a_1 f(n-1) + a_2 f(n-2) + a_3 f(n-3)] \tag{4.4}$$

m 的取值根据量化误差的大小做自适应调整。m 自动增大，使 $\hat{f}(n)$ 随之增大，预测误差减小，使斜率过载尽快收敛；m 自动减小，使 $\hat{f}(n)$ 随之减小，预测误差加大，使量化器的输出不致于正负跳变，以减少颗粒噪声。

（2）自适应量化就是量化参数（量化阶）的自适应调整。

在量化器分层 K 确定后，利用自适应的思想改变量化阶的大小，即使用小的量化阶去编码小的差值，使用大的量化阶去编码大的差值。

6. 嵌入式 DPCM

嵌入式 DPCM 是在标准 DPCM 的基础上多嵌入了一个量化器，因而在预测循环里构成了一个二重量化器。图 4.12 表示嵌入 DPCM 系统的方框图。量化器 Q1 和 Q2 是嵌入量化器。嵌入 DPCM 和标准 DPCM 的另一个区别是编码器没有解码器的副本。这样，丢失最后有效数位只会影响加在解码器上重构语音的预测误差精度。因为 Q2 的阶数比 Q1 少，预测循环一直使用粗糙的量化预测误差信号，因此在传送端和接收端丢失数据均不会改变 IIR 反馈环的运作。

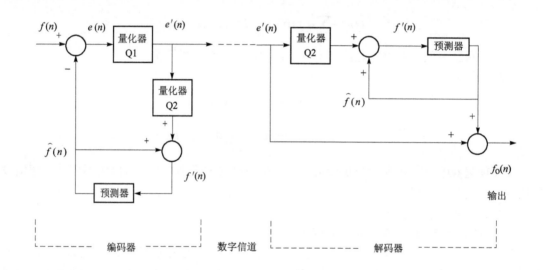

图 4.12　嵌入式 DPCM

7. 多脉冲线性预测编码（MPLPC）

多脉冲线性预测编码（MPLPC）的思想是采用几个脉冲作为一个语音帧的合成滤波器激励。MPLPC 具有 LPC 和 ADPCM 的预测编码结构，但是它通过改进激励模型来提高 LPC 的性能，并且不像 ADPCM 那样直接量化、传送预测误差。

MPLPC 编码器具有较多的步骤，它是一个分析/合成编码器，并采用感知权重设定。分析/综合步骤，是包含在"脉冲搜索"里面的分析/综合脉冲搜索方法。MPLPC 的"多脉冲"的数量是在编码前根据复杂性和语音品质确定好的，分析/综合脉冲搜索则是在 MPLPC 中确定这几个已经给定了帧中位置的脉冲的幅值和极值。分析/综合脉冲搜索方法如图 4.13 所示。从图 4.13 中可以看出，分析/综合方法即被 MPLPC 在脉冲搜索的时候使用，MPLPC 利用多脉冲激励合成的语音也被分析/综合方法所利用。

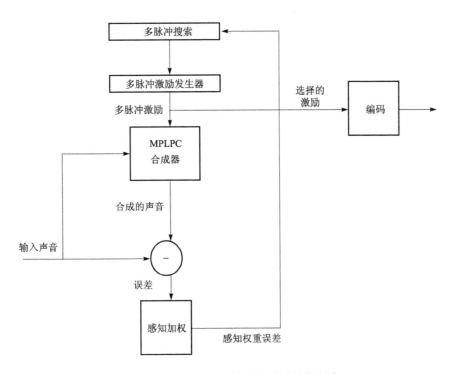

图 4.13　MPLPC 的分析/综合脉冲搜索方法

在分析/综合脉冲搜索方法的流程图中。假设分析帧的大小为 N 个样本，m_i 和 g_i 是第 i 个脉的位置和幅度，$i-1$ 个脉冲的幅值和位置已经给定了，搜索第 i 个脉冲的位置和幅值的过程如下：

输入激励为：

$$u(n)=\sum_{i=1}^{I} g_i\delta(n-m_i) \tag{4.5}$$

所以合成输出为：

$$\hat{f}(n)=u(n)h(n)=\sum_{i=1}^{I} g_i h(n-m_i) \tag{4.6}$$

误差权重有传递函数：

$$W(z)=\frac{1+\sum_{i=1}^{P} a_i z^{-i}}{1+\sum_{i=1}^{P} a_i \gamma^i z^{-i}} \tag{4.7}$$

对于时域响应 $\omega(n)$，感知权重误差为：

$$e_w(n)=[f(n)-\hat{f}(n)]w(n)=f_w(n)-\hat{f}_w(n)=f_w(n)-\sum_{i=1}^{I} g_i h_w(n-m_i) \tag{4.8}$$

其中 $f_w(n)$ 和 $\hat{f}_w(n)$ 是对信号 $f(n)$、$\hat{f}(n)$ 和 $h(n)$ 进行加权之后的信号，现在可写山加权后的方差为：

$$E_{w}(n) = \sum_{n=1}^{N} e_{w}^2(n) = \sum_{n=1}^{N} \left[f_{w}(n) - \sum_{i=1}^{I} g_i h_{w}(n-m_i) \right]^2 \qquad (4.9)$$

对它最小化，得到：

$$g_i = \frac{\sum\limits_{n=1}^{N} f_{w}(n) h_{w}(n-m_I) - \sum\limits_{i=1}^{I-1} g_i \sum\limits_{n=1}^{N} h_{w}(n-m_i) h_{w}(n-m_I)}{\sum\limits_{n=1}^{N} h_{w}(n-m_i) h_{w}(n-m_i)} \qquad (4.10)$$

在假设自相关方法的前提下，式（4.12）可写成

$$g_I = \frac{R_{hs}(m_I) - \sum\limits_{i=1}^{I-1} g_i R_{hh}(m_i - m_I)}{R_{hh}(0)} \qquad (4.11)$$

其中 $R_{hh}(\bullet)$ 是 $h_{w}(n)$ 的自相关函数，$R_{hs}(\bullet)$ 是 $h_{w}(n)$ 和 $f_{w}(n)$ 的相关系数。最优的脉冲位置就是使式（4.10）和式（4.11）中 g_i 最大的 m_i 值。一个脉冲定位之后，在下一个搜索时就把这个位置排出〔JDG99〕。

感知权重是 MPLPC 一类的分析/综合编码器成功的主要原因。从图 4.11 中可以看到，它在 MPLPC 的分析/综合脉冲搜索系统中对一些信号进行加权，已获得良好品质的语音。在分析/综合搜索中使用的感知权重起源于 20 世纪 70 年代后期自适应预测编码器的噪声频谱整形技术。

在噪声频谱整形编码器中，数字滤波器对噪声频谱进行整形使其有较好的主观感受。经过整形，噪声能量在域内重新分配，这样语音信号就屏蔽或掩盖了噪声。研究者在综合/分析编码器中应用了感知权重滤波器的下列形式：

$$H(z) = \frac{1 - P(z/\beta)}{1 - P(z/\alpha)}, \qquad 0 < \beta < \alpha < 1 \qquad (4.12)$$

通过选择分子和分母多项式的参数使得语音品质比采用直接方差综合/分析编码所获得的效果要高。图 4.14 是与噪声频谱整形等价的 DPCM 框图的表示，噪声频谱整形滤波器与输入语音当前帧的计算线性观测模型相连，整形滤波器利用这一点把更多的噪声能量分配到与典型的语音信号有关的频带上，使之产生共振。通常，如果信号频谱在所有频带上都位于噪声频谱之上，并且在整个有关频带上信噪比都相对稳定，则语音品质就能提高。

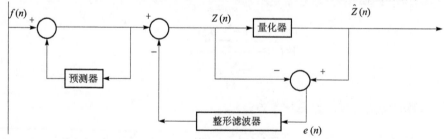

图 4.14　噪声频谱整形

8. 码激励线性预测 CELP

码激励线性预测编码（Code Excitation Linear Prediction，缩写为 CELP）的目的是将多脉

冲线性预测编码（MPLPC）使用的分析/综合方法扩展到低比特率范围。由于可以找出有限数量的序列近似在语音片段中出现的重要序列，因而码激励线性预测编码（CELP）用有限数量的存储序列替代多脉冲激励。这个激励序列称为为码本。实现的方法就是在激励部分采样矢量脉冲激励，对应的激励信号的量化编码采用矢量量化。

基本 CELP 算法不对预测误差序列个数及位置作如何强制假设，认为必须将全部误差序列编码传送以获得高质量的合成语音。故称为码激励。

在编码的过程中，首先要获得激励序列，即码本。可以使用的方法有随机码本、卷积码、向量量化，置换码和经验设计码本等，各有不同的优势。例如，为了达到压低传码率的目的，对误差序列的编码采用了大压缩比的矢量量化技术（VQ），也就是对误差序列不是一个个样值分别量化，而是将一段误差序列当作一个矢量进行整体量化。由于误差序列对应着语音生成模型的激励部分，现在经 VQ 量化后，用码字代替。然后在获得的码本语音模型中，把它们分别合成的语音输出列与当前帧中的输入语音逐个比较，采用感知权重标准决定与输入语音的最佳匹配来表示这一帧。

基音预测及其反馈环路构成了语音信号中的基音合成滤波器。它也可以用一个码本中生成的激励来代替，即将它生成的信号归入激励部分。这个码本一般称为自适应码本，而原来的码本称为固定码本。当语音的长短项预测都很准确时，可以将语音中各种线性相关性均去除，因此，理论上语音信号的预测误差或者说模型的激励，应是一种无相关性的噪声序列。这样，激励部分就可以不必根据常规的 VQ 方法进行码本训练，而用随机噪声码本代替，所以固定码本有时称为随机码本。采用两个码本的 CELP 编码系统原理如图 4.15 所示，其中的 Gs 和 Ga 用于调节激励脉冲增益。

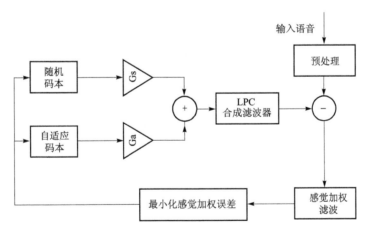

图 4.15 双码本 CELP 原理框图

自适应码本和随机码本的搜索过程本质上是一样的，不同之处是码本结构不同。自适应码本要生成具有准周期特性的语音，它的码字与随机码本的白噪声特性码字是不一样的。CELP 码本搜索时，为了减少计算量，一般采用两极码本顺序搜索的方法。第一级自适应码本搜索的目标矢量是逼近只经过加权短项线性预测的误差信号，主要是逼近其中的周期频率成分；第二级随机码本搜索的目标矢量，是第一级搜索的目标矢量减去自适应码本搜索后，得到的最佳自适应码矢量激励合成滤波器的结果，也即逼近语音信号经长短项预测后剩余的随机成分。CELP 的计算量之所以较大，主要就在于最佳码字的搜索。因为每次搜索时，必须将码本中所有的激励矢量都通过合成滤波器，产生各自的合成语音，再分别与此时的输入语音进行比较，选择最佳的合成语音，并决定哪一个激励矢量作为此时的编码结果。

大多数 CELP 编码器在低速率限制下，甚至在激励码本搜索中采用感知权重也会在重构语音中出现颗粒噪声。重构语音中的这种噪声可以在解码器中装上后滤波器来减轻，以提高频率的精细结构。后滤波的思想也是来源于噪声频谱整形技术。

4.3.2 变换编码

1. 变换编码的基本原理

在变换编码时，初始数据要从初始空间或时间域进行数学变换，变换为一个更适于压缩的抽象域。该过程是可逆的，即用反变换可恢复原始数据。任何函数都可通过数学变换形成另一个域的变量和数值。如著名的傅立叶变换就是这种变换的一个范例。变换编码法中要选择一个最佳的变换，以便对特定数据实现最优的压缩。此处就要考虑数据的性质。其思想是：经过变换后，信息中最重要的部分（换句话，也就是包含最大"能量"的最重要的系数）易于识别，并可能成组出现。当成组时，我们也说信息能量被"封装"了。最重要的系数在变换成频率域后，其编码的精确度比次重要的系数要高。某些系数也可能被忽略。上述变换本身是可逆的，是一种无损技术。然而，为了取得更满意的结果，某些系数的编码位数较其他的要多，某些系数干脆就忽略掉了。这样该过程就成了有损的了。

变换编码技术迄今已有近30年的历史了，该技术比较成熟，理论也较完备，广泛应用于各种图像数据的压缩，诸如单色图像、彩色图像、静止图像、运动图像，以及多媒体计算机技术中的电视帧内图像压缩和帧间图像压缩等。

图 4.16 中所示是一个图像的变换编、解码进行过程的示意图。在发送端将原始图像分割成 1 到 n 个子图像块，每个子图像块送入正交变换器作正交变换，变换器输出变换系数经滤波、量化、编码后经信道传输至接收端，接收端作解码、逆变换、综合拼接，恢复出空域图像。

正交变换的种类很多，如傅立叶变换、沃尔什变换、哈尔变换、斜变换、余选变换、正选变换、K-L 变换等。

2. K-L 变换

离散 Karhunen-Loeve（K-L）变换是以图像的统计特性为基础的一种正交变换，也称为特征向量变换或主分量变换。

离散 K-L 变换的变换核矩阵不是固定不变的，而是随原始输入图像改变。根据某批图像，也许是某种类型的图像集合，或者是某幅图，而求出合适于这批图像或这种类型的图像，或者是针对某幅图的 K-L 变换的变换核矩阵。

假定对某幅 $N \times N$ 的图像 $f(x, y)$（$x, y=0, 1, \cdots, N-1$）在通信干线上做 M 次传送，由于物理通道的随机噪声，在接收端所接收的图像集合为 $\{f_1(x, y), f_2(x, y), f_3(x, y), \cdots, f_i(x, y) \cdots, f_M(x, y)\}$。K-L 变换可据 M 次传送的总体集合以确定其变换核矩阵。为此将 M 次传送的图像集合，写成 M 个 N^2 维的向量，生成向量的方法，可以采用行堆叠或列堆叠的方法，如式（4.13）所示。

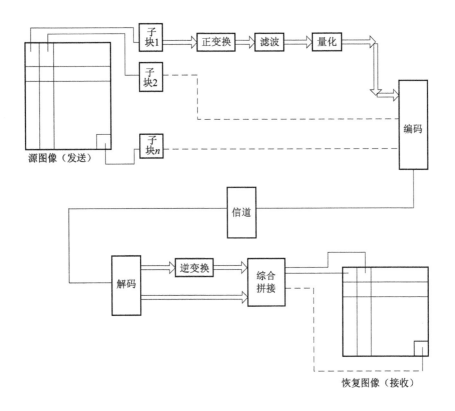

图 4.16 变换编、解码过程示意图

$$
X_0 = \begin{bmatrix} f_0(0, \ 0) \\ f_0(0, \ 1) \\ \vdots \\ f_0(0, \ N-1) \\ f_0(1, \ 0) \\ f_0(1, \ 1) \\ \vdots \\ f_0(1, \ N-1) \\ \vdots \\ f_0(N-1, \ 0) \\ f_0(N-1, \ 1) \\ \vdots \\ f_0(N-1, \ N-1) \end{bmatrix}, \ X_1 = \begin{bmatrix} f_1(0, \ 0) \\ f_1(0, \ 1) \\ \vdots \\ f_1(0, \ N-1) \\ f_1(1, \ 0) \\ f_1(1, \ 1) \\ \vdots \\ f_1(1, \ N-1) \\ \vdots \\ f_1(N-1, \ 0) \\ f_1(N-1, \ 1) \\ \vdots \\ f_1(N-1, \ N-1) \end{bmatrix}, \cdots,
$$

$$X_{M-1}=\begin{bmatrix} f_{M-1}(0,\ 0) \\ f_{M-1}(0,\ 1) \\ \vdots \\ f_{M-1}(0,\ N-1) \\ f_{M-1}(1,\ 0) \\ f_{M-1}(1,\ 1) \\ \vdots \\ f_{M-1}(1,\ N-1) \\ \vdots \\ f_{M-1}(N-1,\ 0) \\ f_{M-1}(N-1,\ 1) \\ \vdots \\ f_{M-1}(N-1,N-1) \end{bmatrix} \qquad (4.13)$$

对于原始图像是单幅图的情况，可以切分成块，然后堆叠成向量。比如一幅 256×256 图像，可以把它切分成 1 024 个（$M=1\ 024$）1×64（$n=64$）向量。即将 256×256 图像切分成 1 024 个（$M=1\ 024$）1×64 子图块。

构成向量集合为：

$$X_0=\begin{bmatrix} X_{00} \\ \vdots \\ X_{0,\ n-1} \end{bmatrix},\quad X_1=\begin{bmatrix} X_{10} \\ X_{11} \\ \vdots \\ X_{1,\ n-1} \end{bmatrix},\quad \cdots,\quad X_i=\begin{bmatrix} X_{i0} \\ X_{i1} \\ \vdots \\ X_{ij} \\ \vdots \\ X_{i,\ n-1} \end{bmatrix},\quad \cdots,\quad X_{M-1}=\begin{bmatrix} X_{M-1,\ 0} \\ X_{M-1,\ 1} \\ \vdots \\ X_{M-1,\ n-1} \end{bmatrix} \qquad (4.14)$$

式中 $M=1\ 024$，X_{ij} 代表 X_i 的第 j 个分量，每个分量维数 $n=64$。

对于公式的向量表达式，可写出 X 向量的协方差矩阵定义为：

$$C_X=\mathrm{E}\{(X-m_X)(X-m_X)^{\mathrm{T}}\} \qquad (4.15)$$

式中，$m_X=\mathrm{E}\{X\}$ 是平均值向量，E 是期望值。M 个向量的平均值向量可用下式确定：

$$m_X=\frac{1}{M}\sum_{i=0}^{M-1}X_i \qquad (4.16)$$

X 向量的协方差矩阵

$$C_X=\frac{1}{M}\sum_{i=0}^{M-1}(X_i-m_X)(X_i-m_X)^{\mathrm{T}}=\frac{1}{M}\left[\sum_{i=0}^{M-1}X_iX_i^{\mathrm{T}}\right]-m_Xm_X^{\mathrm{T}} \qquad (4.17)$$

式中，平均向量 m_X 是 N^2 向量，协方差矩阵 C_X 是 $N^2\times N^2$ 方阵。

令 λ^i 和 e^i，$i=1,2,\cdots,\ N^2$ 是协方差矩阵 C_X 的特征值和对应的特征向量。并将特征值按减序排列，即

$$\lambda_1>\lambda_2>\lambda_3>\cdots>\lambda_i\cdots>\lambda_{N^2}$$

与每个特征值相对应，有一个 N^2 维特征向量。其对应关系如下：

特征值 λ_1 对应的特征向量

$$e_1 = \begin{bmatrix} e_{11} \\ e_{12} \\ \vdots \\ e_{1N^2} \end{bmatrix}$$ （4.18）

特征值 λ_2 对应的特征向量

$$e_2 = \begin{bmatrix} e_{21} \\ e_{22} \\ \vdots \\ e_{2N^2} \end{bmatrix}$$ （4.19）

特征值 λ_i 对应的特征向量

$$e_i = \begin{bmatrix} e_{i1} \\ e_{i2} \\ \vdots \\ e_{iN^2} \end{bmatrix}$$ （4.20）

依此类推，特征值 λ_{N^2} 对应的特征向量

$$e_{N^2} = \begin{bmatrix} e_{N^2 1} \\ e_{N^2 2} \\ \vdots \\ e_{N^2 N^2} \end{bmatrix}$$ （4.21）

以特征向量 e 作为 K-L 变换的基向量，令其作为 K-L 变换核矩阵的行，共 N^2 个基向量，构成 $N^2 \times N^2$ 方阵，称之为 K-L 变换核矩阵，即

$$A = \begin{bmatrix} e_{11} & e_{12} & \cdots & e_{1N^2} \\ e_{21} & e_{22} & \cdots & e_{2N^2} \\ \vdots & \vdots & \ddots & \vdots \\ e_{N^2 1} & e_{N^2 2} & \cdots & e_{N^2 N^2} \end{bmatrix}$$ （4.22）

获得了离散 K-L 变换的变换核矩阵，就可以写出该变换的表达式。用 K-L 变换核矩阵 A 与 X 向量减去平均值向量 m_X 相乘，可得到一个新的向量 Y，Y 向量就是 K-L 变换的结果。其表达式为

$$Y = A(X - m_X)$$ （4.23）

式中，$X - m_X$ 是中心化图像向量。

由协方差矩阵定义出发，可得到 K-L 变换结果向量 Y 的协方差矩阵为

$$C_Y = E\{(Y - m_Y)(Y - m_Y)^T\}$$ （4.24）

式中，$m_Y = E\{Y\}$

$$= E\{A(X - m_X)\}$$

$$=AE\{X\}-Am_X$$
$$=Am_X-Am_X$$
$$=0$$

可见，经过 K-L 变换后，所得的 Y 向量是一个平均向量为零的向量集，其坐标原点已移到中心位置。将 $m_Y=0$ 代入式中，则

$$\begin{aligned}
\mathrm{G}_Y &= \mathrm{E}\{Y(Y)^\mathrm{T}\} \\
&= \mathrm{E}\{[A(X-m_X)][A(X-m_X)]^\mathrm{T}\} \\
&= \mathrm{E}\{A(X-m_X)(X-m_X)^\mathrm{T}A^\mathrm{T}\} \\
&= A\mathrm{E}\{(X-m_X)(X-m_X)^\mathrm{T}\}\mathrm{A}^\mathrm{T} \\
&= AC_XA^\mathrm{T}
\end{aligned} \tag{4.25}$$

由变换核矩阵 A 的推导过程可知，A 矩阵由协方差矩阵 C_X 的特征向量 e_i 的转置构成，即

$$A=\begin{bmatrix} e_1^\mathrm{T} \\ e_2^\mathrm{T} \\ \vdots \\ e_{N^2}^\mathrm{T} \end{bmatrix} \tag{4.26}$$

且 $A^\mathrm{T}=[\,e_1,\ e_2,\ \cdots,\ e_{N^2}\,]$

由于 A 矩阵是正交矩阵，所以

$$AA^\mathrm{T}=1 \tag{4.27}$$

同时，C_X 矩阵与其特征值 λ_i 和特征向量 e_i 应符合以下关系

$$C_X e_i = \lambda_i e_i \qquad i=1,\ 2,\ \cdots,\ N^2 \tag{4.28}$$

将以上关系代入式（4.27），则得

$$\begin{aligned}
C_Y &= \begin{bmatrix} e_1^\mathrm{T} \\ e_2^\mathrm{T} \\ \vdots \\ e_{N^2}^\mathrm{T} \end{bmatrix} C_X \begin{bmatrix} e_1,\ e_2,\ \cdots,\ e_{N^2} \end{bmatrix} = \begin{bmatrix} e_1^\mathrm{T} \\ e_2^\mathrm{T} \\ \vdots \\ e_{N^2}^\mathrm{T} \end{bmatrix} \begin{bmatrix} C_X e_1 & C_X e_2 & \cdots & C_X e_{N^2} \end{bmatrix} \\[2ex]
&= \begin{bmatrix} e_1^\mathrm{T} \\ e_2^\mathrm{T} \\ \vdots \\ e_{N^2}^\mathrm{T} \end{bmatrix} \begin{bmatrix} \lambda_1 e_1,\ \lambda_2 e_2,\ \cdots,\ \lambda_{N^2} e_{N^2} \end{bmatrix} \\[2ex]
&= \begin{bmatrix} e_1^\mathrm{T} \\ e_2^\mathrm{T} \\ \vdots \\ e_{N^2}^\mathrm{T} \end{bmatrix} \begin{bmatrix} e_1,\ e_2,\ \cdots,\ e_{N^2} \end{bmatrix} \begin{bmatrix} \lambda_1 & & & \\ & \lambda_2 & & 0 \\ & & \ddots & \\ 0 & & & \lambda_{N^2} \end{bmatrix}
\end{aligned} \tag{4.29}$$

以上结果说明，Y 向量得协方差矩阵 C_Y 是对角矩阵。C_Y 对角线得元素是 Y 向量得方差，其值是 C_X 矩阵得特征值，左上角上得 λ_1 值最大，右下角的 λ_{N^2} 最小；C_Y 矩阵非对角线上的元

素是协方差，而协方差为零，说明 Y 向量之间的相关性甚小。原始图像向量的协方差矩阵 C_X 的非对角上元素不为零，说明其相关性强，这就是采用 K-L 变换进行编码、数据压缩比大的原因。

对 K-L 正交变换公式等号两端同时左乘 A^{-1}（A 矩阵的逆矩阵），且考虑 $A^{-1}=A^T$，便可导出离散 K-L 逆变换公式为

$$X=A^T Y+m_X \tag{4.30}$$

可以无误差地重建原图向量 X，但是，如果只取前 J 个特征值所对应的特征向量，构成一个 $J\times N^2$ 的变换核矩阵 A_J，即

$$A_J=\begin{bmatrix} e_1^T \\ e_2^T \\ \vdots \\ e_J^T \end{bmatrix} \tag{4.31}$$

则得到

$$Y_J$$
$$Y_J=A_J(X-m_X) \tag{4.32}$$

Y_J 向量的维数为 J，且 $J<N^2$。作逆变换，得到一个原图向量的近似值

$$\hat{X}=A_J^T Y_J+m_X \tag{4.33}$$

X 和 $\hat{X}$ 之间的均方误差 ε 由式（4.34）给出，即

$$\varepsilon=E\left\{\left\|X-\hat{X}\right\|^2\right\}=\sum_{i=1}^{N^2}\lambda_i-\sum_{i=1}^{J}\lambda_i=\sum_{i=J+1}^{N^2}\lambda_i \tag{4.34}$$

由于 λ_i 是按单调递减排序，通常 $\sum_{i=J+1}^{N^2}\lambda_i$ 值很小或近似于零，X 和 $\hat{X}$ 之间的均方误差达到最小。K-L 变换从最小均方误差的意义上来讲是最优的。

3. DCT 变换

余弦变换是傅里叶变换的一种特殊情况。当傅里叶级数展开式中，被展开的函数是实偶函数时，其傅里叶级数中只包含余弦项，由此可导出余弦变换的名字，或称之为离散余弦变换（Discrete Cosine Transform 缩写"DCT"）。假如已知函数 $f(x)$（$x\geq 0$）并非实偶函数，人为地把它对称扩展到 $x<0$，构成实偶函数 $f_s(x)$，那么 $f_s(x)$ 的傅里叶变换的正弦项被抵消，余弦项是 $f(x)$ 傅里叶变换中余弦项的两倍。

离散余弦变换，在数字图像数据压缩编码技术中，可与最佳变换 K-L 变换相媲美。因为 DCT 与 K-L 变换的压缩性能和误差接近，而 DCT 计算复杂度适中，又具有可分离特性，还有快速算法等特点，所以近年来在图像数据压缩中，采用离散余弦变换编码的方案很多，特别是 20 世纪 90 年代迅速崛起的计算机多媒体技术中 JPEG、MPEG、H.261 等压缩标准，都用到离散余弦变换编码进行数据压缩。以下将介绍这三个标准的压缩算法。

设一维离散函数 $f(x)$，$x=0,1,\cdots,N-1$，把 $f(x)$ 扩展成为偶函数的方法有两种，以 $N=5$ 为例，可得到如图 4.17 所示的两种情况，图 4.17（a）称为奇对称，图 4.17（b）称为偶对称，进而有奇离散余弦变换（ODCT）和偶离散余弦变换（EDCT）之分。

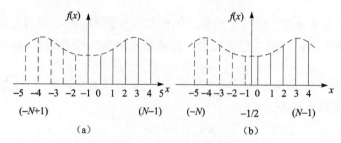

图 4.17　奇对称与偶对称

（a）奇对称；（b）偶对称

对于奇对称扩展，对称轴在 $x=0$ 处。

$$f_s(x)=\begin{cases} f(x) & \text{当}0\leqslant x\leqslant N-1 \\ f(-x) & \text{当}-N+1\leqslant x\leqslant -1 \end{cases} \quad (4.35)$$

采样点数增到 $2N-1$。

对于偶对称扩展，对称轴在 $x=-\dfrac{1}{2}$ 处。

$$f_s(x)=\begin{cases} f(x) & \text{当}0\leqslant x\leqslant N-1 \\ f(-x) & \text{当}-N\leqslant x\leqslant -1 \end{cases} \quad (4.36)$$

采样点数增到 $2N$。

由离散傅里叶变换定义出发，对公式作傅里叶变换，以 $F_s(u)$ 表示，则得

$$\begin{aligned} F_s(u) &= \frac{1}{2N}\sum_{x=-N}^{N-1} f_s(x)\,\mathrm{e}^{-\frac{j2\pi}{2N}u\left(x+\frac{1}{2}\right)} \\ &= \frac{1}{2N}\sum_{x=-N}^{N-1} f_s(x)\,\mathrm{e}^{-\frac{j(2x+1)}{2N}u\pi} \\ &= \frac{1}{2N}\sum_{x=-N}^{N-1} f_s(x)\cos\left(\frac{2x+1}{2N}u\pi\right) \\ &= \frac{1}{N}\sum_{x=0}^{N-1} f_s(x)\cos\left(\frac{2x+1}{2N}u\pi\right) \\ &\qquad u=-N,\ \cdots,\ N-1 \end{aligned} \quad (4.37)$$

当 $u=0$, $F_s(0)=\dfrac{1}{N}\sum\limits_{x=0}^{N-1} f(x)$

当 $u=-N$, $F_s(-N)=\dfrac{1}{N}\sum\limits_{x=0}^{N-1} f(x)\cos\left(-x\pi-\dfrac{\pi}{2}\right)=0$

当 $u=\pm 1,\ \pm 2,\ \cdots,\ \pm(N-1)$, $F_s(u)=F_s(-u)$, 且

$$F_s(u)+F_s(-u)=2\left[\frac{1}{N}\sum_{x=0}^{N-1} f_s(x)\cos\left(\frac{2x+1}{2N}u\pi\right)\right]$$

考虑正变换公式与逆变换公式的对称性，令

$$u=0, \quad C(0)=\sqrt{\frac{1}{N}}\sum_{x=0}^{N-1}f(x), \quad u=1, 2, \cdots, N-1 \tag{4.38}$$

$$C(u)=\sqrt{\frac{2}{N}}\sum_{x=0}^{N-1}f(x)\cos\left(\frac{2x+1}{2N}u\pi\right) \tag{4.39}$$

式中

$$u=0, \quad g(0, x)=\sqrt{\frac{1}{N}} \tag{4.40}$$

$$u=1, 2, \cdots, N-1, \quad g(u, x)=\sqrt{\frac{2}{N}}\cos\left(\frac{2x+1}{2N}u\pi\right) \tag{4.41}$$

定义式（4.38）和式（4.39）为离散偶余弦正变换公式；式（4.40）和式（4.41）为离散偶余弦变换公式。

离散偶余弦逆变换公式为

$$f(x)=\sqrt{\frac{1}{N}}C(0)+\sqrt{\frac{2}{N}}\sum_{u=1}^{N-1}C(u)\cos\left(\frac{2x+1}{2N}u\pi\right)$$

$$x=0, 1, \cdots, N-1 \tag{4.42}$$

将式（4.38）和式（4.39）合并、化简，可得到一维离散偶余弦正变换公式，即

$$C(u)=E(u)\sqrt{\frac{2}{N}}\sum_{u=1}^{N-1}f(x)\cos\left(\frac{2x+1}{2N}u\pi\right)$$

$$u=0, 1, \cdots, N-1 \tag{4.43}$$

式中，当 $u=0$ 时，$E(u)=\dfrac{1}{\sqrt{2}}$；

当 $u=0, 1, \cdots, N-1$ 时，$E(u)=1$。

 习 题

1. 什么是熵？

2. 简述常见的数据压缩方法及分类。

3. 简述赫夫曼（Huffman）编码的编码步骤。

4. 若某信源熵为 2.61 bit，而编成码的平均字长为 2.72 bit，则其编码效率为多少？

5. 现有 8 个待编码的符号 m_0，$\cdots$，m_7，它们的概率如下表所示。使用赫夫曼编码算法求出这 8 个符号所分配的代码，并填入表中。

待编码的符号	概　率	分配的代码	代码长度（位数）
m_0	0.4		
m_1	0.2		
m_2	0.15		

续表

待编码的符号	概　　率	分配的代码	代码长度（位数）
m_3	0.10		
m_4	0.07		
m_5	0.04		
m_6	0.03		
m_7	0.01		

第5章 数字音频与话音编码

声音是除了文本和图像以外最基本的媒体表现形式，如何对声音进行数字化和编码是多媒体技术研究的一个重要领域。本章介绍声音的基本概念、话音编码、采样和量化、语音质量及清晰度、话音编码技术与分类、音频编码技术、无线接入技术、MPEG Audio 编码技术和杜比数字 AC–3 等内容。

5.1 音频概述

众所周知，声音是通过空气传播的一种连续的波，叫声波。声音的强弱体现在声波压力的大小上，音调的高低体现在声音的频率上。声音用电表示时，声音信号在时间和幅度上都是连续的模拟信号。统计表明，语音的过程是一个近似的短时平稳随机过程，所谓短时，是指在 10～30 ms 的范围。由于语音信号具有这个性质，我们则有可能将语音信号划分为一帧一帧地进行处理。在实用中，一般一帧的宽度为 20 ms。要具体研究语音的各种特征、压缩方法、传输方法等，就要先了解语音的一些基本类型和参数，本节就对相应内容进行介绍。

5.1.1 声音的类型

现实世界中存在 3 种不同类型的声音：语音（speech）、音乐（music）和音响效果（sound effects）。

语音是人的话语的一种波形声音，它包含了丰富的语言内涵。现在有数字化语音和合成语音可用于多媒体开发。数字化语音可以提供高质量的自然语音，但对于磁盘空间要求很大。合成语音虽然需要的存储容量较小，但却不如人类语音那样自然。即便使用改进的技术来合成语音，也不可能像人们期望的那样经常把它引入多媒体节目。语音作为人类交流的一个重要方面，具有两个优点：一个是人类语音的说服力；另一个是语音可以消除在屏幕上显示大量文本的需要。

音乐是符号化了的声音。和语音一样，也是人类交流的一个重要成分。但是，与语音不同的是，音乐并不包含基本的或指示性的信息。音乐通常是被用来设置基调和心情，为节目提供转接，增加兴趣或刺激，并唤起情绪。尤其是当音乐与语音和音响效果相结合时，会使得屏幕上表达的文本和图像更加富有感染力。

音响效果则是用来增强或扩大信息表达效果的。自然音响和合成音响是目前两种典型的音响效果。自然音响是发生在周围的未加渲染的平常音响，而合成音响是用电子方式或人为方式产生的音响。此外，还有两类普通的音响效果，即环境音响效果和特殊音响效果。前者是把场景或地点的氛围传播给听众的背景音响或气氛音响。后者是可以被单独区别的音响，例如敲门声或电话铃声，这种音响可以作为解说词的补充。在多媒体应用中，音响效果可以向用户提供有用的信息，影响他们的态度、感情和观念，并引导他们集中注意力。

5.1.2　声音的质量

声音的质量主要体现在音调、音强、音色等几个方面。

音调与声音的频率有关，频率快则声音听起来比较尖，反之则声音显得低沉。声音的质量与其频率范围紧密相关，一般讲，频率范围越宽，声音的质量就越高。相对于语音来讲，常用可懂度、清晰度、自然度来衡量；保真度、空间感和音响效果都是衡量音乐的标准。

音强即声音音量（又称响度），它与波形震动的幅度有关，反映了声音的大小和强弱，振幅越大音量越大。

音色即声音的质量，体现了声音在听觉上的优美程度。振幅与周期为常数的声音成为纯音。但语音、乐声、自然界中的大部分声音一般都不是纯音，大多是由不同频率和不同振幅的声波组合出来的一种复音。在复音中的最低频率称为该复音的基音（基频），基音和谐音组合起来，决定了特定声音的音色。

5.1.3　声音信号的基本参数

最基本的两个参数是频率和幅度。信号的频率是指信号每秒钟变化的次数，用 Hz 表示。例如，大气压的变化周期很长，以小时或天数计算，一般人不容易感到这种气压信号的变化，更听不到这种变化。对于频率为几赫兹到 20 Hz 的空气压力信号，人们也听不到，如果它的强度足够大，也许可以感觉到。人们把频率小于 20 Hz 的信号称为亚音信号，或称为次音信号（subsonic）；频率范围为 20 Hz～20 kHz 的信号称为音频（Audio）信号；虽然人的发音器官发出的声音频率是 80～3 400 Hz，但人说话的信号频率通常为 300～3 000 Hz，人们把在这种频率范围的信号称为话音（speech）信号；高于 20 kHz 的信号称为超音频信号，或称超声波（ultrasonic）信号。超音频信号具有很强的方向性，而且可以形成波束，在工业上得到广泛的应用，如超声波探测仪、超声波焊接设备等就是利用这种信号。在多媒体技术中，处理的信号主要是音频信号，它包括音乐、话音、风声、雨声、鸟叫声、机器声等。

5.1.4　话音基础

当肺部中的受压空气沿着声道通过声门发出时就产生了话音。普通男人的声道从声门到嘴的平均长度约为 17 cm，这个事实反映在声音信号中就相当于在 1 ms 数量级内的数据具有相关性，这种相关称为短期相关（short-term correlation）。声道也被认为是一个滤波器，这个滤波器有许多共振峰，这些共振峰的频率受随时间变化的声道形状所控制，例如舌的移动就会改变声道的形状。许多话音编码器用一个短期滤波器（short-term filter）来模拟声道。但由于声道形状的变化比较慢，模拟滤波器的传递函数的修改不需要那么频繁，典型值在 20 ms 左右。

压缩空气通过声门激励声道滤波器，根据激励方式不同，发出的话音分成 3 种类型：浊音（voiced sounds），清音（unvoiced sounds）和爆破音（plosive sounds）。

浊音是在声门打开然后关闭时中断肺部到声道的气流所产生的脉冲，是一种称为准周期脉冲（quasi-periodic pulses）激励所发出的音。声门打开和关闭的速率呈现为音节（pitch）的大小，它的速率可通过改变声道的形状和空气的压力来调整。浊音表现出在音节上有高度的周期性，其值在 2～20 ms，这个周期性称为长期周期性（long-term periodicity）。图 5.1 表示了某一浊音段的波形，音节周期大约 8 ms。

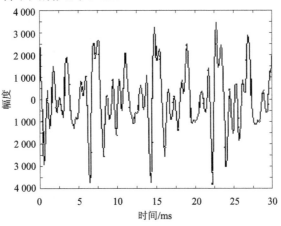

图 5.1 浊音段的波形举例

清音是由不稳定气流激励所产生的，这种气流是在声门处在打开状态下强制空气在声道里高速收缩产生的，如图 5.2 所示。

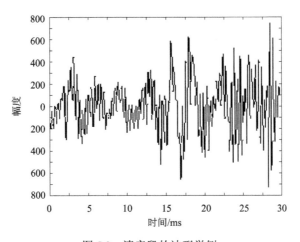

图 5.2 清音段的波形举例

爆破音是在声道关闭之后产生的压缩空气然后突然打开声道所发出的音。

还有一些声音不能归属到上述三种中的任何一种，例如在声门振动和声道收缩同时出现的情况下产生的摩擦音，这种音称为混合音。

虽然各种各样的话音都有可能产生，但声道的形状和激励方式的变化相对比较慢，因此话音在短时间周期（20 ms 的数量级）里可以被认为是准定态（quasi-stationary）的，也就是说基本不变的。从上边的图示中不难发现话音信号显示出了高度的周期性，这是由声门的准周期性的振动和声道的谐振所引起的。而音频编码压缩方法就是利用了这种周期性（这种自然的相关性）来减少数据率而又尽可能不牺牲声音的质量。

5.2 话音编码

随着数字电话和数据通信容量日益增长的迫切要求，对话音信号的压缩，除了为了保证传送的质量以及提高通信带宽，对话音信号进行压缩是提高通信容量的重要措施。举一个很平常的例子，用户无法使用 28.8 kb/s 的调制解调器来接收互联网上的 64 kb/s 话音数据流，这是一种单声道、8 位/样本、采样频率为 8 kHz 的话音数据流。可见，话音数据压缩已经在人们的日常生活中渐渐变为一件非常迫切的等待去解决和改良的问题了。本节介绍两种常用的话音编码方法。

5.2.1 子带编码（SBC）

人耳对声音信号的判断是与信号频率有关的。例如人耳对 1 kHz 频率的信号尤其敏感。有实验结果表明，如果人发出无意义的音节，如果只保留 400 Hz～6 kHz 频率范围的语音信号，那么听话人就可以听清此音节；如果把上限降至 1.7 kHz 则可听清一半；如果要听清连续有意义的句子，那么只要保留频率在 400～3 000 Hz，语音就可以完全听懂。与人耳听觉特性在频率上发布不均匀相对应，人所发出的语音信号的频率也不是平坦的。事实上多数人的语音能量，主要集中在频率范围 500～1 000 Hz，并随着频率的升高很快衰减。

根据上述特性可以将输入信号用某种方法划分成不同频段上的子信号，然后区别对待。根据各子信号的特性，分别编码。比如对语音信号能量大的、比较集中的、对听觉有重要影响的分配较多的码字，次要信号则分配较少的码字。各子信号分别编码后的码字被传送到接收方，再被分别解码，最后合成出相应的解码语音。

于是就产生了子带编码（SubBand Coding，缩写为 SBC），概括地来说子带编码的基本思想是：使用一组带通滤波器（Band-Pass Filter，缩写为 BPF）把输入音频信号的频带分成若干个连续的频段，每个频段称为子带。与音源特定编码法不同，SBC 的编码对象不局限于话音数据，也不局限于哪一种声源。这种方法是首先把时域中的声音数据变换到频域，对频域内的子带分量分别进行量化和编码，根据心理声学模型确定样本的精度，从而达到压缩数据量的目的。在信道上传送时，将每个子带的代码复合起来。在接收端译码时，将每个子带的代码单独译码，然后把它们组合起来，还原成原来的音频信号。子带编码的方块图如图 5.3 所示，图中的编码/译码器，可以采用 ADPCM、APCM、PCM 等。

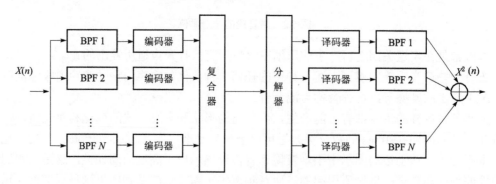

图 5.3　子带编码方块图

采用对每个子带分别编码的好处有两个。第一，对每个子带信号分别进行自适应控制，量化阶（quantization step）的大小可以按照每个子带的能量电平加以调节。具有较高能量电平的子带用大的量化阶去量化，以减少总的量化噪声。第二，可根据每个子带信号在感觉上的重要性，对每个子带分配不同的位数，用来表示每个样本值。例如，在低频子带中，为了保护音调和共振峰的结构，就要求用较小的量化阶、较多的量化级数，即分配较多的位数来表示样本值。而话音中的摩擦音和类似噪声的声音，通常出现在高频子带中，对它分配较少的位数。

音频频带的分割可以用树型结构的式样进行划分。首先把整个音频信号带宽分成两个相等带宽的子带：高频子带和低频子带。然后对这两个子带用同样的方法划分，形成 4 个子带。这个过程可按需要重复下去，以产生 $2K$ 个子带，K 为分割的次数。用这种办法可以产生等带宽的子带，也可以生成不等带宽的子带。例如，对带宽为 4 000 Hz 的音频信号，当 $K=3$ 时，可分为 8 个相等带宽的子带，每个子带的带宽为 500 Hz。也可生成 5 个不等带宽的子带，分别为 [0，500]、[500，1 000]、[1 000，2 000]、[2 000，3 000] 和 [3 000，4 000]。

把音频信号分割成相邻的子带分量之后，用 2 倍于子带带宽的采样频率对子带信号进行采样，就可以用它的样本值重构出原来的子带信号。例如，把 4 000 Hz 带宽分成 4 个等带宽子带时，子带带宽为 1 000 Hz，采样频率可用 2 000 Hz，它的总采样率仍然是 8 000 Hz。

子带编码器 SBC 愈来愈受到重视。在中等速率的编码系统中，SBC 的动态范围宽、音质高、成本低。使用子带编码技术的编译码器已开始用于话音存储转发（voice store-and-forward）和话音邮件，采用 2 个子带和 ADPCM 的编码系统也已由 CCITT 作为 G.722 标准向全世界推荐使用。MPEG-1 的音频标准也使用子带编码来达到既压缩声音数据又尽可能保留声音原有质量的目的。

5.2.2 语音子带编码

1976 年 Crochiere、Webber 和 Flanagan 引进了语音子带编码的方法，原始声音通过带通滤波分解为许多子频带，每个子频带独立进行低通转换、数字化和编码。在接收端，信号通过内插恢复原始的抽样率，通过调制恢复到原来的频带，这样各个频带的分量相合成以得到重构的语音信号。

子带编码中还有 3 个关键操作，分别是：子带滤波、子带间比特分配和子带编码。理想情况下，所有子带之和可以覆盖整个信号带宽，而不会重叠。但实际的滤波器的下降速度有限，因此这种理想情况不会发生。如果子带滤波后的各频带重叠太多，将会需要更大的比特律，原来各个独立子带的误差也会影响相邻的子带，造成一种混淆现象。早期的解决办法是相邻子带间留有间隔。尽管采取了这些措施，这些间隙仍会引起输出结果的回声现象（Crochiere、Webber 和 Flanagan，1976 年）。

语音子带编码的比特分配一般是基于主观试验的，而不利用比特分配的常规方法，这样可以收到最好的效果。通常具有自适应特性的比特分配方法比固定的比特分配方法要好，但必须告知接收者关于特定块的比特分配信息（每个块/帧的部分比特数将用来传输这些信息），所以选择分配方法常常要受到限制。

每个子带有其自身的解码/编码对，可以采用任何一个标准的编码策略（如自适应性的量化编码、DPCM 或向量量化）。我们常采取后向自适应算法避免用部分比特率的方法处理单方

（收方或接方）信息。

5.3　采样和量化

　　采样和量化实际上就是一个信源的数字化的过程。人类的感官能够觉察且能被大脑解释的信息（如声音、图像等）可以用一个或几个是时间与空间的函数的物理量来描述。这些依赖于时间或空间的物理量可以用仪器来测量，将这些被测量转换为诸如电压、电流等连续的模拟量。由于所有的多媒体信息在计算机内部都是用数字形式描述的，所以要将测量所获取的模拟量信息在计算机内部存储、传输和处理，就有必要将获取的模拟量转换为数字量。这就是信源的数字化，即数字化是一个把模拟信号转化为数字信号的过程。数字化过程需要 3 步。首先模拟信号必须被采样，这意味着只有离散的值在时间或空间间隔中被保留；其次采样信号被量化，这意味离散的值将出现；在量化之后，并非所有的值都被保留。再将每一个量化值与一组独特的比特相联系，这组比特称为码字。这就是编码过程。

5.3.1　采样

　　模拟信号是随着时间或（和）空间变化的物理量度，它们能够用下述类型的算术函数来描述：

$$S = f(t)，S = f(x，y，z) 或 S = f(x，y，z，t)$$

　　模拟信号有两个基本性质。首先模拟信号是时间或空间的连续函数，其次模拟信号在任何时间或空间有定义。而计算机仅仅能够处理二进制数字序列。要将这些信号在计算机内存储或传输，就要将模拟信号进行数字化。进行数字化首先要进行采样，采样是在模拟信号的连续量中仅仅保留一组离散的值。采样周期通常是恒定的，换句话说，模拟信号的值通常是在规定的时间或空间间隔中被捕获。设连续信号为 $f(t)$，对连续信号采样，即按一定采样时间间隔（T）取值，得到 $f(nT)$（n 为整数）。T 称为采样周期，$1/T$ 称为采样频率。称 $f(nT)$ 为离散信号。采样也被称为时间离散化（例如对声音）或空间离散化（例如对图像）。

　　在采样的过程中，采样所获取的离散信号 $f(nT)$ 是从连续信号 $f(t)$ 上取出的一部分值，显然有已经丢失了一部分值了。现在我们所关心的是用 $f(nT)$ 能够唯一地恢复出 $f(t)$ 吗？要是能够唯一地恢复出 $f(t)$，采样频率应该为多少？见图 5.4。

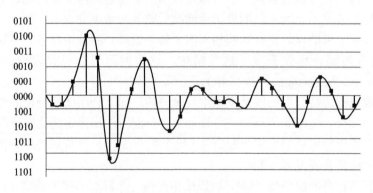

图 5.4　采样、量化示意图

采样频率的高低是由奈奎斯特理论（Nyquist theory）和声音信号本身的最高频率决定的。奈奎斯特理论指出，采样频率不应低于声音信号最高频率的两倍，这样就能把以数字表达的声音还原成原来的声音，这叫做无损数字化（lossless digitization）。采样定律用公式表示为：

$$f_s >= 2f \quad 或者 \quad T_s <= T/2$$

其中 f 为被采样信号的最高频率。

采样定理告诉我们，用一定速率的离散采样序列可以代替一个连续的频带有限信号而不丢失任何信息，这也是进行数据压缩的一个基本前提。同时传输连续信号问题可归结为传输有限速率的样值问题，这就构成了数字信息传输的基本原理。但值得注意的是，以上所述只是理想的采样，对于实际的混叠噪声；由于实际采样脉冲不可能是理想的冲激函数，而引起的孔径失真；由于无穷项的内插公式和理想的内插滤波器不可实现，而混入的插入噪声；以及因解码端再生采样脉冲有抖动，而导致的定时抖动失真等。

5.3.2 量化

模拟信号采样后，得到一组离散的值。而要完成数字化，还需把采集到的信号转化为能用有限位数表示的信号——即进行量化，也称为振幅离散化，最后将这组值进行编码。

1. 量化的概念

在采样后，为何要进行量化？为了说明这一重要的思想，可以想象一个模拟电信号：它的值随着时间在 $0 \sim +255$ mV 连续变化。采样后，设想每一个采样值被存在 8 位的字节中（8 位的计算机芯片），且该值被编码为正整数。采样值被严格限定在 $0 \sim 255$ 的 256 个整数值内，而不是其间的任一个实数值。这个过程就是一个简单形式的量化，如图 5.5 所示。

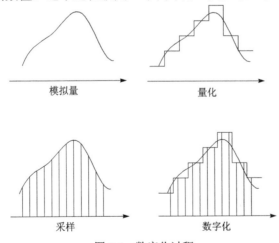

图 5.5　数字化过程

以上阐述了量化的思想，量化要完成的功能是按一定的规则对采样值作近似表示，使经量化输出幅值的大小为有限个数。或者说，量化就是用一组有限的实数集合作为输出，其中每个数代表一群最接近于它的采样值。量化输入值的动态范围很大，需要以多的比特数表示一个数值，量化输出只能取有限个整数，称作量化级，希望量化后的数值用较少的比特数便可表示。每个量化输入被强行归一到与其接近的某个输出，即量化到某个级。量化处理总是把一批输入量化到一个输出级上，所以量化处理是个多对一的处理过程，是个不可逆的过程，量化处理中会有信息丢失，或者说，会引起量化误差（量化噪声）。

声音采样的样本大小是用每个声音样本的位数 bit/s（即 b/s）表示的，它反映度量声音波形幅度的精度。样本位数的大小影响到声音的质量，位数越多，声音的质量越高，而需要的存储空间也越多；位数越少，声音的质量越低，需要存储空间越少。采样精度的另一种表示方法是信号噪声比，简称为信噪比（Signal-to-Noise Ratio，缩写为 SNR）。按经验估算，采样位数每增一位，信噪比就增高 6 dB。

根据采样频率、样本精度、通道数可将声音的频带质量分成 5 个等级，由低到高分别是电话（telephone）、调幅（Amplitude Modulation，缩写为 AM）广播、调频（Frequency Modulation，缩写为 FM）广播、激光唱盘（CD-Audio）和数字录音带（Digital Audio Tape，缩写为 DAT）的声音（参数详见表 5.1）。

表 5.1 声音质量 5 等级表

质量	采样频率/kHz	样本精度/（bit · s^{-1}）	单道声/立体声	数据率（未压缩）/（kb · s^{-1}）	频率范围/Hz
电话*	8	8	单道声	64	200～3 400
AM	11.025	8	单道声	88.2	20～15 000
FM	22.050	16	立体声	705.6	50～7 000
CD	44.1	16	立体声	1 411.2	20～20 000
DAT	48	16	立体声	1 536.0	20～20 000
其中：数据率＝采样频率×样本精度位数×声道数					

2. 标量量化

量化分为标量量化和向量量化。标量量化是对单个样本或单个参数的幅值进行量化，可以理解为一个数一个数地进行量化。

（1）均匀量化。如果采用相等的量化间隔对采样得到的信号或者其他来源的输入作量化，那么这种量化称为均匀量化，也叫做线性量化。量化后的样本值 Y 和原始值 X 的差 $E=Y-X$ 称为量化误差或量化噪声。当输入超出了最大值或最小值，量化器就称为过载。若输入在设计的最大、最小值范围内，量化误差在均匀量化间隔的一半的范围内，这样的量化误差称为颗粒噪声。均匀量化的优点是简单。

如图 5.6 所示，x 是采样输入的样本值，y 是量化后输出的数据。设预测误差的值域为 $[X_1, X_6]$，量化器的判决电平为 $\{X_i | i=1, \cdots, 6\}$，输出的量化电平为 $\{E_i | i=1, \cdots, 5\}$，量化过程可以用以下关系式表示：

$$Q[x]=E_i \qquad 如果 X_i<x<=X_i+1，\ i=1, 2, \cdots, 6 \qquad (5.1)$$

由于量化的间隔，即 X_i（$i=1, 2\cdots, 6$）之间的间隔是相等，所以称之为均匀量化。

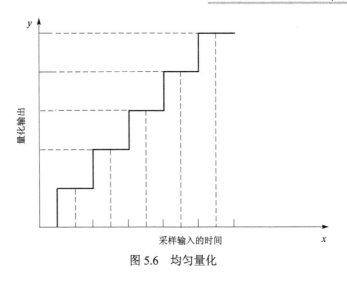

图 5.6　均匀量化

（2）非均匀量化。均匀量化无论对大的输入值还是小的输入值一律都采用相同的量化间隔。为了适应幅值大的输入，同时又要满足精度要求，就需要增加样本的位数。但是，需要量化的数据各有不同的特点，若幅值大的输入并不多，增加的样本位数就没有充分利用。例如，对于 DPCM 差分预测编码方法中的预测误差这样的信号而言，其幅值的概率分布大部分就集中在"0"附近，为了克服这个不足，就出现了非均匀量化的方法，这种方法也叫做非线性量化。

非线性量化的基本想法是，对概率密度大的区域细量化，对概率密度小的区域粗量化。显然，它与均匀量化相比，在相同的量化分层条件息，其量化误差的均方值要小得多；或者，在同样的均方误差条件下，它只需要比均匀量化器更少的分层。图 5.7 是非线性量化的原理图。

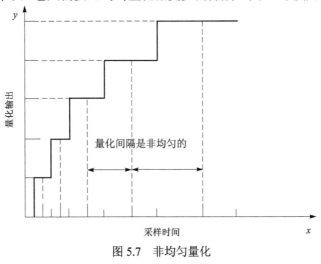

图 5.7　非均匀量化

3. 向量量化

若对这些数据分组，每组 K 个数构成一个 K 维向量，然后以向量为单元，逐个向量进行量化，称为向量量化 VQ。

向量量化的原理大致如下：

（1）将实际流分成向量块。

（2）在编码和译码端都有一个称为码本的表，它是模式的集合，每个模式为8位字节。该码本可预定义也可动态构造。

（3）各向量可参考码本选择最佳匹配模式。

（4）一旦找到最佳匹配模式就将码本中的对应条目进行传送。

（5）在接收端，根据传送的索引在接收端码本查出对应的向量。

简单地说，向量量化的原理可归结如下：

比特流被划分为向量，它不传送实际数据，而是传送码本中查到地最佳匹配模式对应的索引。如图5.8所示为向量量化的原理图。

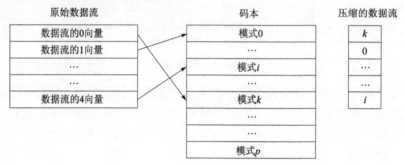

图 5.8   向量量化编码的基本原理

如图 5.9 所示为向量量化的编码解码框图。

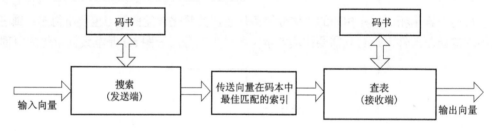

图 5.9   向量量化的编码解码框图

如果出现实际值与模式根本不匹配，那在接收端就会出现失真。为了对此进行补救，该技术要计算实际值和模式的差分，然后将该差分与模式的参数一起传送。参数编码可用自身进行量化。因此，根据传送是否有差分以及差分为多大，向量量化可能是无损的或是有损的压缩模式。

5.4 语音质量及清晰度

本节介绍语音质量与清晰度的测量和评估。

5.4.1 概述

为了确定语音编码器的性能，需要对编码器生成的语音进行清晰度和质量的测量。质量这个概念是指语音听起来有多自然，清晰度则通常是指输出语音是否容易听清楚。一方面，一个编码器有可能生成高清晰度但品质很差的语音，声音听起来像是机器发生的，不能辨认出说话者是谁；另一方面，一个不清晰的语音是不可能成为高品质的，却可能很悦耳。为一个增量调制器在处理低通滤波器频限过低的声音时，调制器的输出就属于上面的那种现象。滤波造成了清晰度的损失，但对高频的抑制却使得声音非常悦耳。

尽管许多技术的应用能客观上评价语音编码器的性能，比如说，信噪比和谱失真测量，在最初的评价上很有用，但语音编码器质量或清晰度的最终判断还是需要通过人的感觉器官来测试。不过，既然如此信赖这个测试结果，那么就要很谨慎的对待主观试听测试的设计了。

对于每个语音编码的测试，都必须仔细地挑选发音，以保证各种语音都能够有所体现。例如，有一些编码器在语音处理上很不错，但在清音的再生方面却不太精确，同样。有些编码器在低频声音上性能要优于高频声音，因此，就要慎重的选择能代表现实环境的说话者来做实验，要有女声也有男声，并使做实验的听众也必须处于一般用户的环境下。最终，让听众听到的发音要有一定的顺序，不能对结果造成某种偏重的影响。

5.4.2 语音编码器评估的阶段

当开发出一种语音编码器时，要陆续采用非正式的主客观测试和正式主观测试来评价其性能。非正式客观测量是最初的检验，比如信噪比或频谱距测量等。当这些客观值都达到要求后，就可以进行非正式主观测试了，比如原始语音的相互比较，以及各种编码器之间的相互比较。如果这些结果都能通过，编码器的开发者就可以进行正式主观测试了，这就可以得到性能的指标。这些步骤很费时，而且开销很大，所以，最后一步——正式测试，同前面的两步非正式测试比较起来，采用得要少一些。

5.4.3 非正式测试

下面简单介绍一下客观测试的计算，比如信噪比和频谱间距，再讨论一下非正式主观测试，这些测试都没有经过严格的约定，所以很容易被错误的解释，但对于有经验的语音编码研究人员来说，还是很有用的。

1. 客观测量

波形编码器性能的一种最容易的计算方式就是信噪比（SNR），它可以用下式表示：

$$\text{SNR(dB)} = 10\lg \frac{\langle s^2(n) \rangle}{\langle [s(n) - \hat{s}(n)^2] \rangle} \tag{5.2}$$

其中 $s(n)$ 是输入语音，$\hat{s}(n)$ 是输出语音，$< \cdot >$ 表示整个发音的时间平均，片断 SNR 经常用来代表语音输入的主观性能。可以对许多不相互重叠的数据块采用式（5.2）来计算 SNR，然后对这些数据块取算术平均值，因此，Jayant 和 Noll（1984 年）令 SNRB_j 代表第 j 个数据块的 SNR，对于 K 个数据块

$$\text{SNRSEG} = \frac{1}{K}\sum_{j=1}^{k}\text{SNR}_j \tag{5.3}$$

SNR 和 SNRSEG 可以排列出编码器的性能，但是，这些差异在感观上的区别有多大，仍然不清楚。而且，用 SNR 和 SNRSEG 来比较 PCM 和 DPCM 会得到完全错误的结论。

Itakura（1975 年）引入了一种频谱间距测量，可以从 LPC 的系数计算得到：

$$d = \ln\left[\frac{AVA^{\mathrm{T}}}{BVB^{\mathrm{T}}}\right] \tag{5.4}$$

其中行向量 A 和 B 是扩展的预测器系数向量。$A=[1-a_1-a_2-\cdots-a_N]$，$B=[1-b_1-b_2-\cdots-b_N]$，系数 a_k 可以从语音编码器的输入语音中计算出来，系数 b_k 可以从语音编码器的输出语音中计算出来，V 是语音编码器输出的自相关矩阵，$d \geq 0$，并且，按照 Sambur 和 Jayant（1976 年）的论断，$d \leq 0.3$ 意味着输入语音的频谱与语音编码器输出的语音差别很大。

另一种频谱间距测量可以采用下式

$$CD \cong \frac{10}{\ln 10 \sqrt{2\sum_{j=1}^{N}[C_s(j)-C_s(j)]^2}} \tag{5.5}$$

其中 $C_s(j)$ 和 $C_s(j)$，$j=1,2,\cdots,N$ 分别为输入语音和编码器输出语音的倒对数频谱系数（cepstral coefficient），倒对数频谱系数是能量谱对数的反傅里叶变换，但我们仍可以从 LPC 系数 $\{a_i,\ i=1,\cdots,N\}$ 中计算出：

$$C_s(j) = a_j + \sum_{k=1}^{j-1}\left(\frac{k}{j}\right)c_s(k)a_{j-k} \tag{5.6}$$

其中，$j \geq 1$，一个大约为 0.5 dB 的 CD 值相当于 8 位 μ 律 PCM 的性能，CD 值越大，性能越差。

2. 主观测试

听觉测试是对比两个语音编码器的最有效的方式之一，这样的测试相对来说比较容易进行，但是只有两个相互参照的结果。我们不能指出这两种编码器性能有多相近，但是如果两种编码失真的类型不一样，对于听众来说，要说出哪一种更好就困难了。当一种编码器与 8 位 μ 律 PCM 相比较时，如果编码器在性能上不是相等的话，就很难确切地说出它们在性能上究竟有多相近。另外，当一个 δ 调制器与一个子带编码器比较时，δ 调制器可能存在"嘶嘶"的噪声，而子带编码器可能有回响声，这时，试听者作出的优劣判断就会根据哪种失真是他所讨厌的，完全由试听者个人的好恶来确定，这就不是一个可靠的性能指标。可是，这种对比试听的测试现在仍然广泛地使用着。

对于一些专门设备，如蜂窝通信或声音邮件，让用户在尽可能接近自然环境的条件下，真正地实验这种编码器，会更有利一些。这种方法的优点是不需采用短的、有记录的、没有代表性的语音片断来进行评价合成语音。换句话说，用户会更加关心系统是否能达到预定目标，而不是去听输出语音的"问题"出在哪儿，这意味着要有一个完全真实的系统，比较难实现。

5.4.4 正式测试

有许多正式测试过程用于评定语音编码器的清晰度和品质，可分为清晰度测试和品质测试，然而，有些测试可以同时测量这两项。

1. 清晰度

诊断押韵测试（DRT）是由 Voiers（1977 年）发明的，是为了测试编码器的清晰度，韵律测试试听者必须区分出一对押韵词的音节。就是说，试听者要分辨出一对词比如 meat-beat，pool-tool，saw-thaw，caught-taught 等，每一对词的六种声音特征中只有一种不同，并且，试听者只会听到这一对词中的一个词，然后就要确定是读的哪一个词，最后的 DRT 得分是按下式计算得到的百分数：

$$P=\frac{R-W}{T}\times100 \tag{5.7}$$

其中 R 是正确选择的数量，W 是选择错误的数目，T 是总共测试的单词对的数目，通常，$75 \leqslant DRT \leqslant 95$，良好的清晰度得分为 90（Papamichalis，1987 年），关于结果详细列表是由 Dynastat（Papamichalis，1987 年）做的。

还有一种测试是 Dynastat 提出的，叫做改进的押韵测试（MRT），在 MRT 中试听者要求去辨别 6 个词中的一个，这 6 个词可以是首音节或末音节不同。但是 MRT 现在用得不多。

2. 质量

发音指数（AI）是一种声音品质的客观衡量方法，它起源于 1947 年，现在仍然经常使用。AI 是一种以频率为权重的信噪比计算法。把 200～6 100 Hz 的频率分成 20 个带宽不等的子段，如表 5.2 所示，对每个子段计算其信噪比，SNR 的值极限为 30 dB，标准化至 1，并平均化，可得：

$$AI=0.05\sum_{i=1}^{20}[\min\{SNR_i,\ 30\}/30] \tag{5.8}$$

表 5.2　频率带宽的划分

编号	范围	意义	编号	范围	意义
1	200～330	270	11	1 660～1 830	1 740
2	330～430	380	12	1 830～2 020	1 920
3	430～560	490	13	2 020～2 240	2 130
4	560～700	630	14	2 240～2 500	2 370
5	700～840	770	15	2 500～2 820	2 660
6	840～1 000	920	16	2 820～3 200	3 000
7	1 000～1 150	1 070	17	3 200～3 650	3 400
8	1 150～1 310	1 230	18	3 650～4 250	3 950
9	1 310～1 480	1 400	19	4 250～5 050	4 650
10	1 480～1 660	1 570	20	5 050～6 100	5 600

需要注意的是，要将语音限制在电话频段，即 200～3 200 Hz，会将 AI 降至 90% 或 0.90。AI 应用的主要障碍就是 20 个带通滤波器很复杂。

对一种编码器给出一个平均评价分（Mean Opinion Score，缩写为 MOS），试听者要把语音编码器的输出分为优（5）、良（4）、中（3）、差（2）、劣（1），试听者可以根据主观感受到的失真把编码语音分类为 5 类：察觉不到（5）；能稍稍察觉到但无不适感（4）；能察觉且有不适感（3）；有不适感但还能忍受（2）；很不适且无法忍受（1）。

括号里的数字用来给主观评价记下分值，所有试听者的分数等级要进行平均以给出编码器的 MOS。分数等级的标准差需要计算多次，以确定估计所得到的 MOS 的适用性。MOS 为 4.0～4.5 通常是指高品质，最近的 MOS 为 4.5，标准差大约为 0.6。

因为大的方差意味着测试的不可靠，所以计算 MOS 值的方差很重要。如果试听者没有弄清楚分类的意义就可能出现大的方差。有时候，可以把好的语音和坏的语音例子让试听者先听一下，然后再开始测试打分。研究表明，在同样的线路条件下，在不同国家用本土语言，试听者不容易在等级定位上取得相互一致。就是说 MOS 需要进行调整以得到可靠的品质指标（Goodman 和 Nash，1982 年）。各种语音编码器的 MOS 和噪声条件由 Daumer（1982 年）给出。

诊断可接受度衡量（Diagnostic Acceptability Measure，缩写为 DAM）是由 Dynastat（Voiers，1977 年）开发的，它可以更加系统地衡量语音品质，对于 DAM 来说，关键是试听者要经过高度训练，并要反复校对已得到一个平均结果。试听者每人都要听一组句子，这些句子是从哈佛 1965 年的发音平衡句子表中选出的，比如 "Cats and dogs each hate the other"（猫和狗彼此憎恨）和 "The pipe began to rust while new"（管子还是新的时候就开始生锈了）。这些句子由被测的语音编码器进行处理。试听者要从信号品质、背景品质、总体效果 3 个特征方面给出 1～100 的一个分数，每个特征的等级都要加权并用于多重非线性回归，最后，进行调整以弥补试听者听力造成的不足之处，典型的得分都在 45%～55%，50%表示这个系统"好"。

5.4.5　重要因素

这里还有一些对于所有语音编码器性能测试都很重要的因素：第一，必须有足够的测试者，他们的声音特征要非常丰富，能够有广泛的代表性；第二，用来测试的数据要足够多，尽可能地包括所有的可能性。在一些设计很好的测试当中，如 DRT 和 DAM，语音材料是固定的，对于说话者的类型和数量也大致是有指导性要求的，在这些测试中，上述的两点不会引起争议。有一种方法是考查最新的说话者和材料，直到没有新的失真出现为止。虽然这个方法看起来是无止境的，但对于熟悉语音编码的人来说还是很有用的。第三，对于大部分应用来说，品质和清晰度都很重要，两点都应该测试，通常，很悦耳的语音就不用评价其清晰度了。

5.5　话音编码技术与分类

本节介绍音源编码、波形编译码和混合编译码。

5.5.1　音源编码

音源编译码的想法是企图从话音波形信号中提取生成话音的参数，使用这些参数通过话音生成模型重构出话音。针对话音的音源编译码器叫做声码器（vocoder）。在话音生成模型中，声道被等效成一个随时间变化的滤波器。每隔 10～20 ms 更新一次。

这种声码器的数据率在 2.4 kb/s 左右，产生的语音虽然可以听懂，但其质量远远低于自然话音。

语音的基本参数包括基音周期、共振峰、语音谱、声强等。语音生成机构的模型由 3 部分组成：

（1）声源。声源共有 3 类：元音、摩擦音、爆破音。元音是由音带的自激振动产生的；

摩擦音是靠声道变窄时的气流产生的湍流噪声所产生的；爆破音是由闭合声道突然打开时形成的脉冲波产生的湍流噪声所产生的。

（2）共鸣机构，也称声道。它由鼻腔、口腔与舌头组成。

（3）放射机构。由嘴唇和鼻孔组成，其功能是发出声音并传播出去。

与此语音生成机构模型相对应的声源由基音周期参数描述，声道由共振峰参数描述，放射机构则由语音谱和声强描述。这样，如果我们能够得到每一帧的语音基本参数，我们就不再需要保留该帧的波形编码，而只要记录和传输这些参数，就可以实现数据的压缩。

5.5.2 波形编译码

波形编译码的想法是，不利用生成话音信号的任何知识而企图产生一种重构信号，它的波形与原始话音波形尽可能地一致。一般来说，这种编译码器的复杂程度比较低，数据速率在 16 kb/s 以上，质量相当高。低于这个数据速率时，音质急剧下降。

最简单的波形编码是脉冲编码调制（Pulse Code Modulation，缩写为 PCM），它仅仅是对输入信号进行采样和量化。

典型的窄带话音带宽限制在 4 kHz，采样频率是 8 kHz。如果要获得高一点的音质，样本精度要用 12 位，它的数据率就等于 96 kb/s，这个数据率可以使用非线性量化来降低。

例如，可以使用近似于对数的对数量化器（logarithmic quantizer），使用它产生的样本精度为 8 位，当它的数据率为 64 kb/s 时，重构的话音信号几乎与原始的话音信号没有什么差别。

在北美的压扩（companding）标准是 μ 律（μ-law），在欧洲的压扩标准是 A 律（A-law）。它们的优点是编译码器简单，延迟时间短，音质高。但不足之处是数据速率比较高，对传输通道的错误比较敏感。

在话音编码中，一种普遍使用的技术叫做预测技术，这种技术是企图从过去的样本来预测下一个样本的值。这样做的根据是认为在话音样本之间存在相关性。如果样本的预测值与样本的实际值比较接近，它们之间的差值幅度的变化就比原始话音样本幅度值的变化小，因此量化这种差值信号时就可以用比较少的位数来表示差值。这就是差分脉冲编码调制（Differential Pulse Code Modulation，缩写为 DPCM）的基础——对预测的样本值与原始的样本值之差进行编码。

这种编译码器对幅度急剧变化的输入信号会产生比较大的噪声，改进的方法之一就是使用自适应的预测器和量化器，这就产生了一种叫做自适应差分脉冲编码调制（Adaptive Differential PCM，缩写为 ADPCM）。

上述的所有波形编译码器完全是在时间域里开发的，在时域里的编译码方法称为时域法（time domain approach）。在开发波形编译码器中，人们还使用了另一种方法，叫做频域法（frequency domain approach）。例如，在子带编码（Sub-band Coding，缩写为 SBC）中，输入的话音信号被分成好几个频带（即子带），变换到每个子带中的话音信号都进行独立编码。

5.5.3 混合编译码

混合编译码的想法是企图填补波形编译码和音源编译码之间的间隔。波形编译码器虽然可提供高话音的质量，但在数据率低于 16 kb/s 的情况下，在技术上还没有解决音质的问题；声码器的数据率虽然可降到 2.4 kb/s 甚至更低，但它的音质根本不能与自然话音相提并论。

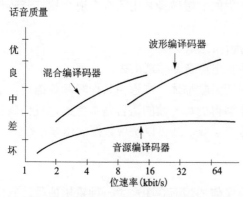

图 5.10 三种普通编译码器的音质与数据率

为了得到音质高而数据率又低的编译码器，历史上出现过很多形式的混合编译码器，但最成功并且普遍使用的编译码器是时域合成－分析（Analysis-by-synthesis，缩写为 AbS）编译码器。

通常把已有的话音编译码器分成以下 3 种类型：波形编译码器（waveform codecs）、音源编译码器（source codecs）和混合编译码器（hybrid codecs）。一般来说，波形编译码器的话音质量高，但数据率也很高；音源编译码器的数据率很低，产生的合成话音的音质有待提高；混合编译码器使用音源编译码技术和波形编译码技术，数据率和音质介于二者之间。

三种普通编译码器的音质与数据率的关系见图 5.10。

5.6 音频编码技术

在对语音编码有了上面的一些了解之后，就产生了一系列的标准化问题。迫于数字电话和数据通信容量日益增长的要求，在不希望明显降低传送话音信号的质量的情况下，除了提高通信带宽之外，对话音信号进行压缩是提高通信容量的重要措施。当前编码技术发展的一个重要方向就是综合现有的编码技术，制定全球统一的标准，使信息管理系统具有普遍的互操作性，并确保了其未来的兼容性。国际上，对语音信号压缩编码的审议在 CCITT 下设的第十五研究组进行，相应的建议为 G 系列，多由 ITU 发表。由表 5.3 我们可以对现有的语音编码标准有个大致的了解。

表 5.3 语音编码器标准

产生年代	比特率/（kb·s^{-1}）	MOS	描　　述
1972	64	4.4	PCM（对 PSTN）
1976	2.4	2.7	LPC–10（美国联邦标准 1015）
1984	32	4.1	G.721 ADPCM（对 PSTN）
1990	4.15	≈3.2	INMARSAT（卫星传输）
1991	13	3.6	GSM（欧洲蜂窝通信系统）
1991	4.8	3.2	CELP（美国联邦标准 1016）
1992	16	4.0	G.728（低延时 CELP）
1992	8	3.5	VSELP（北美蜂窝通信系统）
1993	1～8	≈3.4	QCELP（北美 CDMA）
1993	6.8	≈3.3	VSELP（日本蜂窝通信系统）
1995	8	≈4.2	G.729（新全品质）

产生年代	比特率/(kb·s⁻¹)	MOS	描　　　述
1995	6.3	3.98	G.723.1（H.323 和 H.324）
1995	5～6	≈3.4	半速 GSM
1996	2.4	≈3.3	新的低速率美国联邦标准

国际电报电话咨询委员会（CCITT）和国际标准化组织（ISO）先后提出一系列有关音频编码的建议。最先制定的是 G.711 64 kb/s（A）律 PCM 编码标准。1984 年又公布了 G.721 标准（1986 年修订）。它采用的是自适应差分脉冲编码（ADPCM），数据率为 32 b/s。这两个标准适用于 200～3 400 Hz 窄带话音信号，已用于公共电话网。之后，为了能够运用于综合业务数据网（IDSN）上传输宽带语音（50～7 kHz），CCITT 制定了 G.722 编码标准，它的数据率为 64 kb/s。之后公布的 G.723 建议中码率为 40 kb/s 和 24 kb/s，G.726 中码率为 16 kb/s。CCITT 于 1990 年通过了 16～40 kb/s 嵌入式 ADPCM 标准 G.727。低码率、短延时、高质量是人们期望的目标。在 AT&T Bell 实验室，在 16 kb/s 短延时码激励（LD-CELP）编码方案的基础上，经过优化，CCITT 在 1992 年和 1993 年分别公布了浮点和定点算法的 G.728 标准。该算法延时小于 2 ms，语音质量可达到一个非常高的水平。目前，CCITT 正在继续制订更低码率、高质量短延时的音频编码标准。

下面分别介绍几个编码标准，以及它们相应的算法。

5.6.1　G.711

在这种编码标准中，采用的是非均匀量化的方法。在非均匀量化中，采样输入信号幅度和量化输出数据之间定义了两种对应关系，一种称为 μ 律压扩（companding）算法，另一种称为 A 律压扩算法。其中μ律主要在美国、日本、加拿大等国采用，A 律主要是欧洲使用的一种压缩律。要了解 G.711 标准，首先要了解 μ 律和 A 律这两种压缩算法。

μ 律（μ-Law）压扩主要用在北美和日本等地区的数字电话通信中，按式（5.12）确定量化输入和输出的关系：

$$F_\mu(x) = \text{sgn}(x)\frac{\ln(1+\mu|x|)}{\ln(1+\mu)} \qquad (5.9)$$

式中：x 为输入信号幅度，规格化成 $-1 \leqslant x \leqslant 1$；$\text{sgn}(x)$ 为 x 的极性；μ 为确定压缩量的参数，它反映最大量化间隔和最小量化间隔之比，取 $100 \leqslant \mu \leqslant 500$。

由于 μ 律压扩的输入和输出关系是对数关系，所以这种编码又称为对数 PCM。具体计算时，用 $\mu = 255$，把对数曲线变成 8 条折线以简化计算过程。详细的计算在这里我们就不具体介绍了，感兴趣的读者可以参阅相关文献。

另外就是主要用在欧洲和中国内地等地区的数字电话通信中的 A 律（A-Law）压扩，也就是 G.711 所使用的算法，按下面的式子确定量化输入和输出的关系：

$$F_A(x) = \text{sgn}(x)\frac{A|x|}{1+\ln A} \qquad 0 \leqslant |x| \leqslant 1/A \qquad (5.10)$$

$$F_A(x) = \text{sgn}(x)\frac{1+\ln(A|x|)}{1+\ln A} \qquad 1/A \leqslant |x| \leqslant 1 \tag{5.11}$$

式中：x 为输入信号幅度，规格化成 $-1 \leqslant x \leqslant 1$；$\text{sgn}(x)$ 为 x 的极性；A 为确定压缩量的参数，它反映最大量化间隔和最小量化间隔之比。

A 律压扩的前一部分是线性的，其余部分与 μ 律压扩相同。具体计算时，A＝87.56，为简化计算，同样把对数曲线部分变成折线。

对于采样频率为 8 kHz，样本精度为 13 位、14 位或者 16 位的输入信号，使用 μ 律压扩编码或者使用 A 律压扩编码，经过 PCM 编码器编码之后每个样本的精度为 8 位，输出的数据率为 64 kb/s。这个数据就是 CCITT 推荐的 G.711 标准：话音频率脉冲编码调制［Pulse Code Modulation（PCM）of Voice Frequences］。

G.711 标准给出了语音信号的编码的推荐特性。其允许的偏差是 $\pm 50 \times 10^{-6}$。每个样值采用 8 位二进制编码，将 13 位的 PCM 按 A 律，14 位的 PCM 按 μ 律转换为 8 位编码。简单一点讲，建议中把 13（14）位 PCM 分割成 16 段，每段给 16 个码字，长度不等，总编码共 256 个。在选用不同译码规律的国家之间，数据通路传送按 A 律编码的信号。使用 μ 律的国家应进行转换，建议给出了 μ–A 编码的对应表。建议还规定，在物理介质上连续传输时，符号位在前，最低有效位在后。

5.6.2　G.721/G.723/G.726

这几个建议用于 64 kb/s 的 A 律和 μ 律 PCM 与 32 kb/s 的 ADPCM 之间的转换。

G.721 标准叫做 32 kb/s 自适应差分脉冲编码调制，它是针对工作在 64 kb/s 信道的通话数量加倍而提出来的。在此基础上还制定了 G.721 的扩充推荐标准，即 G.723 标准，使用该标准的编码器的数据率可降低到 40 kb/s 和 24 kb/s。

CCITT 推荐的 G.721 ADPCM 标准是一个代码转换系统。它使用 ADPCM 转换技术，实现 64 kb/s A 律或 μ 律 PCM 速率和 32 kb/s 速率之间的相互转换。G.721 ADPCM 的简化框图如图 5.11 所示。

在图 5.11（a）所示的编码器中，A 律或 μ 律 PCM 输入信号转换成均匀的 PCM。差分信号等于均匀的 PCM 输入信号与预测信号之差。"自适应量化器"用 4 位二进制数表示差分信号，但只用其中的 15 个数（即 15 个量级）来表示差分信号，这是为防止出现全"0"信号。"逆自适应量化器"从这 4 位相同的代码中产生量化差分信号。预测信号和这个量化差分信号相加产生重构信号。"自适应预测器"根据重构信号和量化差分信号产生输入信号的预测信号，这样就构成了一个负反馈回路。

G.721 ADPCM 编译码器的输入信号是 G.711 PCM 代码，采样率是 8 kHz，每个代码用 8 位表示，因此它的数据率为 64 kb/s。而 G.721 ADPCM 的输出代码是"自适应量化器"的输出，该输出是用 4 位表示的差分信号，它的采样率仍然是 8 kHz，它的数据率为 32 kb/s，这样就获得了 2:1 的数据压缩。

在图 5.11（b）所示的译码器中，译码器的部分结构与编码器负反馈回路部分相同。此外，还包含有均匀 PCM 到 A 律或 μ 律 PCM 的转换部分，以及同步编码调整（synchronous coding adjustment）部分。设置同步（串行）编码调整的目的是为防止在同步串行编码期间出现的累积信号失真。

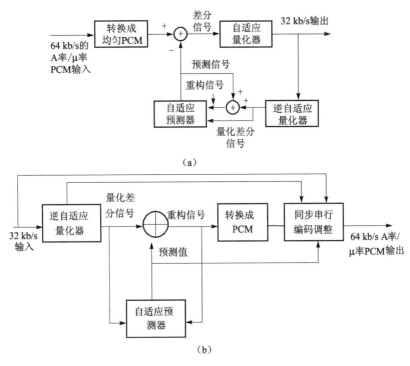

图 5.11 G.721 ADPCM 简化框图

（a）ADPCM 编码器；（b）ADPCM 译码器

此外，G.721 标准还满足一些其他要求，如：编码器低延时，独立误码率达到 10^{-2}，对一些声音频段的数字调制解调信号编码，以及在同步串联或非低于 2 ms 时有可接受的传输性能。由于 G.721 和 G.723 都采用 ADPCM 算法，合起来形成了 G.726 标准，这种标准还包括了一个 16 kb/s 速率的可选择项。

32 kb/s 的 G.726 ADPCM 系统有高清晰度，高品质的语音，并具有低延时，在多达四级非同步串联时仍有良好性能，能通过 V.26 的 2 400 b/s 和 V.27 的 4 800 b/s 声音频段数据，而且有抗信道噪声的能力

5.6.3　G.722

宽带话音是指带宽在 50～7 000 Hz 的话音，这种话音在可懂度和自然度方面都比带宽为 300～3 400 Hz 的话音有明显的提高，也更容易识别说话的人。目前，数字电话会议一般采用 0.3～3.4 kHz 带宽的声音信号编码，成为 64 kb/s 的数字信号后由 PCM 方式传送。随着对音质要求的提高，一般认为 7 kHz 的带宽是较为理想的，因为这个带宽包含了大部分语音成分的信号。1983 年当时的 CCITT 颁布了 7 kHz 带宽以语音和音乐为对象的标准化音响编码方案。为了适应可视电话会议日益增长的迫切需要，1988 年 CCITT 为此制定了 G.722 推荐标准，叫做"数据率为 64 kb/s 的 7 kHz 声音信号编码（7 kHz Audio-coding with 64 kb/s）"。这个标准把话音信号的质量由电话质量提高到 AM 无线电广播质量，而其数据传输率仍保持为 64 kb/s。

G.722 标准是描述音频信号带宽为 7 kHz、数据率为 64 kb/s 的编译码原理、算法和计算细节的。G.722 的音频信号的质量要明显高于 G.711 的质量，其主要目标是保持 64 kb/s 的数

据率。G.722 标准把音频信号采样频率由 8 kHz 提高到 16 kHz，是 G.711 PCM 采样率的 2 倍，因而要被编码的信号频率由原来的 3.4 kHz 扩展到 7 kHz，这使得音频信号的质量有很大改善。对话音信号质量来说，提高采样率并无多大改善，但对音乐一类信号来说，其质量却有很大提高。图 5.12 对窄带话音和宽带音频信道作了比较。G.722 编码标准在音频信号的低频端把截止频率扩展到 50 Hz，其目的是为了进一步改善音频信号的自然度。

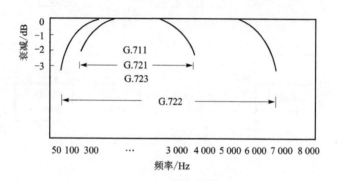

图 5.12　窄带和宽带音频信道频率特性

如果在通话的过程中出现回音，那么我们自然会认为通话质量不强。在端对端（end-to-end）的数字连接应用中，加到电话网上的回音（echo）音源并不十分强。然而，当把现存窄带通信链路和宽带会议系统相互连接时，这种连接就可能引入比较强的回音源。如果宽带信号端对端的延迟不加限制，那么对回音的控制就可能变得很困难。为了简化回音控制，G.722 编译码器引入的延迟时间限制在 4 ms 以内。

在某些应用场合中，也希望从 64 kb/s 信道中让出一部分信道用来传送其他的数据。因此，G.722 定了 3 种音频信号传送方式，如表 5.4 所示。北美洲的信息限制音频信号速率为 56 kb/s，因此有 8 kb/s 的数据率用来传送附加数据。

表 5.4　运行方式

方式	7 kHz 音频信号编码位速率 / (kb·s^{-1})	附加数据信道位速率 / (kb·s^{-1})
1	64	0
2	56	8
3	48	16

5.6.4　G.723.1

ITU-T 标准 H.324 是当前语音编码器中一个重要的应用系统，也是未来主要的应用系统。它是为可视电话和电视会议设计的，是在 28.8 kb/s 下的多媒体通信标准，它包括两个语音编码器，一个在 6.3 kb/s 下工作，一个在 5.3 kb/s 下工作，这两个编码器的不同之处在于其激励码本。当然，这两个编码器都受到新的 G.729 语音编码器设计的很大影响，6.3 kb/s 编码器有一个多脉冲激励。

5.6.5 G.728

G.728 建议的技术基础是美国 AT&T 公司贝尔实验室提出的 LD-CELP（低延时-码激励线性预测）算法。该算法考虑了听觉特性，其特点是：

（1）以块为单位的后向自适应高阶预测。

（2）后向自适应型增益量化。

（3）以矢量为单位的激励信号量化。

G.728 编码器的一个很重要的部分就是后滤波器，由于编码器的串联在电话中是不可避免的，后滤波器的出现也导致了问题，因为每次语音在串联连接合成时，语音都要通过后滤波器，重复滤波会使声音失真，LD-CELP 的发明者提出一个独特的思想：对三重串联本身进行后滤波器优化，然后检查对于一个编码/解码循环语音有多好，这就是大多数后滤波器的优化条件。后来他们发现，单个编码与设计后滤波器一样好，同时还可以提高多级串联的性能。

编码器的语音输入为每帧 5 个取样值，附加上激励信号的波形与增益表达式 10 bit，编码时延在 2 ms 以内。这一点与每一帧取 160 个样值，附加有除激励信号和波形与增益表达信息外还包括线性预测系数、音频预测系数、音频整增益辅助信号等信息的基本 CELP 结构不同。另外，与 G.721 标准相比，G.721 是对每个取样值进行预测并进行自适应量化，而 G.728 标准则是对所有取样值以矢量为单位处理，也就是进行了向量量化，并且应用了线性预测和增益自适应的最新理论与成果。编码时将事先准备好的激励矢量的所有组合合成语音，然后将其结果与被编码的输入信号相比较，选出听觉加权后以距离最小的码元作为信息传送。而合成器则将发送端编码传送所制定的激励矢量、3 bit 增益码和自身已合成过的语音波形一起合成为语音。为了使 ITU 延时低于或等于 2 ms，只传输激励序列，而其他编码器参数都用一个反馈适应的算法计算，不存在附加信息。

为了保证各种反馈适应规律的鲁棒性，采用激励向量的伪格雷编码来减少误码（Zeger 和 Gersho，1990 年）的影响。

5.6.6 G.729

G.729 和 G.723.1 一样，都是 ITU（国际电信联盟：International Telecommunication Union）所制定的最新且码率最低的语音压缩国际标准，算法也比较复杂。

G.729 标准中语音编码系统的原理如图 5.13 所示。

可以从图中看出，G.729 语音压缩编码系统的原理与基本 CELP 算法是一致的。为了提高合成语音质量，采取了一些措施，具体的算法要复杂一些。它的编码过程如下：

（1）处理（高通滤波，定标）。

（2）对 10 ms 帧长语音段采用 Levinson-Durbin 法进行 LPC 分析（阶数 10 阶），并将 LP 系数转换成线谱对 LSP 参数，用 VQ 技术量化编码。

（3）将 10 ms 分成两个 5 ms 的子帧，分别求子帧语音模型对应的激励信号。

（4）第二子帧的信号，合成滤波器系数取自第二步运算的结果，而第一子帧合成滤波器系数，通过第二子帧系数与前一帧系数内插得到。

（5）开环基音估计。即根据短项预测产生的预测误差，直接进行估计。

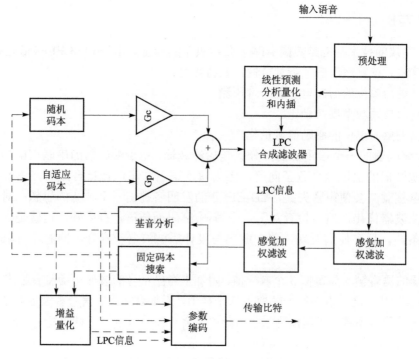

图 5.13　G.729 语音编码系统原理图

（6）进行自适应码书搜索，得到语音中具有准周期特性的激励。根据（5）的结果，搜索范围可以很小。

（7）具有代数结构的固定码书搜索，得到语音模型的随机激励信号。

（8）两个码书的增益 Gc 和 Gp 采用具有共轭结构的两极码书进行矢量量化。

其中的代数结构码书采用的是一种称为交织单脉冲置换 ISPP 的技术，码书中每一个码字仅仅只有少数几个位置的脉冲不为零值，G.729 标准非零的脉冲幅度要么为 1，要么为–1，且各码字中非零的脉冲位置是有规律排列的。一个码字要变成另一个码字可以通过位置的置换来实现。具有代数结构的码书，在码字的搜索过程中，可以大大节省计算量。为了增强合成语音中的谐波成分，G.729 算法对搜索得到的固定码书中的码字用自适应预滤波器进行了滤波。至于增益量化时采用的共轭结构码书，使得量化编码时，可以通过预先选择，帮助缩小搜索范围，同样节省了计算量。

5.7　GSM 编码技术

除了 ADPCM 算法已经得到普遍应用之外，还有一种使用较普遍的波形声音压缩算法叫做 GSM 算法。GSM 是 Global System for Mobile communications 的缩写，可译成"全球数字移动通信系统"。GSM 算法是 1992 年柏林技术大学（Technical University of Berlin）根据 GSM 协议开发的，这个协议是欧洲最流行的数字蜂窝电话通信协议。

GSM 的输入是帧（frame）数据，一帧（20 ms）由采样频率为 8 kHz 的带符号的 160 个样本组成，每个样本为 13 位或者 16 位的线性 PCM（linear PCM）码。GSM 编码器可把一帧（160×16

位）的数据压缩成 260 位的 GSM 帧，压缩后的数据率为 1 625 B，相当于 13 kb/s。由于 260 位不是 8 位的整数倍，因此编码器输出的 GSM 帧为 264 位的线性 PCM 码。采样频率为 8 kHz、每个样本为 16 位的未压缩的话音数据率为 128 kb/s，使用 GSM 压缩后的数据率为：

（264 位×8 000 样本/s）/160 样本＝13.2 kb/s

GSM 的压缩比：128:13.2 ＝ 9.7，近似于 10:1。

5.8 MPEG Audio 编码技术

本节介绍 MPEG Audio 编码技术，内容包括：听觉系统的感知特性、MPEG Audio 与感知特性、MPEG-1 Audio、MPEG-2 Audio、MPEG-2 AAC 和 MPEG-4 Audio。

5.8.1 听觉系统的感知特性

1. 对声音强弱的感知

声音的强弱也叫做响度。在心理上，主观感觉的声音强弱使用响度级"方（phon）"或者"宋（sone）"来度量。在物理上，声音的响度使用客观测量单位来度量，即 dyn/cm² （达因/平方厘米）（声压）或 W/cm²（瓦特/平方厘米）（声强）。这两种感知声音强弱的计量单位是完全不同的两种概念，但是它们之间又有一定的联系。

当声音弱到人的耳朵刚刚可以听见时，我们称此时的声音强度为"听阈"。例如，1 kHz 纯音的声强达到 10^{-16} W/cm²（定义成零 dB 声强级）时，人耳刚能听到，此时的主观响度级定为零方。有关实验表明，听阈是随频率变化的。测出的"听阈—频率"曲线如图 5.14 所示。图中最靠下面的一根曲线是在安静环境中，能被人耳听到的纯音的最小值，叫做"零方等响度级"曲线，也称"绝对听阈"曲线。

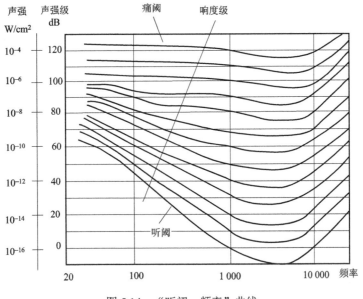

图 5.14 "听阈—频率"曲线

另一种极端的情况是声音强到使人耳感到疼痛。有实验表明，当频率为 1 kHz 的纯音的声强级达到 120 dB 左右时，人的耳朵就感到疼痛，这个阈值称为"痛阈"。对不同的频率进行测量，可以得到"痛阈—频率"曲线，如图 5.14 中最靠上面所示的一根曲线。这条曲线也就是 120 方等响度级曲线。

在"听阈—频率"曲线和"痛阈—频率"曲线之间的区域就是人耳的听觉范围。这个范围内的等响度级曲线也是用同样的方法测量出来的。由图 5.14 可以看出，1 kHz 的 10 dB 的声音和 200 Hz 的 30 dB 的声音，在人耳听起来具有相同的响度。

图 5.14 表明了人耳对不同频率的敏感程度差别很大，其中对 2～4 kHz 范围的信号最为敏感，幅度很低的信号都能被人耳听到。而在低频区和高频区，能被人耳听到的信号幅度要高得多。

2. 音高的感知

客观上用频率来表示声音的音高，其单位是 Hz。而主观感觉的音高单位则是"美（Mel）"，主观音高与客观音高的关系是

$$\text{Mel} = 1\,000\,\log_2\,(1+f) \tag{5.12}$$

式中：f 的单位为 Hz。这也是两个既不相同又有联系的单位。

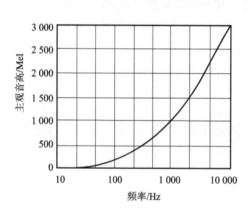

图 5.15 "音高—频率"曲线

人耳对响度的感觉有一个范围，即从听阈到痛阈。同样，人耳对频率的感觉也有一个范围。人耳可以听到的最低频率约 20 Hz，最高频率约 18 000 Hz。正如测量响度时是以 1 kHz 纯音为基准一样，在测量音高时则以 40 dB 声强为基准，并且同样由主观感觉来确定。

测量主观音高时，让实验者听两个声强级为 40 dB 的纯音，固定其中一个纯音的频率，调节另一个纯音的频率，直到他感到后者的音高为前者的两倍，就标定这两个声音的音高差为两倍。实验表明，音高与频率之间也不是线性关系。测出的"音高—频率"曲线如图 5.15 所示。

3. 掩蔽效应

一种频率的声音阻碍听觉系统感受另一种频率的声音的现象称为掩蔽效应。前者称为掩蔽声音（masking tone），后者称为被掩蔽声音（masked tone）。掩蔽可分成时域掩蔽和频域掩蔽。掩蔽效应十分重要，它是心理声学模型的基础。

（1）时域掩蔽。在时间上，相邻的声音之间存在着掩蔽现象，并且称为时域掩蔽。时域掩蔽又分为超前掩蔽（pre-masking）和滞后掩蔽（post-masking），如图 5.16 所示。产生时域掩蔽的主要原因是人的大脑处理信息需要花费一定的时间。一般来说，超前掩蔽很短，只有 5～20 ms，而滞后掩蔽可以持续 50～200 ms。这个区别也是很容易理解的。

（2）频域掩蔽。一个强纯音会掩蔽在其附近同时发声的弱纯音，这种特性称为频域掩蔽，也称同时掩蔽（simultaneous masking），如图 5.17 所示。从图 5.17 可以看到，声音频率在 300 Hz 附近、声强约为 60 dB 的声音掩蔽了声音频率在 150 Hz 附近、声强约为 40 dB 的声音。又如，一个声强为 60 dB、频率为 1 000 Hz 的纯音，另外还有一个 1 100 Hz 的纯音，前者比后者高 18 dB，这样的话，我们的耳朵就只能听到那个 1 000 Hz 的强音。如果有一个 1 000 Hz 的纯

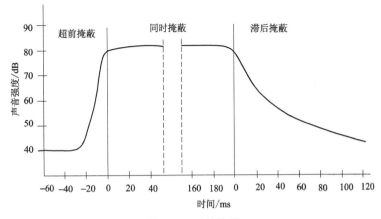

图 5.16 时域掩蔽

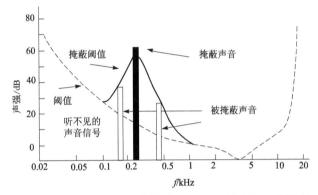

图 5.17 声强为 60 dB、频率为 1 000 Hz 纯音的掩蔽效应

音和一个声强比它低 18 dB 的 2 000 Hz 的纯音,那么我们的耳朵将会同时听到这两个声音。要想让 2 000 Hz 的纯音也听不到,则需要把它降到比 1 000 Hz 的纯音低 45 dB。一般来说,弱纯音离强纯音越近就越容易被掩蔽。

在图 5.18 中的一组曲线分别表示频率为 250 Hz,1 kHz 和 4 kHz 纯音的掩蔽效应,它们的声强均为 60 dB。从图 5.25 中可以看到:在 250 Hz、1 kHz 和 4 kHz 纯音附近,对其他纯音的掩蔽效果最明显;低频纯音可以有效地掩蔽高频纯音,但高频纯音对低频纯音的掩蔽作用则不明显。

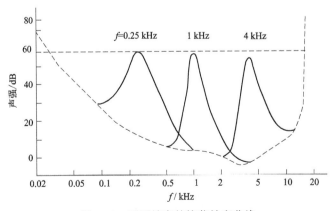

图 5.18 不同纯音的掩蔽效应曲线

由于声音频率与掩蔽曲线不是线性关系，为了达到从感知上统一二者的目的，引入了"临界频带（critical band）"的概念。通常认为，在 20 Hz～16 kHz 内有 24 个临界频带，如表5.5 所示。临界频带的单位叫 Bark（巴克）。

1 Bark ＝1 个临界频带的宽度，在 f（频率）＜500 Hz 的情况下，1 Bark≈f/100。

在 f（频率）＞500 Hz 的情况下，1 Bark≈9 ＋ 4log（f/1 000）。

表 5.5　临界频带

临界频带	频率/Hz			临界频带	频率/Hz		
	低端	高端	宽度		低端	高端	宽度
0	0	100	100	13	2 000	2 320	320
1	100	200	100	14	2 320	2 700	380
2	200	300	100	15	2 700	3 150	450
3	300	400	100	16	3 150	3 700	550
4	400	510	110	17	3 700	4 400	700
5	510	630	120	18	4 400	5 300	900
6	630	770	140	19	5 300	6 400	1 100
7	770	920	150	20	6 400	7 700	1 300
8	920	1 080	160	21	7 700	9 500	1 800
9	1 080	1 270	190	22	9 500	12 000	2 500
10	1 270	1 480	210	23	12 000	15 500	3 500
11	1 480	1 720	240	24	15 500	22 050	6 550
12	1 720	2 000	280				

5.8.2　MPEG Audio 与感知特性

MPEG Audio（MPEG 声音）标准在本书中是指 MPEG-1 Audio、MPEG-2 Audio 和MPEG-2 AAC，它们处理的是 10～20 000 Hz 范围里的声音数据，数据压缩的主要依据是人耳朵的听觉特性，是使用"心理声学模型（psychoacoustic model）"来达到压缩声音数据的目的。

心理声学模型中的一个概念是听觉掩饰特性，意思是听觉阈值电平是自适应的，即听觉阈值电平会随听到的不同频率的声音而发生变化。例如，同时有两种频率的声音存在，一种是 1 000 Hz 的声音，另一种是 1 100 Hz 的声音，但它的强度比前者低 18 dB，在这种情况下，1 100 Hz 的声音就听不到。也许读者有过这样的体验，在安静房间里的普通谈话可以听得很清楚，但在播放摇滚乐的环境下同样的普通谈话就听不清楚了。声音压缩算法也同样可以确立这种特性的模型来取消更多的冗余数据。

另外，听觉阈值电平在心理声学模型中也是一个基本的概念。由于低于这个电平的声音信号听不到，因此就可以把这部分信号去掉，从而消除了部分冗余。听觉阈值的大小随声音频率的改变而改变，各个人的听觉阈值也不同。大多数人的听觉系统对 2～5 kHz 之间的声音最敏感。一个人是否能听到声音取决于声音的频率，以及声音的幅度是否高于这种频率下的听觉阈值。

MPEG Audio 采纳两种感知编码，一种叫做感知子带编码（perceptual subband coding），另一种是由杜比实验室（Dolby Laboratories）开发的 Dolby AC-3（Audio Code Number 3）编码，简称 AC-3。它们都利用人的听觉系统的特性来压缩数据，只是压缩数据的算法不同。

感知子带编码又叫做子带编码，其简化算法框图如图 5.19 所示。输入信号通过"滤波器组"进行滤波之后被分割成许多子带，每个子带信号对应一个"编码器"，然后根据心理声学模型对每个子带信号进行量化和编码，输出量化信息和经过编码的子带样本，最后通过"多路复合器"把每个子带的编码输出按照传输或者存储格式的要求复合成数据位流（bit stream）。解码过程与编码过程相反。

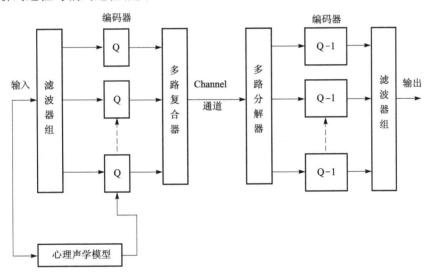

图 5.19　MPEG Audio 压缩算法框图

5.8.3　MPEG-1 Audio

1. 声音编码

声音的数据量由两方面决定：采样频率和样本精度。对单声道信号而言，每秒钟的数据量（位数）＝采样频率×样本精度。要减小数据量，就需要降低采样频率或者降低样本精度。由于人耳可听到的声音的频率范围是 20 Hz～20 kHz，根据奈奎斯特理论，要想不失真地重构信号，采样频率不能低于 40 kHz。又考虑到实际中使用的滤波器都不可能是理想滤波器，以及各国所用的交流电源的频率不同，为保证声音频带的宽度，所以采样频率一般不能低于 44.1 kHz。在 MPEG-1 Audio 中，编码器的输入信号的样本精度通常是 16 位，因此声音的数据压缩就必须从降低样本精度这个角度出发，即减少每位样本所需要的位数。

MPEG 1 Audio 的编码对象是 20～20 000 Hz 的宽带声音，因此它采用了子带编码，MPEG 声音数据压缩的基础是量化。虽然量化会带来失真，但 MPEG 标准要求量化失真对于人耳来说是感觉不到的。在 MPEG 标准的制定过程中，MPEG-Audio 委员会作了大量的主观测试实验。实验表明，采样频率为 48 kHz、样本精度为 16 位的立体声音数据压缩到 256 kb/s 时，即在 6:1 的压缩率下，即使是专业测试员也很难分辨出是原始声音还是编码压缩后的声音。

2. 声音的性能

MPEG 声音标准是 MPEG 标准的一部分，但它也完全可以独立应用。MPEG–1 Audio（ISO/IEC 11172-3）压缩算法是世界上第一个高保真声音数据压缩国际标准，并且得到了极其广泛的应用。MPEG–1 声音标准的主要性能如下：

图 5.20 MPEG 编码器的输入/输出

（1）如图 5.20 所示，MPEG 编码器的输入信号为线性 PCM 信号，采样率为 32 kHz、44.1 kHz 或 48 kHz，输出为 32～384 kb/s。

（2）MPEG 声音标准提供 3 个独立的压缩层次：层 1（Layer 1）、层 2（Layer 2）和层 3（Layer 3），用户可以根据复杂性和声音质量在层次之间进行选择。

层 1 的编码器比较的简单，编码器的输出数据率为 384 kb/s，主要用于小型数字盒式磁带（Digital Compact Cassette，缩写为 DCC）。层 2 的编码器的复杂程度属中等，编码器的输出数据率为 256～192 kb/s，其应用包括数字广播声音（Digital Broadcast Audio，缩写为 DBA）、数字音乐、CD-I（Compact Disc-Interactive）和 VCD（Video Compact Disc）等。层 3 的编码器最为复杂，编码器的输出数据率为 64 kb/s，主要应用于 ISDN 上的声音传输。

在尽可能保持 CD 音质的前提下，MPEG 声音标准一般所能达到的压缩率如表 5.6 所示，从编码器的输入到输出的延迟时间如表 5.7 所示。

表 5.6 MPEG 声音的压缩率

层　次	算　法	压　缩　率	立体声信号所对应的位率/ (kb·s^{-1})
1	MUSICAM*	4:1	384
2	MUSICAM*	6:1～8:1	256～192
3	ASPEC**	10:1～12:1	128～112
* MUSICAM（Masking pattern adapted Universal Subband Integrated Coding And Multiplexing）：自适应声音掩蔽特性的通用子带综合编码和复合技术 ** ASPEC（Adaptive Spectral Perceptual Entropy Coding of high quality musical signal）：高质量音乐信号自适应谱感知熵编码（技术）			

表 5.7 MPEG 编码解码器的延迟时间

延迟时间	理论最小值/ms	实际实现中的一般值/ms
层 1（Layer 1）	19	< 50
层 2（Layer 2）	35	100
层 3（Layer 3）	59	150

（3）可预先定义压缩后的数据率，如表 5.8 所示。另外，MPEG 声音标准也支持用户预定义的数据率。

表 5.8 MPEG 层 3 在各种数据率下的性能

音质要求	声音带宽/kHz	方式	数据率/（kb·s⁻¹）	压缩比
电话	2.5	单声道	8	96:1
优于短波	5.5	单声道	16	48:1
优于调幅广播	7.5	单声道	32	24:1
类似于调频广播	11	立体声	56～64	26:1～24:1
接近 CD	15	立体声	96	16:1
CD	＞15	立体声	112～128	12:1～10:1

（4）编码后的数据流支持循环冗余校验 CRC（Cyclic Redundancy Check）。

（5）MPEG 声音标准还支持在数据流中添加附加信息。

MPEG–1 声音编码器的结构如图 5.21 所示。输入声音信号经过一个"时间–频率多相滤波器组"变换到频域里的多个子带中。输入声音信号同时经过"心理声学模型（计算掩蔽特性）"，该模型计算以频率为自变量的噪声掩蔽阈值（masking threshold），查看输入信号和子带中的信号以确定每个子带里的信号能量与掩蔽阈值的比率。"量化和编码"部分用信掩比（signal-to-mask ratio，缩写为 SMR）来决定分配给子带信号的量化位数，使量化噪声低于掩蔽阈值。最后通过"数据流帧包装"将量化的子带样本和其他数据按照规定的称为"帧（frame）"的格式组装成位数据流。

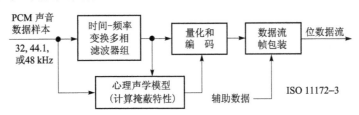

图 5.21 MPEG 声音编码器结构图

图 5.22 是 MPEG–1 声音解码器的结构图。解码器对位数据流进行解码，恢复被量化的子带样本值以重建声音信号。由于解码器无须心理声学模型，只需拆包、重构子带样本和把它们变换回声音信号，因此解码器就比编码器简单得多。

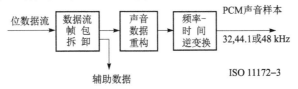

图 5.22 MPEG 声音解码器结构图

3. 多相滤波器组

在 MPEG–1 中，多相滤波器组是 MPEG 声音压缩的关键部分部件之一，它把输入信号变换到 32 个频域子带中去。子带的划分方法有 2 种，一种是线性划分，另一种是非线性划分。如果把声音频带划分成带宽相等的子带，这种划分就不能精确地反映人耳的听觉特性，因为人耳的听觉特性是以"临界频带"来划分的，在一个临界频带之内，很多心理声学特性都是一样的。在低频区域，多相滤波器组的一个子带覆盖好几个临界频带。在这种情况下，某个子带中量化器的位分配就不能根据每个临界频带的掩蔽阈值进行分配，而要以其中最低的掩蔽阈值为准。

4. 编码层

如前面介绍的，MPEG 声音压缩定义了 3 个层次，它们的基本模型是相同的。层 1 是最基础的，层 2 和层 3 都在层 1 的基础上有更高的压缩比，但需要更复杂的编码解码器。MPEG 的声音数据分成帧（frame），层 1 每帧包含 384 个样本的数据，每帧由 32 个子带分别输出的 12 个样本组成。层 2 和层 3 每帧为 1 152 个样本，如图 5.23 所示。

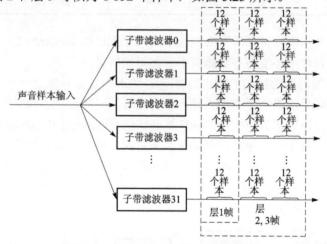

图 5.23　层 1、层 2 和层 3 的子带样本

MPEG 编码器的输入以 12 个样本为一组，每组样本经过时间–频率变换之后进行一次位分配并记录一个比例因子（scale factor）。位分配信息告诉解码器每个样本由几位表示，比例因子用 6 位表示，解码器使用这个 6 位的比例因子乘逆量化器的每个输出样本值，以恢复被量化的子带值。比例因子的作用是充分利用量化器的量化范围，通过位分配和比例因子相配合，可以表示动态范围超过 120 dB 的样本。

下面我们来分别介绍每个层次的原理结构。

（1）层 1　层 1 的子带是频带相等的子带，它的心理声学模型仅使用频域掩蔽特性。

层 1 的帧结构如图 5.24 所示。每帧都包含：① 用于同步和记录该帧信息的同步头，长度为 32 位；② 用于检查是否有错误的循环冗余码（Cyclic Redundancy Code，缩写为 CRC），长度为 16 位；③ 用于描述位分配的位分配域，长度为 4 位；④ 比例因子域，长度为 6 位；⑤ 子带样本域；⑥ 有可能添加的附加数据域，长度未规定。

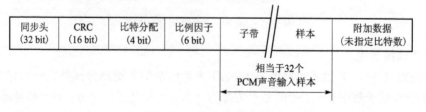

图 5.24　层 1 的帧结构

（2）层 2 　层 1 是对一个子带中的一个样本组（由 12 个样本组成）进行编码，而层 2 和层 3 是对一个子带中的三个样本组进行编码。层 2 对层 1 作了一些直观的改进，相当于 3 个层 1 的帧，每帧有 1 152 个样本。它使用了频域掩蔽特性以及时间掩蔽特性，并且在低、中和高频段对位分配作了一些限制，对位分配、比例因子和量化样本值的编码也更紧凑。由于层 2 采用了上述措施，因此所需的位数减少了，这样就可以有更多的位用来表示声音数据，音质也比层 1 更高。

如图 5.25 所示，层 2 使用与层 1 相同的同步头和 CRC 结构，但描述位分配的位数随子带不同而变化：低频段的子带用 4 位，中频段的子带用 3 位，高频段的子带用 2 位。层 2 位流中有一个比例因子选择信息（Scale Factor Selection Information，缩写为 SCFSI）域，解码器根据这个域的信息可知道是否需要以及如何共享比例因子。

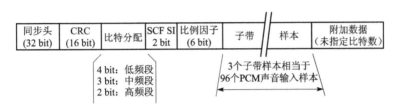

图 5.25　层 2 位流数据格式

（3）层 3 　层 3 使用比较好的临界频带滤波器，把声音频带分成非等带宽的子带，心理声学模型除了使用频域掩蔽特性和时间掩蔽特性之外，还考虑了立体声数据的冗余，并且使用了赫夫曼（Huffman）编码器。

层 3 使用了从 ASPEC（Audio Spectral Perceptual Entropy Encoding）和 OCF（Optimal Coding in the Frequency domain）导出的算法，比层 1 和层 2 都要复杂。虽然层 3 所用的滤波器组与层 1 和层 2 所用的滤波器组的结构相同，但是层 3 还使用了改进离散余弦变换（Modified Discrete Cosine Transform，缩写为 MDCT），对层 1 和层 2 的滤波器组的不足作了一些补偿。MDCT 把子带的输出在频域里进一步细分以达到更高的频域分辨率。而且通过对子带的进一步细分，层 3 编码器已经部分消除了多相滤波器组引入的混叠效应。

层 3 还采用了其他许多改进措施来提高压缩比而不降低音质。虽然层 3 引入了许多复杂的概念，但是它的计算量并没有比层 2 增加很多。增加的主要是编码器的复杂度和解码器所需要的存储容量。

5.8.4　MPEG-2 Audio

MPEG-2 Audio（ISO/IEC 13818-3）和 MPEG-1 Audio（ISO/IEC 1117-3）标准都使用相同种类的编译码器，层 1、层 2 和层 3 的结构也相同。MPEG-2 声音标准与 MPEG-1 标准相比，MPEG-2 做了如下扩充：① 增加了 16 kHz、22.05 kHz 和 24 kHz 采样频率；② 扩展了编码器的输出速率范围，由 32～384 kb/s 扩展到 8～640 kb/s；③ 增加了声道数，支持 5.1 声道和 7.1 声道的环绕声。此外 MPEG-2 还支持 Linear PCM（线性 PCM）和 Dolby AC-3（Audio Code Number 3）编码。它们的差别如表 5.9 所示。

表 5.9　MPEG–1 和 MPEG –2 的声音数据规格

参数名称	Linear PCM	Dolby AC–3	MPEG-2 Audio	MPEG–1 Audio
采用频率/ kHz	48/96	32/44.1/48	16/22.05/24/32/44.1/48	32/44.1/48
样本精度（每个样本的位数）	16/20/24	压缩（16 bits）	压缩（16 bits）	16
最大数据传输率 / (Mb·s^{-1})	6.144	448	8～640	32～448
最大声道数	8	5.1	5.1/7.1	2

MPEG–2 Audio 的"5.1 环绕声"也称为"3/2-立体声加 LFE"，其中的".1"就是指 LFE 声道。它的含义是播音现场的前面可有 3 个喇叭声道（左、中、右），后面可有 2 个环绕声喇叭声道，LFE（Low Frequency Effects）是低频音效的加强声道，7.1 声道环绕立体声与 5.1 类似。只是比 5.1 声道立体环绕声多了中左、中右两个喇叭声道。

MPEG–2 声音标准的第 3 部分（Part 3）是 MPEG–1 声音标准的扩展，扩展部分就是多声道扩展（multichannel extension）。这个标准称为 MPEG–2 后向兼容多声道声音编码（MPEG–2 backwards compatible multichannel audio coding）标准，简称为 MPEG–2 BC。

5.8.5　MPEG–2 AAC

MPEG–2 AAC 是 MPEG–2 标准中的一种非常灵活的声音感知编码标准。就像所有感知编码一样，MPEG–2 AAC 主要使用听觉系统的掩蔽特性来减少声音的数据量，它可以通过把量化噪声分散到各个子带中从而用全局信号把噪声掩蔽掉。

AAC 编码器的音源可以是单声道的、立体声的和多声道的声音，支持的采样频率可从 8～96 kHz。AAC 标准可支持 48 个主声道、16 个低频音效加强通道 LFE、16 个配音声道（overdub channel）或者叫做多语言声道（multilingual channel）和 16 个数据流。MPEG–2 AAC 在压缩比为 11:1，即每个声道的数据率为（44.1×16）/11＝64 kb/s，而 5 个声道的总数据率为 320 kb/s 的情况下，很难区分还原后的声音与原始声音之间的差别。与 MPEG 的层 2 相比，MPEG–2 AAC 的压缩率可提高 1 倍，而且质量更高，与 MPEG 的层 3 相比，在质量相同的条件下数据率是它的 70%。

AAC 标准定义了 3 种配置：基本配置、低复杂性配置和可变采样率配置。

5.8.6　MPEG–4 Audio

MPEG–4 Audio 标准可集成从话音到高质量的多通道声音，从自然声音到合成声音，编码方法还包括参数编码（parametric coding）、码激励线性预测（Code Excited Linear Predictive，CELP）编码、时间/频率 T/F（Time/Frequency）编码、结构化声音 SA（Structured Audio）编码和文本-语音 TTS（Text-To-Speech）系统的合成声音等。

1. 自然声音

MPEG–4 声音编码器支持数据率介于 2～64 kb/s 的自然声音（natural audio）。为了获得高质量的声音，MPEG–4 定义了 3 种类型的声音编码器分别用于不同类型的声音，它的一般编码方案如图 5.26 所示。

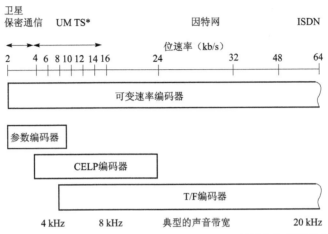

* UMTS （Universal Mobile Telecommunication System）：通用移动远程通信系统

图 5.26 MPEG–4 Audio 编码方框图

（1）参数编码器。使用声音参数编码技术。对于采样率为 8 kHz 的话音（speech），编码器的输出数据率为 2～4 kb/s；对于采样频率为 8 kHz 或者 16 kHz 的声音（audio），编码器的输出数据率为 4～16 kb/s。

（2）CELP 编码器。使用 CELP（Code Excited Linear Predictive）技术。编码器的输出数据率在 6～24 kb/s，它用于采样频率为 8 kHz 的窄带话音或者采样频率为 16 kHz 的宽带话音。

（3）T/F 编码器。使用时间—频率（Time-to-Frequency，缩写为 T/F）技术。这是一种使用矢量量化（Vector Quantization，缩写为 VQ）和线性预测的编码器，压缩之后输出的数据率大于 16 kb/s，用于采样频率为 8 kHz 的声音信号。

2. 合成声音

MPEG–4 的译码器支持合成乐音和 TTS 声音。合成乐音通常叫做 MIDI（Musical Instrument Data Interface）乐音，这种声音是在乐谱文件或者描述文件控制下生成的声音，乐谱文件是按时间顺序组织的一系列调用乐器的命令，合成乐音传输的是乐谱而不是声音波形本身或者声音参数，因此它的数据率可以相当低。

随着科学技术突飞猛进的发展，尤其是网络技术的迅速崛起和飞速发展，文-语转换 TTS 系统在人类社会生活中有着越来越广泛的应用前景，已经逐渐变成相当普遍的接口，并且在各种多媒体应用领域开始扮演重要的角色。TTS 编码器的输入可以是文本或者带有韵律参数的文本，编码器的输出数据率可以在 200 b/s～1.2 kb/s 范围里。

5.9 杜比数字 AC–3（Dolby Digital AC–3）系统

本节介绍杜比数字 AC–3（Dolby Digital AC–3）系统，内容包括该系统的概述和该系统的各种优点。

5.9.1 概述

杜比数字 AC-3 是杜比公司开发的新一代家庭影院多声道数字音频系统，于 1994 年 12 月 27 日，由日本先锋公司与美国的杜比实验室合作研制成功，并命名为"杜比 AC-3（DOLBY Surrround Audio Coding-3）"。杜比 AC-3 是一种全数字化分隔式多通道影片声迹系统，于是 1997 年年初，杜比实验室已正式将杜比 AC-3 环绕声改称为杜比数码环绕声（Dolby Surround Digital）。

AC（Audio Coding）指的是数字音频编码，它抛弃了模拟技术，采用的是全新的数字技术。AC-3 音频编码标准的起源是 DOLBY AC-1。AC-1 应用的编码技术是自适应增量调制（ADM），它把 20 kHz 的宽带立体声音频信号编码成 512 kb/s 的数据流。AC-1 曾在电视和调频广播上得到广泛应用。1990 年 DOLBY 实验室推出了立体声编码标准 AC-2，它采用类似 MDCT 的重叠窗口的快速傅里叶变换（FFT）编码技术，其数据率在 256 kb/s 以下。AC-2 被应用在 PC 声卡和综合业务数字网等方面。

1992 年 DOLBY 实验室在 AC-2 的基础上，有开发了 DOLBY AC-3 的数字音频编码技术。杜比数字 AC-3 是根据感觉来开发的编码系统多声道环绕声。它将每一种声音的频率根据人耳的听觉特性区分为许多窄小频段，在编码过程中再根据音响心理学的原理进行分析，保留有效的音频，删除多余的信号和各种噪声频率，使重现的声音更加纯净，分离度极高。AC-3 提供了 5 个声道，即正前方的左（L）、中（C）和右（R），后边的 2 个独立的环绕声通道：左后（LS）和右后（RS）。这些声道的频率范围均为全频域响应 3～20 000 Hz。AC-3 同时还提供了一个 100 Hz 以下的超低音声道供用户选用，包含了一些额外的低音信息，使得一些场景如爆炸、撞击声等的效果更好。由于这个声道的频率响应为 3～120 Hz，仅为辅助而已，所以称".1"声道。所以 AC-3 被称为 5.1 声道。AC-3 将这 6 个声道进行数字编码，并将它们压缩成一个通道，而它的比特率仅是 320 kbps。

在技术规格上，杜比 AC-3 与杜比定向逻辑环绕声（Dolby Pro Logic）和 THX 系统最大的区别有 2 点：一是它的所有声道均是采用全数码方式录音，而杜比定向逻辑和 THX 则是采用模拟方法录制；二是它采用了效率极高的 MPEG2 数码压缩编码技术，从而在许多方面克服了传统杜比环绕声的缺点。

5.9.2 杜比 AC-3 系统的优点

1. 真正的立体环绕声

杜比定向逻辑系统环绕声只提供单声道环绕声，使得后方环绕声道只有包围感而没有声像定位能力。而杜比 AC-3 系统分别向左、右环绕音箱馈送信号，使环绕声道成为立体声声道，可把声音定位到后方的某一点。比如，在喷气式飞机从前往后飞去时，杜比定向逻辑只能简单辨别声音从前往后飞，而杜比 AC-3 能更精确地判定是从左前方向右后方飞，还是从右前方向左后方飞，换句话说，就是它能判定后方的某种声音是从左边还是右边发出的。这样，在杜比定向逻辑系统中难以再现的直升机沿房间绕场一周的音效，在杜比 AC-3 系统中就可轻而易举地实现。

MPEG-2 Audio 的"5.1 环绕声"也称为"3/2-立体声加 LFE"，其中的".1"就是指 LFE 声道。它的含义是播音现场的前面可有 3 个喇叭声道（左、中、右），后面可有 2 个环绕声喇叭声道，LFE（Low Frequency Effects）是低频音效的加强声道，如图 5.27 所示。7.1 声道环绕立体声与 5.1 类似，如图 5.28 所示。

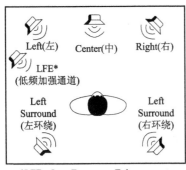

*LFE：Low Frequency Enhancement
(3 Hz to 120 Hz)

图 5.27　5.1 声道立体环绕声

*LFE：Low Frequency Enhancement
(3 Hz to 120 Hz)

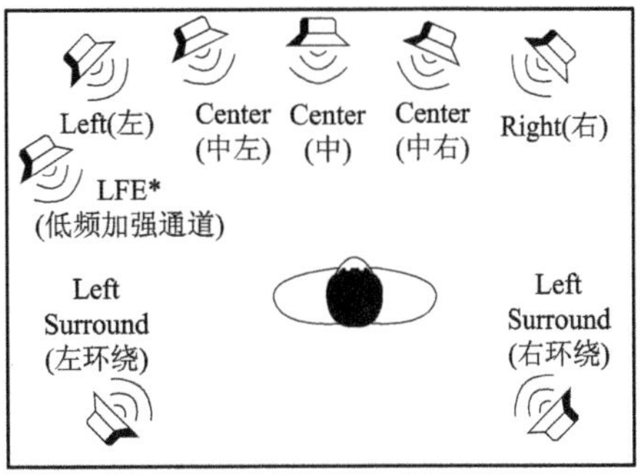

图 5.28　7.1 声道立体环绕声

2. 全音频范围的宽频带

杜比定向逻辑系统中的环绕声道带宽仅限于 100 Hz～7 kHz，其他声道也只限于 20 Hz～16 kHz。而杜比 AC–3 的 5 个声道(包括前方的 3 个声道和后方的 2 个声道)的频响皆为 20 Hz～20 kHz＋0.5 dB，超低音声道为 20 Hz～120 Hz＋0.5 dB，均有重放全部音频范围信号的潜力，使得它的音场更加扩大、方向感增强，在前后左右 360° 的空间内能非常精致地重放各种声音。

3. 各个通道完全隔离

杜比 AC–3 使用了 5 个独立的全频段通道，即前方的左、中、右和后方的左环绕、右环绕，以及可选用的第六个超低音专用通道，所以也将它称为 5.1 通道系统。由于超低音通道的频带很窄，频率范围限制在 20～120 Hz 范围内，所以只能算 1/10 个通道。采用这种 5.1 通道的环绕声系统，使得声像定位、相位特性和声场的重现性更为优越，并容易在一般家庭中取得和电影院一样的环绕声效果。

4. 极其宽广而且可控的动态范围

杜比 AC–3 系统可以轻松自如地重放出猛烈的撞击声和轻微得几乎听不见的诸如一簇灰尘落下的细节声。相比之下，杜比定向逻辑系统因解码后的信号常常带有较高的噪声电平，可听的动态范围就比较有限。杜比 AC–3 环绕声还允许用户根据需要改变动态范围的宽窄。对于那些住在公寓里或是喜欢在深夜观看节目的人，常常不得不以小音量聆听大动态的电影节目，这时利用杜比 AC–3 的小音量设定功能，可以将动态范围适当压缩，使得信号中低电平的部分依然清晰，而且系统可以对音量进行动态控制，使声音不会忽大忽小，甚至还可以根据要求对压缩进行编程。杜比 AC–3 系统可以按用户设定音量的大小及数码流中的音量大小信息，主动控制增益或输出电平的高低。这样每到节目变换或切换频道时用户不再需要调整音量。

5. 与现行音响系统的兼容性

杜比 AC–3 可以与现有的其他种类的音响系统很好地兼容，包括杜比定向逻辑环绕声、双声道立体声甚至单声道系统。它对每一种节目方式，都有一个指导信号，并能在工作时自动地为使用者指示出节目的方式。AC–3 甚至可以将 5.1 通道的信号内容，压缩为单声道输出，其声音效果要比传统的单声道系统好得多。

目前它已被美国采用作为高清晰电视（HDTV）音频系统，最新的 DVD 机也包含杜比数字 AC-3。因此杜比 AC-3 环绕声系统是极有发展前途的技术。

AC-3 除了技术上有许多特点和优点外，在使用上也具有许多优点：它能使单声道的节目通过5声道得到很好的声音效果；如果在它的比特流内，对每种节目方式，如单声道（mono）、立体声（stereo）和环绕声（surround）等都有一个指导信号，那么在工作时，AC-3 能自动地为使用者指示出节目的方式。AC-3 可以将 5.1 通路的信息内容，压缩为两个声道供给录制两通道的 VHS 或作为 DOLBY 环绕声的输入源。AC-3 甚至可以将 5.1 通路的信号内容压缩为单声道。

从 1987 年以来，美国一直在考虑其后该国高清晰度电视（KDTV）的标准，经过多次的评试和鉴定，DOLBY AC-3 在 1993 年 10 月 25 日被正式定为美国 HDTV 的音频标准，并在 1996 年开始使用。

DOLBY AC-3 的适用范围很广，如制作激光影碟、CD 唱机、VHS 录像带。在电视广播上，可用于 DBS（数字广播系统）、CATV（有线电视）。此外还用于直播卫星上。

习　题

1. 音频信号的频率范围大约是多少？话音信号频率范围大约是多少？
2. 什么叫做采样、量化、线性量化和非线性量化？
3. 简述什么是脉冲编码调制（PCM）。
4. 自适应差分脉冲编码调制的思想什么？
5. 简述 G.711 标准与 G.722 的区别。
6. MPEG-2 Audio 标准与 MPEG-1 Audio 标准相比，做了哪些扩充？
7. 简述 MPEG-4 Audio 标准的特点。

第 6 章　数字图像与视频

图像与视频是多媒体中表现力最强的媒体类型。本章介绍数字图像处理基础、静态图像处理技术、小波以及视频图像处理技术。

6.1　数字图像处理基础

本节介绍图像的颜色模型、图像的基本属性以及图像的种类。

6.1.1　图像的颜色模型

颜色模型（color model）是用简单方法描述所有颜色的一套规则和定义，例如 RGB、CMY、YUV、HSL 等都是表示颜色的颜色模型。

1. RGB 模型

在这种模型中，某一种颜色和这三种颜色之间的关系可用下面的公式来描述：

颜色＝R（红色的百分比）＋G（绿色的百分比）＋B（蓝色的百分比）

当三基色等量相加时，得到白色；等量的红绿相加而蓝为 0 值时得到黄色；等量的红蓝相加而绿为 0 时得到品红色；等量的绿蓝相加而红为 0 时得到青色。

这些三基色相加的结果如图 6.1 所示。

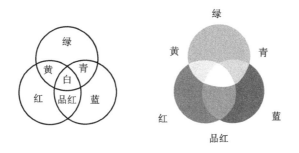

图 6.1　相加混色

2. CMY 模型

在这种颜色模型中的三种颜色是青色（Cyan）、品红（Magenta）和黄色（Yellow），通常写成 CMY，称为 CMY 模型。用这种方法产生的颜色之所以称为相减色，是因为它减少了为视觉系统识别颜色所需要的反射光，如表 6.1 和图 6.2 所示。

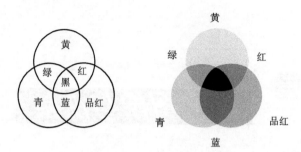

图 6.2　CMY 模型

彩色打印机用等量的三基色得到的黑色不是真正的黑色，因此在印刷术中常加入一种真正的黑色（black ink），所以 CMY 又写成 CMYK。

表 6.1　相　减　色

青　色	品　红	黄　色	相　减　色
0	0	0	白
0	0	1	黄
0	1	0	品红
0	1	1	红
1	0	0	青
1	0	1	绿
1	1	0	蓝
1	1	1	黑

3. HSL 模型

在 HSL 模型中，H 定义颜色的波长，称为色调；S 定义颜色的强度，表示颜色的深浅程度，称为饱和度；L 定义掺入的白光量，称为亮度，如图 6.3 所示。之所以用 HSL 表示颜色，是因为它比较容易为画家所理解。若把 S 和 L 的值设置为 1，当改变 H 时就是选择不同的纯颜色；减小饱和度 S 时，就可体现掺入白光的效果；降低亮度时，颜色就暗，相当于掺入黑色。

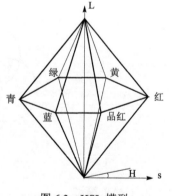

图 6.3　HSL 模型

4. YUV（Lab）色彩空间

在现代彩色电视系统中，通常采用三管彩色摄像机或彩色 CCD（点耦合器件）摄像机，它把摄得的彩色图像信号，经分色、分别放大校正得到 RGB，再经过矩阵变换电路得到亮度信号 Y 和两个色差信号 R–Y、B–Y，最后发送端将亮度和色差三个信号分别进行编码，用同一信道发送出去。这就是我们常用的 YUV 色彩空间。

采用 YUV 色彩空间的重要性是它的亮度信号 Y 和色度信号 U、V 是分离的。如果只有 Y 信号分量而没有 U、V 分量，那么这样表示的图就是黑白灰度图。彩色电视采用 YUV 空间正是为了用亮度信号 Y 解决彩色电视机与黑白电视机的兼容问题，使黑白电视机也能接收彩色信号。

根据美国国家电视制式委员会，NTSC 制式的标准，当白光的亮度用 Y 来表示时，它和红、绿、蓝三色光的关系可用以下公式描述：

$$Y=0.3R+0.59G+0.11B$$

这就是常用的亮度公式。色差 U、V 是由 B−Y、R−Y 按不同比例压缩而成的。

与 YUV 色彩空间类似的还有 Lab 色彩空间，它也是用亮度和色差来描述色彩分量，其中 L 为亮度、a 和 b 分别为各色差分量。

6.1.2　图像的基本属性

描述一幅图像需要使用图像的属性。图像的属性包含分辨率、像素深度、真/伪彩色、图像的表示法和种类等。

1. 分辨率

我们经常遇到的分辨率有两种：显示分辨率和图像分辨率。

显示分辨率是指显示屏上能够显示出的像素数目。早期用的计算机显示器的分辨率是 0.41 mm，随着技术的进步，分辨率由 0.41 mm→0.38 mm→0.35 mm→0.31 mm→0.28 mm 一直提高到 0.26 mm 以下。

在用扫描仪扫描彩色图像时，通常要指定图像的分辨率，用每英寸多少点（Dots Per Inch，缩写为 DIP）表示。如果用 300 DIP 来扫描一幅 8″×10″的彩色图像，就会得到一幅 2 400×3 000 个像素的图像。分辨率越高，像素就越多。

图像分辨率与显示分辨率是两个不同的概念。图像分辨率是确定组成一幅图像的像素数目，而显示分辨率是确定显示图像的区域大小。如果显示屏的分辨率为 640×480，那么一幅 320×240 的图像只占显示屏的 1/4；相反，2 400×3 000 的图像在这个显示屏上就不能显示一个完整的画面。

2. 像素深度

像素深度是指存储每个像素所用的位数，它也是用来度量图像的分辨率。像素深度决定彩色图像的每个像素可能有的颜色数，或者确定灰度图像的每个像素可能有的灰度级数。例如，一幅彩色图像的每个像素用 R、G、B 3 个分量表示，若每个分量用 8 位，那么一个像素共用 24 位表示，就说像素的深度为 24，每个像素可以是 $2^{24}=16\ 777\ 216$ 种颜色中的一种。

例如，RGB 5:5:5 表示一个像素时，用 2 个字节共 16 位表示，其中 R、G、B 各占 5 位，剩下一位作为属性位。在这种情况下，像素深度为 16 位，而图像深度为 15 位。

属性位用来指定该像素应具有的性质。例如在 CD-I 系统中，用 RGB 5:5:5 表示的像素共 16 位，其最高位（b15）用作属性位，并把它称为透明（Transparency）位，记为 T。

在用 32 位表示一个像素时，若 R、G、B 分别用 8 位表示，剩下的 8 位常称为 α 通道（alpha channel）位，或称为覆盖（overlay）位、中断位或属性位。它的用法可用一个预乘 α 通道（premultiplied alpha）的例子说明。假如一个像素（A，R，G，B）的四个分量都用归一化的数值表示，（A，R，G，B）为（1，1，0，0）时显示红色。当像素为（0.5，1，0，0）时，预乘的结果就变成（0.5，0.5，0，0），这表示原来该像素显示的红色的强度为 1，而现在显示的红色的强度降了一半。

如果用 RGB 8:8:8 方式表示一幅彩色图像，就是 R、G、B 都用 8 位来表示，每个基色分量占一个字节，共 3 个字节，每个像素的颜色就由这 3 个字节中的数值直接决定，可生成的颜色数就是 $2^{24}=16\ 777\ 216$ 种。用 3 个字节表示的真彩色图像所需要的存储空间很大，而人的眼睛是很难分辨出这么多种颜色的，因此在许多场合往往用 RGB 5:5:5 来表示，每个彩色分量占 5 个位，再加 1 位显示属性控制位共 2 个字节，生成的真颜色数目为 $2^5=32$ K。

3. 伪彩色（pseudo color）

伪彩色图像的含义是，每个像素的颜色不是由每个基色分量的数值直接决定，而是把像素值当作彩色查找表（Color Look-up Table，缩写为 CLUT）的表项入口地址，去查找一个显示图像时使用的 R、G、B 值，用查找出的 R、G、B 值产生的彩色称为伪彩色。

彩色查找表 CLUT 是一个事先做好的表，表项入口地址也称为索引号。例如 16 种颜色的查找表，0 号索引对应黑色，…，15 号索引对应白色。彩色图像本身的像素数值和彩色查找表的索引号有一个变换关系，这个关系可以使用 Windows 定义的变换关系，也可以使用自己定义的变换关系。使用查找得到的数值显示的彩色是真的，但不是图像本身真正的颜色，它没有完全反映原图的彩色。

4. 直接色（direct color）

把每个像素值分成 R、G、B 分量，并把每个分量作为单独的索引值对它做变换。也就是通过相应的彩色变换表找出基色强度，用变换后得到的 R、G、B 强度值产生的彩色称为直接色。它的特点是对每个基色进行变换。

用这种系统产生颜色与真彩色系统相比，相同之处是都采用 R、G、B 分量决定基色强度，不同之处是前者的基色强度直接用 R、G、B 决定，而后者的基色强度由 R、G、B 经变换后决定。因而这两种系统产生的颜色就有差别。试验结果表明，使用直接色在显示器上显示的彩色图像看起来真实、很自然。

这种系统与伪彩色系统相比，相同之处是都采用查找表，不同之处是前者对 R、G、B 分量分别进行变换，后者是把整个像素当做查找表的索引值进行彩色变换。

6.1.3 图像的种类

1. 矢量图与点位图

在计算机中，表达图像和计算机生成的图形图像有两种常用的方法：一种叫做是矢量图（vector based image）法，另一种叫点位图（bit mapped image）法。

位图由排列成网格的称为像素的点组成。例如，在一个位图的叶子图形中，图像由网格中每个像素的位置和颜色值决定；每个点被指定一种颜色；在以正确的分辨率查看时，这些点就像马赛克那样拼合在一起形成图像，如图 6.4 所示。

矢量图使用称为矢量的线条和曲线（包括颜色和位置信息）来描述图像。例如，一片叶子的图像可以使用一系列的点（这些点最终形成叶子的轮廓）来描述；叶子的颜色由轮廓（即笔触）的颜色和轮廓所包围的区域（即填充）的颜色决定，如图 6.5 所示。

图 6.4　位图

图 6.5　矢量图

由于它是用数字信息描述图像的，因此矢量格式的文件通常比较小。当对矢量图进行编辑时，可以修改描述图形形状的线条和曲线的属性；可以对矢量图形进行移动、调整大小、重定形状以及更改颜色的操作而不更改其外观品质。矢量图形与分辨率无关，这意味着它们可以显示在各种分辨率的输出设备上，而丝毫不影响品质。

2. 灰度图与彩色图

灰度图（gray-scale image）按照灰度等级的数目来划分。一幅 640×480 的单色图像需要占据 37.5 KB 的存储空间。例如，图 6.6 和图 6.7 所示分别为标准单色图和标准灰度图。

图 6.6　标准单色图　　　　　　　　　图 6.7　标准灰度图

灰度值级数就等于 256 级，每个像素可以是 0～255 的任何一个值，一幅 640×480 的灰度图像就需要占据 300 KB 的存储空间。

彩色图像（color image）可按照颜色的数目来划分，例如 256 色图像和真彩色（2^{24}＝16 777 216 种颜色）等。

如图 6.8 所示，一幅用 256 色标准图像转换成的 256 级灰度图像，彩色图像的每个像素的 R、G 和 B 值用一个字节来表示，一幅 640×480 的 8 位彩色图像需要 300 KB 的存储空间；图 6.9 是一幅真彩色图像转换成的 256 级灰度图像，每个像素的 R、G、B 分量分别用一个字节表示，一幅 640×480 的真彩色图像需要 900 KB 的存储空间。

图 6.8　256 色标准图像转换成的灰度图

图 6.9 24 位标准图像转换成的灰度图

许多 24 位彩色图像是用 32 位存储的，这个附加的 8 位叫做 alpha 通道，它的值叫做 alpha 值，它用来表示该像素如何产生特技效果。

6.2 静态图像处理技术

本节介绍静态图像处理技术，内容包括：JPEG 压缩编码概述、JPEG 算法的主要计算步骤、JPEG 压缩编码案例以及 JPEG2000 等。

6.2.1 JPEG 压缩编码概述

JPEG（Joint Photographic Experts Group）是一个由 ISO 和 IEC 两个组织机构联合组成的一个专家组，负责制定静态的数字图像数据压缩编码标准，既可用于灰度图像又可用于彩色图像。

JPEG 专家组开发了两种基本的压缩算法，一种是采用以离散余弦变换（Discrete Cosine Transform，缩写为 DCT）为基础的有损压缩算法，另一种是采用以预测技术为基础的无损压缩算法。使用有损压缩算法时，在压缩比为 25:1 的情况下，压缩后还原得到的图像与原始图像相比较，非图像专家难于找出它们之间的区别。JPEG 格式是在目前 Internet 中最受欢迎的图像格式，JPEG 可支持多达 16 M 颜色，因此它非常适用于摄影图像以及在 24 bit 颜色显示模式下工作的浏览器。JPEG 还具有调节图像质量的模式，允许用户选择高质量、几乎无损的压缩（文件尺寸相应较大）或低质量、丢失图像信息的有损压缩（但是图像文件规模小得多）。例如，利用 JPEG 最高的压缩比可以把 10 MB 的 TIFF 图像压缩至 200 K。

JPEG 算法是基于离散余弦变换（DCT）的编码方法，是 JPEG 算法的核心内容，如图 6.10 所示。

JPEG 算法与彩色空间无关，因此"RGB 到 YUV 变换"和"YUV 到 RGB 变换"不包含在 JPEG 算法中。JPEG 算法处理的彩色图像是单独的彩色分量图像，因此它可以压缩来自不同彩色空间的数据，如 RGB、YCbCr 和 CMYK。采样和块预备两部分不包括在 JPEG 的编码当中。JPEG 算法步骤如图 6.11 所示。

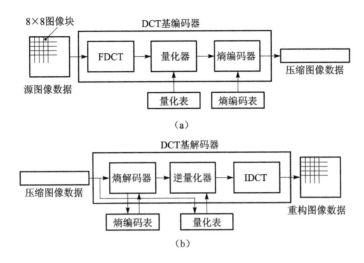

图 6.10　DCT 压缩/解压缩步骤

（a）DCT 基压缩编码步骤；（b）DCT 基解压缩步骤

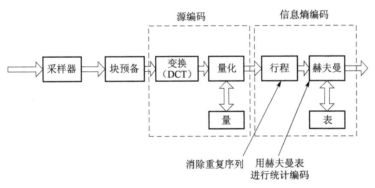

图 6.11　JPEG 算法步骤示意图

6.2.2　JPEG 算法的主要计算步骤

1. 预备数据块

JPEG 可压缩灰度和彩色图像，但该标准并不提供表示彩色图像初始格式。彩色图像的表示方法：彩色图像可用 RGB 三原色，YUV 或 YIQ 三原色，YCrCb 的三原色表示。这些彩色图像的表示方法也可以相互转换。表示图像的各数字化分量可以进行二次采样——如色差分量通常就是这样的。由于被压缩图像的大小是可变的，二次抽象又是未知的，所以 JPEG 将预先处理相当数目的图像分量。JPEG 可处理的最大分量数为 255。实际应用中，常规的彩色图像仅使用三种分量。

JPEG 压缩的第一步是预备数据块。JPEG 压缩编码并不是对整个图像进行编码的。在编码器的输入端，把原始图像顺序地分割成一系列 8×8 的子块。在过程链中的每一步中对每个块分别进行处理。图像分块处理时，对图像块的大小没有限制，图像的变换、量化和熵编码等所有的处理都是以图像块为单元。这样做有两个明显的好处，一是可以降低对存储器的要求，二是便于抽出一幅图像中的部分图像。其缺点是图像质量有所下降，但不明显。如图 6.12

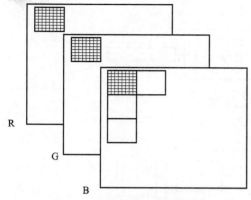

图 6.12　JPEG 预备数据块的例子

所示为一幅图像，用 R、G、B 三分量表示，将每分量分为一系列的 8×8 像素块。

举一个例子说明预备数据块的过程。假设有一幅彩色图像用 YUV（光度 Y 和两个色差 U 和 V）表示，图像的大小为 480 行，每行 640 个像素。因而，如果假设色度分解为 4:1:1，光度分量就是一个 640×480 的数值矩阵，每个色差分量是一个 320×240 的数值矩阵。预备数据块要满足 DCT 过程要求的 4 800 光度块和两个 1 200 的色差块，然后将块一个一个地送往 DCT。在每个分量内从左至右、从上至下进行。

2. 正向离散余弦变换（FDCT）

下面对正向离散余弦变换（FDCT）作几点说明。

（1）对每个单独的彩色图像分量，把整个分量图像分成 8×8 的图像块，如图 6.13 所示，并作为二维离散余弦变换（DCT）的输入。通过 DCT 变换，把能量集中在少数几个系数上。

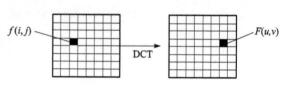

图 6.13　离散余弦变换

（2）DCT 变换使用公式（6.1）计算

$$F(u,v)=\frac{1}{4}C(u)C(v)\left[\sum_{i=0}^{l}\sum_{j=0}^{l}f(i,j)\cos\frac{(2i+1)u\pi}{16}\cos\frac{(2j+1)v\pi}{16}\right] \qquad (6.1)$$

它的逆变换使用公式（6.2）计算

$$F(i,j)=\frac{1}{4}C(u)C(v)\left[\sum_{i=0}^{l}\sum_{j=0}^{l}F(u,v)\cos\frac{(2i+1)u\pi}{16}\cos\frac{(2j+1)v\pi}{16}\right] \qquad (6.2)$$

上面两式中，$C(u)$，$C(v)=1/$，当 u，$v=0$；
$\qquad\qquad C(u)$，$C(v)=1$，其他。

$f(i, j)$ 经 DCT 变换之后，$F(0, 0)$ 是直流系数，其他为交流系数。

（3）在计算二维的 DCT 变换时，可使用计算式（6.3）和（6.4）把二维的 DCT 变换变成一维的 DCT 变换，如图 6.14 所示。

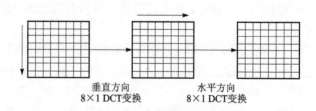

垂直方向　　　　　　水平方向
8×1 DCT变换　　　　8×1 DCT变换

图 6.14　二维 DCT 变换方法

$$F(u,v) = \frac{1}{2}C(u)\left[\sum_{i=0}^{l} G(i,v)\cos\frac{(2i+1)u\pi}{16}\right] \qquad (6.3)$$

$$G(i,v) = \frac{1}{2}C(v)\left[\sum_{j=0}^{l} f(i,j)\cos\frac{(2j+1)v\pi}{16}\right] \qquad (6.4)$$

每个 8×8 二维图像采样数据块,是 64 点离散信号,FDCT 把这些信号作为输入,然后把它分解成 64 个正交基信号。

离散余弦变换的目的是将数据预备块处理的每个块从空间域变换为频率域。每个初始块由 64 个表示样本信号特定分量的振幅值组成,该振幅是一个含二维空间坐标的函数。假设用 $a=f(x,y)$ 表示该函数,其中 x、y 是两个二维空间向量。在经过离散余弦变换后,该函数变为 $C=g(F_x,F_x)$,其中 C 是一个系数,F_x 和 F_y 分别是各方向的空间频率。经过变换后原来的数值变为另一个 64 个数值的方阵,和原来的数值相比不同的是,方阵中的每个数值不再表示信号在采样点 (x,y) 的振幅,而表示一个 DCT 系数(也就是说,是一个特定的频率值),离散余弦变换过程如图 6.15 所示。

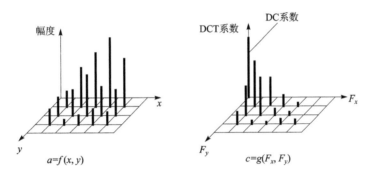

图 6.15　离散余弦变换的二维表示法

在表示幅度坐标的图中,各竖线表示的是在采样点信号的幅值,而经过离散余弦变换后的 DCT 系数中,各竖线表示的是 DCT 系数,其中系数 $g(0,0)$ 是与零频率相对应的系数,称为 DC 系数,它是 64 个样本的平均值。那么为什么要进行离散余弦变换呢?在一个表示图像的块中,各点处的采样值都有所差别。因此最低频率的系数将会最大,但是中间和高频的系数会很小或者为 0 值。也就是说把信号的能量聚集在最小的空间频率内。在数据压缩过程中就可以把这些中间频率和高频的系数忽略,而只保留低频的系数,这样就可以大大减少数据量,实现数据压缩。把这种思想应用于低频率的情况。想象给一个平面单色墙拍摄一张照片,并将它分成 8×8 方块,如图 6.16 所示。左边的方格图为图像的光亮度成分样本,经过离散余弦变换后如右边的方格图所示。由于频率是指各方向的变化率,而每个信号的振幅几乎不变,也即各方向的值变化很小,因此零频率将很高,而其他频率几乎为零。如果在墙上画一条黑线,图像就变复杂了,一些块将会受到影响。在影响到的块中,相邻值之间会快速发生改变,这将使最高频率具有一个高系数,但并不是所有的块都会受到影响。

实际应用中,连续色调图像(例如相片)中并没有很多明线或区域,区域间的连接通常很平滑。因此信息通常主要位于低频处。这也正是 JPEG 中所做的假设,JPEG 的假设是基于这样一个事实：人眼对于高或低空间频率不如中等空间频率敏感。因此，没有必要复制出高保真、清晰的区域边界，这是因为人眼对亮度的改变反应尤其迟钝。由此可以看出 JPEG 并不适合过于复杂的图像，特别是那些看起来像双色调图像的图像。

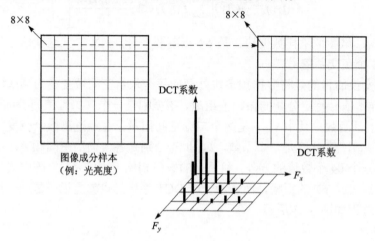

图 6.16　离散余弦变换应用于每个图像分量的 8×8 方阵

3. 量化

实际上，在量化之前，还并没有发生数据丢失，也就是说如果这时将图像如此的传送或保存，然后再应用逆向变换，原始图像就可以准确地再现。量化的目标是用最低精度的 DCT 系数来实现深度压缩，量化中用一个预定义的值去除每个 DCT 系数来对其标准化。这些预定义的值事先存放在一个称为量化表的 8×8 平方块中，如图 6.17 所示。

在 JPEG 标准中采用线性均匀量化器，量化定义为：对 64 个 DCT 变换系数 $F(u, v)$ 除以量化步长，四舍五入取整。如式（6.5）所示。

$$F^Q(u, v) = \text{Integer Round}[F(u, v)/Q(u, v)] \qquad (6.5)$$

式中 $Q(u, v)$ 是量化器步长。

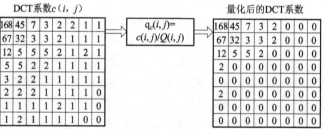

图 6.17　量化示意图

经过量化的 DCT 系数表就产生了连续为"0"的现象，这正是压缩算法最需要的局面，即大面积空间冗余，可以用无损压缩的方法消除重复序列。用量化铲除 DCT 系数表高频部分的较小的数，而低频主能量仍然保留，这对角频率较低的人眼非常合适，人眼能够接受低频部分，而对高频去除部分没有感觉。这是 JPEG 压缩算法的真正含义。

对于有损压缩算法，JPEG 算法使用如图 6.18 所示的均匀量化器进行量化，量化步长按照系数所在的位置和每种颜色分量的色调值来确定。因为人眼对亮度信号比对色差信号更敏感，因此使用了两种量化表：表 6.2 所示的亮度量化表和表 6.3 所示的色差量化表。此外，由于人眼对低频分量的图像比对高频分量的图像更敏感，因此图中的左上角的量化步长要比右下角的量化步长小。表 6.2 和表 6.3 中的数值对 CCIR 601 标准电视图像已经是最佳的。如果不使用这两种表，也可以用自己的量化表替换它们。

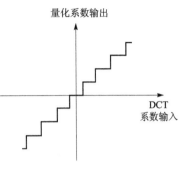

图 6.18　均匀量化器

表 6.2　亮度量化表

16	11	10	16	24	40	51	61
12	12	14	19	26	58	60	55
14	13	16	24	40	57	69	56
14	17	22	29	51	87	80	62
18	22	37	56	68	109	103	77
24	35	55	64	81	104	113	92
49	64	78	87	103	121	120	101
72	92	95	98	112	100	103	99

表 6.3　色度量化表

17	18	24	47	99	99	99	99
18	21	26	66	99	99	99	99
24	26	56	99	99	99	99	99
47	66	99	99	99	99	99	99
99	99	99	99	99	99	99	99
99	99	99	99	99	99	99	99
99	99	99	99	99	99	99	99
99	99	99	99	99	99	99	99

4. Z 字形编排

量化后的系数要重新编排，目的是为了增加连续的"0"系数的个数，就是"0"的行程长度，方法是按照 Z 字形的式样编排，DCT 系数的序号如图 6.19 所示，这样就把一个 8×8 的矩阵变成了一个 1×64 的矢量。频率较低的系数放在矢量的顶部。

5. 熵编码

使用熵编码还可以对 DPCM 编码后的直流 DC 系数和 RLE 编码后的交流 AC 系数作进一步的压缩。

在 JPEG 有损压缩算法中，使用赫夫曼编码器来减少熵。使用赫夫曼编码器的理由是可以使用很简单的查表（lookup table）方法进行编码。压缩数据符号时，赫夫曼编码器对出现频度比较高的符号分

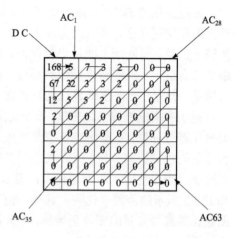

图 6.19　系数的"Z"形扫描方式排序

配比较短的代码，而对出现频度较低的符号分配比较长的代码。这种可变长度的赫夫曼码表可以事先进行定义。

（1）交流系数的编码。首先，对"Z"形扫描排序后得到的比特流用行程长度编码的思想进行编码。交流系数 AC 被编码后，成为由两个符号位组成的数据流。这两个符号，符号 1 的格式位<行程，尺寸>行程，这个"行程"是指"Z"形扫描后的比特流中前后两个非零 AC 系数之间连续零的个数；"尺寸"是后一个非零 AC 系数幅值表示需要的比特数。符号 1 占用一个字节，其中高四位表示行程参数，低四位表示幅值尺寸参数。一个基本符号 1，可表示的行程范围为 1～15，当两个非零 AC 系数之间连续零的个数超过 15 时，用增加扩展符号 1 "（15，0）"的个数来扩充。对于 8×8 块的 63 个 AC 系数最多增加 3 个"（15，0）"扩展符号 1。符号 2 代表非零 AC 系数的幅值大小，其范围为 $[-2^{10}, 2^{10}-1]$。

（2）直流系数的编码。8×8 图像块经过 DCT 变换之后得到的 DC 直流系数有两个特点，一是系数的数值比较大，二是相邻 8×8 图像块的 DC 系数值变化不大。根据这个特点，JPEG 算法使用了差分脉冲编码调制（DPCM）技术，对相邻图像块之间的 DC 系数的差值（Delta）进行编码：

$$Delta = DC（0，0）-DC（0，0）$$

对直流分量 DC 系数，也要在熵编码之前转换为两个符号的格式。但这不是用行程编码的思想进行变换。符号 1 只代表尺寸信息，用以表示 DC 系数差值的幅值所需的比特数；符号 2 表示值的幅值大小，其动态范围为 $[-2^{11}, 2^{11}-1]$，幅值尺寸大小以 1～11 bit 表示。

然后对前一步编码的结果，就是一系列的符号 1 和符号 2，赋以变长码字，可变长度熵编码就是对这种符号队序列的统计编码。JPEG 建议使用两种熵编码方法：赫夫曼（Huffman）编码和自适应二进制算术编码（Adaptive Binary Arithmetic Coding）。对 DC 系数和 AC 系数中的符号 1，采用赫夫曼表中的可变长度码（Variable-Length Code，缩写为 VLC）进行编码。符号 2 用变长整数（Variable-Length Integer，缩写为 VLI）表示。赫夫曼变长码表和变长整数表必须作为 JPEG 编码器的输入。

［例］表 6.4 所示的是 DC 码表符号举例。如果 DC 的值（Value）为 4，符号 SSS 用于表达实际值所需的位数，实际位数就等于 3。

表 6.4　DC 码表符号举例

Value	SSS
0	0
−1，1	1
−3，−2，2，3	2
−7，…，−4，4，…，7	3

6. 组成位数据流

JPEG 编码的最后一个步骤是把各种标记代码和编码后的图像数据组成一帧一帧的数据，这样做的目的是为了便于传输、存储和译码器进行译码，这样组织的数据通常称为 JPEG 位数据流（JPEG bitstream）。

6.2.3　JPEG 的性能

JPEG 的性能，用质量与比特率之比来衡量，是相当优越的。它的优点是：

① 它支持极高的压缩率，因此 JPEG 图像的下载速度大大加快。

② 它能够轻松地处理 16.8M 颜色，可以很好地再现全彩色的图像。

③ 在对图像的压缩处理过程中，该图像格式可以允许自由地在最小文件尺寸（最低图像质量）和最大文件尺寸（最高图像质量）之间选择。

④ 该格式的文件尺寸相对较小，下载速度快，有利于在目前带宽并不"富裕"的情况下传输。

JPEG 的缺点是：

① 并非所有的浏览器都支持将各种 JPEG 图像插入网页。

② 压缩时，可能使图像的质量受到损失，因此不适宜用该格式来显示高清晰度的图像。

JPEG 的复杂度之低和使用时间之长，给人以深刻的印象。以下是对于 8 位/像素的中等复杂画面的图像，JPEG 所给出的几个等级作为衡量压缩编码效果的准则：

（1）0.25 位/像素～0.5 位/像素：中～好，足以满足一些应用。

（2）0.5 位/像素～0.75 位/像素：好～很好，足以满足许多应用。

（3）0.75 位/像素～1.5 位/像素：优秀，足以满足大多数应用。

（4）1.5 位/像素～2.0 位/像素：难于与原图像区别，足以满足绝大多数应用。

（5）>2.0 位/像素：近乎完美，满足几乎全部的应用。

其中位/像素（bit/pixel）定义为压缩图像（包括色度分量）的总位数除以亮度分量的样本数。

6.2.4　JPEG 格式

微处理机中的存放顺序有正序（big endian）和逆序（little endian）之分。正序存放就是高字节存放在前、低字节在后，而逆序存放就是低字节在前、高字节在后。

例如，十六进制数为 A02B，正序存放就是 A02B，逆序存放就是 2BA0。摩托罗拉

（Motorola）公司的微处理器使用正序存放，而英特尔（Intel）公司的微处理器使用逆序。JPEG 文件中的字节是按照正序排列的。

JPEG 文件使用的颜色空间是 1982 年推荐的电视图像信号数字化标准 CCIR 601，现改为 ITU-R BT.601。在这个彩色空间中，每个分量、每个像素的电平规定为 255 级，用 8 位代码表示。从 RGB 转换成 YCbCr 空间时，使用下面的精确的转换关系：

$$Y = 256 \times E'y$$
$$Cb = 256 \times [E'Cb] + 128$$
$$Cr = 256 \times [E'Cr] + 128$$

（1）从 RGB 转换成 YCbCr

YCbCr 分量，[0，255]，可直接从用 8 位表示的 RGB 分量计算得到：

$$Y = 0.299R + 0.587G + 0.114B$$
$$Cb = -0.168\ 7R - 0.331\ 3G + 0.5B + 128$$
$$Cr = -0.5R - 0.418\ 7G + 0.081\ 3B + 128$$

（2）从 YCbCr 转换成 RGB

RGB 分量可直接从 YCbCr 分量，[0，255]，计算得到：

$$R = Y + 0 + 1.402\ 00(Cr - 128)$$
$$G = Y - 0.344\ 14(Cb - 128) - 0.714\ 14(Cr - 128)$$
$$B = Y + 1.772\ 00(Cb - 128) + 0$$

在 JFIF 文件格式中，图像样本的存放顺序是从左到右和从上到下。这就是说 JFIF 文件中的第一个图像样本是图像左上角的样本。

JFIF 文件格式直接使用 JPEG 标准为应用程序定义的许多标记，因此 JFIF 格式成了事实上的 JPEG 文件交换格式标准。JPEG 的每个标记都是由 2 个字节组成，其前一个字节是固定值 0xFF。每个标记之前还可以添加数目不限的 0xFF 填充字节（fill byte）。表 6.5 列出的是其中的 8 个标记：

表 6.5 JFIF 文件格式

（1）SOI 0xD8	图像开始
（2）APP0 0xE0	JFIF 应用数据块
（3）APPn 0xE1～0xEF	其他的应用数据块（n，1～15）
（4）DQT 0xDB	量化表
（5）SOF0 0xC0	帧开始
（6）DHT 0xC4	赫夫曼（Huffman）表
（7）SOS 0xDA	扫描线开始
（8）EOI 0xD9	图像结束

在 JPEG 文件存储格式中，每一个标记都是 JPEG 文件的一个部分，因此 JPEG 文件实际上就是由上述的 8 个部分组成的。

6.2.5 JPEG 压缩编码案例

有关 JPEG 算法更详细的信息和数据，请参看 JPEG 标准 ISO/IEC 10918。图 6.20 是使用 JPEG 算法对一个 8×8 图像块计算得到的结果。在这个例子中，计算正向离散余弦变换（FDCT）之前对源图像中的每个样本数据减去了 128，在逆向离散余弦变换之后对重构图像中的每个样本数据加了128。

139	144	149	153	155	155	155	155
144	151	153	156	159	156	156	156
150	155	160	163	158	156	156	156
159	161	162	160	160	159	159	159
159	160	161	162	162	155	155	155
161	161	161	161	160	157	157	157
162	162	161	163	162	157	157	157
162	162	161	161	163	158	158	158

源图像样本

144	146	149	152	154	156	156	156
148	150	152	154	156	156	156	156
155	156	157	158	158	157	156	155
160	161	161	162	161	159	157	155
163	163	164	163	162	160	158	156
163	164	164	164	162	160	158	157
160	161	162	162	161	159	158	158
158	159	161	161	159	159	158	158

重构图像样本

235.6	-1.0	-12.1	-5.20	2.1	-1.7	-2.7	1.3
-22.6	-18.5	-6.2	-3.2	-2.9	-0.1	0.4	-1.2
-10.9	-9.3	-1.6	1.5	0.2	-0.9	-0.6	-0.1
-7.1	-1.9	0.2	1.5	0.9	-0.1	0.0	0.3
-0.6	-0.8	1.5	1.6	-0.1	-0.7	0.6	1.3
1.8	-0.2	-1.6	-0.3	-0.8	1.5	1.0	-1.0
-1.3	-0.4	-0.3	-1.5	-0.5	1.7	1.1	-0.8
-2.6	1.6	-3.8	-1.8	1.9	1.2	-0.6	-0.4

FD CT系数

240	0	-10	0	0	0	0	0
-24	-12	0	0	0	0	0	0
-14	-13	0	0	0	0	0	0
0	0	0	0	0	0	0	0
0	0	0	0	0	0	0	0
0	0	0	0	0	0	0	0
0	0	0	0	0	0	0	0
0	0	0	0	0	0	0	0

逆量化后的系数

16	11	10	16	24	40	51	61
12	12	14	19	26	58	60	55
14	13	16	24	40	57	69	56
14	17	22	29	51	87	80	62
18	22	37	56	68	109	103	77
24	35	55	64	81	104	113	92
49	64	78	87	103	121	120	101
72	92	95	98	112	100	103	99

量化表

16	11	10	16	24	40	51	61
12	12	14	19	26	58	60	55
14	13	16	24	40	57	69	56
14	17	22	29	51	87	80	62
18	22	37	56	68	109	103	77
24	35	55	64	81	104	113	92
49	64	78	87	103	121	120	101
72	92	95	98	112	100	103	99

量化表

15	0	-1	0	0	0	0	0
-2	-1	0	0	0	0	0	0
-1	-1	0	0	0	0	0	0
0	0	0	0	0	0	0	0
0	0	0	0	0	0	0	0
0	0	0	0	0	0	0	0
0	0	0	0	0	0	0	0
0	0	0	0	0	0	0	0

规格化量化系数

15	0	-1	0	0	0	0	0
-2	-1	0	0	0	0	0	0
-1	-1	0	0	0	0	0	0
0	0	0	0	0	0	0	0
0	0	0	0	0	0	0	0
0	0	0	0	0	0	0	0
0	0	0	0	0	0	0	0
0	0	0	0	0	0	0	0

规格化量化系数

图 6.20　JPEG 压缩编码举例

6.2.6　JPEG2000

随着多媒体应用领域的快速增长，传统 JPEG 压缩技术已无法满足人们对数字化多媒体图像资料的要求：网上 JPEG 图像只能一行一行地下载，直到全部下载完毕，才可以看到整个图像；JPEG 格式的图像文件体积仍然嫌大；JPEG 格式属于有损压缩，当被压缩的图像上有大片近似颜色时，会出现马赛克现象；同样由于有损压缩的原因，许多对图像质量要求较高的应用 JPEG 无法胜任……

JPEG2000 的编码算法确定于 2000 年的东京会议，它放弃了 JPEG 所采用的以离散余弦变换算法为主的区块编码方式，而改用以离散子波变换算法为主的多解析编码方式。

JPEG2000 编码器和解码器的结构与基本 JPEG 编/解码器一样。编码器首先对源图像数据进行变换，再对变换的系数进行量化，然后进行熵编码。解码器是它的逆过程。图像变换使用离散小波变换。JPEG2000 标准使用子带分解，把样本信号分解成低通样本和高通样本。低通样本表示减低了分辨率的图像数据样本，高通样本表示降低了分辨率的图像数据样本，用于需要从低通样本重构出分辨率比较高的图像。离散小波变换可以是不可逆的小波变换，也可以是可逆的小波变换。

与 JPEG 相比，JPEG2000 的特点是：

（1）渐进式传输。这是 JPEG2000 的重要特征之一，看到这种特性，就会联想到 GIF 格式的图像可以做到在 Web 上实现"渐现"效果。也就是说，它先传输图像的大体轮廓，然后逐步传输其他数据，不断地提高图像质量。这样图像就由朦胧到清晰显示出来，从而节约、充分利用有限的带宽。而传统的 JPEG 无法做到这一点，只能是从上到下逐行显示。

（2）支持无损压缩方式。而 JPEG 只能做到有损压缩，压缩后数据不能还原。因此 JPEG2000 在保存不可以丢失原始信息，而又强调较小的图像文档尺寸的情况下能扮演很重要的角色。

（3）对 ROI（Region of Interest，即感兴趣区域）进行特别的压缩处理。用户可以指定图像上任意区域的压缩质量，还可以指定特定解压缩要求。这在大大降低图像尺寸方面起到很大作用，并给用户带来了极大的方便。

（4）高的压缩比。在具有和传统 JPEG 类似质量的前提下，JPEG2000 的压缩率比 JPEG 高 20%~40%。也就是说，假如有一天 JPEG 图片全部换成 JPEG2000 编码方式，在同样的网络带宽下，用于图片下载的等待时间将大大缩短。

（5）JPEG2000 在颜色处理上，具有更优秀的内涵。与 JPEG 相比，JPEG2000 同样可以用来处理多达 256 个通道的信息。而 JPEG 仅局限于 RGB 数据。也就是说，JPEG2000 可以用单一的文件格式来描述另外一种色彩模式，比如 CMYK 模式。

（6）简化 Web 方式多用途图像。由于 JPEG2000 图像文件在它从服务器下载到用户的 Web 页面时，能平滑地提供一定数量的分辨率基准，Web 设计师们处理图像的任务就简单化了。例如经常会看到一些提供图片欣赏的站点，在一个页面上用缩略图来代理较大的图像。浏览者只需单击该图像，就可以看到较大分辨率的图像。不过这样 Web 设计师们的任务就在无形中加重了。因为缩略图与它链接的图像并不是同一个图像，需要另外制作与存储。而 JPEG2000 只需要一个图像就可以了。用户可以自由地放缩、平移、剪切该图像而能得到所需要的分辨率与细节。

6.3 小波

本节介绍小波方面的内容，包括小波的定义和各种小波变换。

6.3.1　小波简介

1. 小波简史

傅里叶理论指出，一个信号可表示成一系列正弦和余弦函数之和，叫做傅里叶展开式。傅里叶函数的波形如图 6.21 所示。

用傅里叶表示一个信号时，只有频率分辨率而没有时间分辨率，这就意味我们可以确定信号中包含的所有频率，但不能确定具有这些频率的信号出现在什么时候。为了继承傅里叶分析的优点，同时又克服它的缺点，人们一直在寻找新的方法。

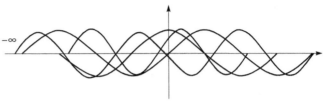

图 6.21　傅里叶函数

20 世纪初，哈尔（Alfred Haar）对在函数空间中寻找一个与傅里叶类似的基非常感兴趣。1909 年他发现了小波，并被命名为哈尔小波（Haar wavelets），他最早发现和使用了小波。

进入 20 世纪 80 年代，法国科学家 Y.Meyer 和他的同事开始为此开发系统的小波分析方法。Meyer 于 1986 年创造性地构造出具有一定衰减性的光滑函数，他用缩放（dilations）与平移（translations）均为 2^j（$j \geq 0$ 的整数）的倍数构造了 $L^2(R)$ 空间的规范正交基，使小波得到真正的发展。

图 6.22 中所示小波具有有限的持续时间和突变的频率和振幅，波形可以是不规则的，也可以是不对称的，在整个时间范围里的幅度平均值为零。

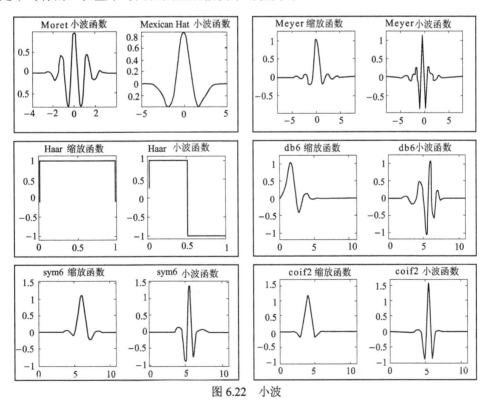

图 6.22　小波

而正弦波和余弦波具有无限的持续时间，它可从负无穷扩展到正无穷，波形是平滑的，它的振幅和频率也是恒定的。

在众多的小波中，选择什么样的小波对信号进行分析是一个至关重要的问题。使用的小波不同，分析得到数据也不同，这是关系到能否达到使用小波分析的目的问题。如果没有现成的小波可用，那么还需要自己开发适用的小波。

小波函数在时域和频域中都应该具有某种程度的平滑度（smoothness）和集中性（concentration）。

例如，Daubechies 小波简写成 dbN，如 db1，db2，…，db9，从 Daubechies 小波波形来看，N 数目的大小反映了 Daubechies 小波的平滑度和集中性。

2. 小波分析

小波可由母小波（mother wavelet）（或者叫做基本小波）$\psi(x)$ 来构造，它是一个定义在有限区间的函数。一组小波基函数，$\{\psi_{a,b}(x)\}$，可通过缩放和平移基本小波 $\{\psi(x)\}$ 来生成

$$\psi_{a,b}(x)=\left|\frac{1}{\sqrt{a}}\right|\psi\left(\frac{x-b}{a}\right) \tag{6.6}$$

在式（6.5）中，a 为进行缩放的缩放参数，反映特定基函数的宽度（或者叫做尺度）；b 为进行平移的平移参数，指定沿 x 轴平移的位置。

（1）连续小波分析。小波分析是把一个信号分解成将原始小波经过移位和缩放之后的一系列小波，小波可以用作表示一些函数的基函数。

傅里叶分析的过程也就是傅里叶变换公式：

$$F(\omega)=\int_{\infty}^{+\infty}f(t)\mathrm{e}^{-\mathrm{j}\omega t}\mathrm{d}t \tag{6.7}$$

傅里叶变换也就是信号 $f(t)$ 与复数指数 $\mathrm{e}^{-\mathrm{j}\omega t}$ 之积在信号存在的整个期间里求和，变换的结果是傅里叶系数 $F(\omega)$，它是频率 ω 的函数。

连续小波变换（Continuous Wavelet Transform，缩写为 CWT）用式（6.7）表示

$$C(Scale,\ position)=\int_{\infty}^{+\infty}f(t)\psi(scale,\ position,\ t)\mathrm{d}t \tag{6.8}$$

CWT 变换也就是信号 $f(t)$ 与被缩放和平移的小波函数 ψ 之积在信号存在的整个期间里求和，CWT 变换的结果是许多小波系数 C，这些系数是缩放因子（scale）和位置（position）的函数。

CWT 的变换过程可分成如下 5 个步骤：

步骤 1：把小波 $\psi(t)$ 和原始信号 $f(t)$ 的开始部分进行比较。

步骤 2：计算系数 C。该系数表示该部分信号与小波的近似程度。系数 C 的值越高表示信号与小波越相似，因此系数 C 可以反映这种波形的相关程度。

步骤 3：把小波向右移，距离为 k，得到的小波函数为 $\psi(t-k)$，然后重复步骤 1 和步骤 2。再把小波向右移，得到小波 $\psi(t-2k)$，重复步骤 1 和步骤 2。按上述步骤一直进行下去，直到信号 $f(t)$ 结束。

步骤 4：扩展小波 $\psi(t)$，例如扩展一倍，得到的小波函数为 $\psi(t/2)$。

步骤 5：重复步骤 1～步骤 4。

可以看出缩放因子小，表示小波频率高，度量信号细节；相反，缩放因子大，表示小波频率低，度量的是信号的低频部分。

（2）离散小波变换。在计算连续小波变换时，实际上也是用离散的数据进行计算的，只是所用的缩放因子和平移参数比较小而已。

连续小波变换的计算量是惊人的。为了解决计算量的问题，缩放因子和平移参数都选择 2^j（$j>0$ 的整数）的倍数。

使用这样的缩放因子和平移参数的小波变换叫做双尺度小波变换（Dyadic Wavelet Transform），它是离散小波变换（Discrete Wavelet Transform，缩写为 DWT）的一种形式。

用滤波器执行离散小波变换的概念如图 6.24 所示。

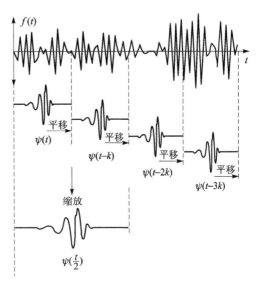

图 6.23 连续小波变换的过程

S 表示原始的输入信号，通过两个互补的滤波器产生 A 和 D 两个信号，A 表示信号的近似值（approximations），D 表示信号的细节值（detail）。

在小波分析中，近似值是大的缩放因子产生的系数，表示信号的低频分量；而细节值是小的缩放因子产生的系数，表示信号的高频分量。

离散小波变换可以被表示成由低通滤波器和高通滤波器组成的一棵树，分解级数的多少取决于要被分析的数据和用户的需要，如图 6.25 所示。

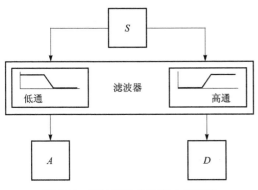

图 6.24 滤波器执行离散小波变换

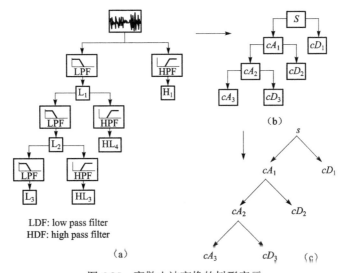

图 6.25 离散小波变换的树形表示

小波分解树表示只对信号的低频分量进行连续分解。如果不仅对信号的低频分量连续进行分解，而且对高频分量也进行连续分解，这样不仅可得到许多分辨率较低的低频分量，而且也可得到许多分辨率较低的高频分量。

$S=A_1+AAD_3+DAD_3+DD_2$。图 6.26 所示为三级小波包分解树示意图。

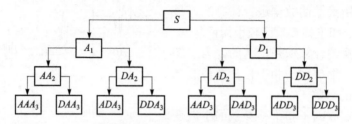

图 6.26　三级小波包分解树

在使用滤波器进行小波变换的时候，得到的数据将是原始数据的两倍。例如，如果原始信号的数据样本为 500 个，通过滤波之后每一个通道的数据均为 250 个，总共为 1 000 个。于是，根据尼奎斯特（Nyquist）采样定理就提出了降采样（downsampling）的方法，即在每个通道中每两个样本数据取一个，得到的离散小波变换的系数（coefficient）分别用 cD 和 cA 表示，如图 6.27 所示。图中的符号↓表示降采样。

（3）小波重构和正交镜像滤波器。使用离散小波变换把信号表示成一组小波的线性和叫做分解或者分析。把分解的系数还原成原始信号的过程叫做小波重构（wavelet reconstruction）或者合成（synthesis）。在使用滤波器做小波变换时包含滤波和降采样两个过程，在小波重构时要包含升采样（upsampling）和滤波过程。小波重构的方法如图 6.28 所示，图中的符号↑表示升采样。

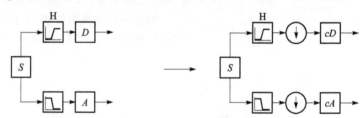

H：高通滤波器　L：低通滤波器

图 6.27　降采样过程

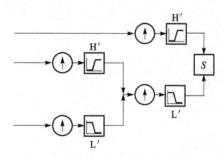

H′：高通滤波器　L′：低通滤波器

图 6.28　小波重构方法

升采样是在两个样本数据之间插入"0"，目的是把信号的分量加长。升采样的过程如图6.29所示。

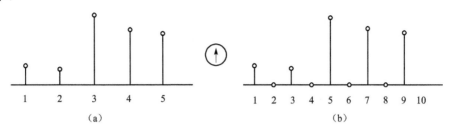

图6.29 升采样的方法

（a）降采样信号；（b）升采样信号

在信号的分解期间，降采样会引进畸变，这种畸变叫做混叠（aliasing）。这就需要在分解和重构阶段精心选择关系紧密但不一定一致的滤波器才有可能取消这种混叠。低通分解滤波器（L）和高通分解滤波器（H）以及重构滤波器（L'和H'）构成一个系统，这个系统叫做正交镜像滤波器（Quadrature Mirror Filters，缩写为QMF）系统，如图6.30所示。

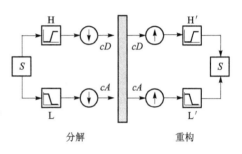

图6.30 正交镜像滤波器系统

3. 小波定义

在数学上，小波定义为对给定函数局部化的函数。小波可由一个定义在有限区间的函数 $\psi(x)$ 来构造，$\psi(x)$ 称为母小波（mother wavelet）或者叫做基本小波。一组小波基函数，{ $\psi_{a,b}(x)$ }，可通过缩放和平移基本小波 $\psi(x)$ 来生成，

$$\psi_{a,b}(x)=\left|\frac{1}{\sqrt{a}}\right|\psi\left(\frac{x-b}{a}\right) \qquad (6.9)$$

式（6.9）中，a 为进行缩放的缩放参数，反映特定基函数的宽度（或者叫做尺度）；b 为进行平移的平移参数，指定沿 x 轴平移的位置。

当 $a=2^j$ 和 $b=ia$ 的情况下，一维小波基函数序列定义为 $\psi_{i,j}(x)=2^{-j/2}\psi(2^{-j}x-i)$ 或者 $\psi_{i,j}(x)=2^{j/2}\psi(2^jx-i)$ 其中，i 为平移参数，j 为缩放因子。

6.3.2 一维哈尔小波变换

1. 哈尔基函数

基函数是一组线性无关的函数，可以用来构造任意给定的信号。最简单的基函数是哈尔基函数（Haar basis function）。它是由一组分段常值函数（piecewise-constant function）组成的函数集。这个函数集定义在半开区间[0，1]上，现以图像为例并使用线性代数中的矢量空间来说明哈尔基函数。

如果一幅图像仅由 $2^0=1$ 个像素组成，这幅图像在整个[0，1]区间中就是一个常值函数。用 $\phi_0^0(x)$ 表示这个常值函数，用 V^0 表示由这个常值函数生成的矢量空间，即

$$V^0: \quad \phi_0^0(x) = \begin{cases} 1 & 0 \leqslant x < 1 \\ 0 & \text{其他} \end{cases} \tag{6.10}$$

它的波形如图 6.31 所示。

这个常值函数也叫做框函数（box function），它是构成矢量空间 V^0 的基。

如果一幅图像由 $2^1 = 2$ 个像素组成，这幅图像在[0，1]区间中有两个等间隔的子区间：[0，1/2]和[1/2，1]，每一个区间中各有 1 个常值函数，分别用 $\phi_0^1(x)$ 和 $\phi_1^1(x)$ 表示。用 V^1 表示由 2 个子区间中的常值函数生成的矢量空间，即

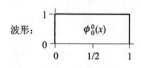

图 6.31 $\quad \phi_0^0(x)$ 的波形图

$$V^1: \quad \phi_0^1(x) = \begin{cases} 1 & 0 \leqslant x < 0.5 \\ 0 & \text{其他} \end{cases} \tag{6.11}$$

$$\phi_1^1(x) = \begin{cases} 1 & 0.5 \leqslant x < 1 \\ 0 & \text{其他} \end{cases} \tag{6.12}$$

它们的波形如图 6.32 所示。

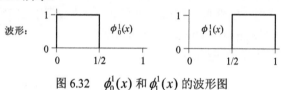

图 6.32 $\quad \phi_0^1(x)$ 和 $\phi_1^1(x)$ 的波形图

这 2 个常值函数就是构成矢量空间 V^1 的基。

如果一幅图像由 $2^j = 2^2 = 4$ 个像素组成，这幅图像在[0，1)区间中被分成 $2^j = 2^2 = 4$ 个等间隔的子区间：[0，1/4), [1/4, 1/2), [1/2, 3/4)和[3/4, 1)，它们的常值函数分别用 $\phi_0^2(x)$，$\phi_1^2(x)$，$\phi_2^2(x)$ 和 $\phi_3^2(x)$ 表示，用 V^2 表示由 4 个子区间中的常值函数生成的矢量空间，即式（6.13）所示。

$$\phi_0^2(x) = \begin{cases} 1, & 0 \leqslant x < 1/4 \\ 0, & \text{其他} \end{cases} ; \quad \phi_1^2(x) = \begin{cases} 1, & 1/4 \leqslant x < 1/2 \\ 0, & \text{其他} \end{cases} ;$$

$$\phi_2^2(x) = \begin{cases} 1, & 1/2 \leqslant x < 3/4 \\ 0, & \text{其他} \end{cases} ; \quad \phi_3^2(x) = \begin{cases} 1, & 3/4 \leqslant x < 1 \\ 0, & \text{其他} \end{cases} \tag{6.13}$$

它们的波形如图 6.33 所示。

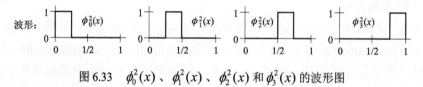

图 6.33 $\quad \phi_0^2(x)$、$\phi_1^2(x)$、$\phi_2^2(x)$ 和 $\phi_3^2(x)$ 的波形图

这 4 个常值函数就是构成矢量空间 V^2 的基。

可以按照这种方法继续定义基函数和由它生成的矢量空间。为了表示矢量空间中的矢量，每一个矢量空间 V^j 都需要定义一个基（basis）。为生成矢量空间 V^j 而定义的基函数也叫做尺度函数（scaling function），这种函数通常用符号 $\phi_j^i(x)$ 表示。哈尔基函数定义为

$$\phi(x)=\begin{cases} 1 & 0 \leqslant x < 1 \\ 0 & \text{其他} \end{cases} \tag{6.14}$$

哈尔基尺度函数 $\phi_j^j(x)$ 定义为

$$\phi_j^j(x)=\phi(2^j x - j)，i=0，1，\cdots，(2^j-1) \tag{6.15}$$

在式（6.15）中，j 为尺度因子，改变 j 使函数图形缩小或者放大；i 为平移参数，改变 i 使函数沿 x 轴方向平移。

空间矢量 V^j 定义为

$$V^j=sp\{\phi_i^j(x)\}\ i=0，\cdots，2^j-1 \tag{6.16}$$

其中，sp 表示线性生成（linear span）。

由于定义了基和矢量空间，就可以把由 2^j 个像素组成的一维图像看成为矢量空间 V^j 中的一个矢量。由于这些矢量都是在单位区间[0，1)上定义的函数，所以在 V^j 矢量空间中的每一个矢量也被包含在 V^{j+1} 矢量空间中。这说明矢量空间 V^j 是嵌套的，即

$$V^0 \subset V^{-1} \cdots \subset V^j \subset V^{j+1}$$

矢量空间 V^j 的这个性质可写成

$$V^j \subseteq V^{j+1}。$$

2. 哈尔小波函数

小波函数通常用 $\psi_i^j(x)$ 表示。与框函数相对应的小波称为基本哈尔小波函数（Haar wavelet functions），并由下式定义，

$$\psi(x)=\begin{cases} 1 & \text{当} 0 \leqslant x < 1/2 \\ -1 & \text{当} 1/2 \leqslant x < 1 \\ 0 & \text{其他} \end{cases} \tag{6.17}$$

哈尔小波尺度函数 $\psi_i^j(x)$ 定义为

$$\psi_i^j(x)=\psi(2^j x - i)，i=0，\cdots，(2^j-1) \tag{6.18}$$

用小波函数构成的矢量空间用 W^j 表示，

$$W^j=sp\{\psi_i^j(x)\}\ i=0，1，\cdots，2^j-1 \tag{6.19}$$

其中，sp 表示线性生成；j 为尺度因子，改变 j 使函数图形缩小或者放大；i 为平移参数，改变 i 使函数沿 x 轴方向平移。

根据哈尔小波函数的定义，可以写出生成 W^0、W^1 和 W^2 等矢量空间的小波函数。生成矢量空间 W^0 的哈尔小波：

$$\psi_0^0(x)=\begin{cases} 1 & 0 \leqslant x < 1/2 \\ -1 & 1/2 \leqslant x < 1 \\ 0 & \text{其他} \end{cases} \tag{6.20}$$

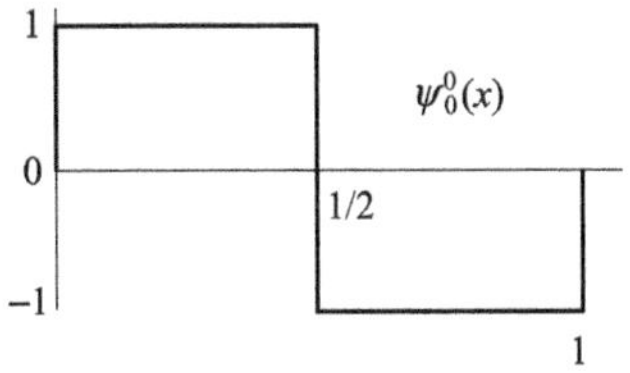

它的波形如图6.34所示。

生成矢量空间 W^1 的哈尔小波：

图6.34 矢量空间 W^0 的哈尔小波波形

$$\psi_0^1(x)=\begin{cases} 1 & 0 \leqslant x < 1/4 \\ -1 & 1/4 \leqslant x < 1/2 \\ 0 & \text{其他} \end{cases} ; \quad \psi_1^1(x)=\begin{cases} 1 & 1/2 \leqslant x < 3/4 \\ -1 & 3/4 \leqslant x < 1/2 \\ 0 & \text{其他} \end{cases} \tag{6.21}$$

它们的波形如图 6.35 所示。

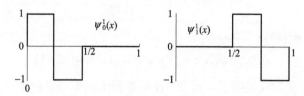

图 6.35　矢量空间 W^1 的哈尔小波波形

生成矢量空间 W^2 的哈尔小波：

$$\psi_0^2(x)=\begin{cases}1 & 0\leqslant x<1/8\\ -1 & 1/8\leqslant x<2/8\\ 0 & \text{其他}\end{cases}; \quad \psi_1^2(x)=\begin{cases}1 & 2/8\leqslant x<3/8\\ -1 & 3/8\leqslant x<4/8\\ 0 & \text{其他}\end{cases};$$

$$\psi_2^2(x)=\begin{cases}1 & 4/8\leqslant x<5/8\\ -1 & 5/8\leqslant x<6/8\\ 0 & \text{其他}\end{cases}; \quad \psi_3^2(x)=\begin{cases}1 & 6/8\leqslant x<7/8\\ -1 & 7/8\leqslant x<1\\ 0 & \text{其他}\end{cases}$$

$$(6.22)$$

它们的波形如图 6.36 所示。

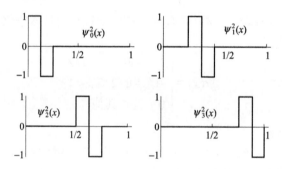

图 6.36　矢量空间 W^2 的哈尔小波波形

用哈尔小波 $\psi_i^j(x)$ 生成的矢量空间 W^j 包含在矢量 V^{j+1} 空间中，这个性质用下式表示：$W^j\subseteq V^{j+1}$。

3. 函数规范化和哈尔基的性质

在小波变换中，有时要对基函数和小波函数进行规范化（normalization）。在半开区间[0,1)中，如果函数的内积

$$<\phi_i^j(x),\ \phi_i^j(x)>=\int_0^1\phi_i^j(x)^2\mathrm{d}x=1$$

$$<\psi_i^j(x),\ \psi_i^j(x)>=\int_0^1\psi_i^j(x)^2\mathrm{d}x=1 \qquad (6.23)$$

则称 $\phi_i^j(x)$ 和 $\psi_i^j(x)$ 是规范化的函数。哈尔基和哈尔小波分别使用式（6.24）和式（6.25）进行规范化：

$$\phi_i^j(x)=2^{j/2}\phi(2^j x-j) \qquad (6.24)$$

$$\psi_i^j(x)=2^{j/2}\psi(2^j x-j) \qquad (6.25)$$

其中，常数因子 $2^{j/2}$ 用来满足标准内积（inner product）等于 1 的条件。如果小波函数不是在[0，1)区间中定义的函数，常数因子将改变。

使用哈尔基函数 $\phi_i^j(x)$ 和哈尔小波函数 $\psi_i^j(x)$ 生成的矢量空间 V^j 和 W^j 具有下面的性质：

$$V^{j+1} = V^j \oplus W^j \qquad (6.26)$$

其中，符号"$\oplus$"表示直和。在矢量空间 V^{j+1} 中，根据所选择的内积，生成矢量空间 W^j 的所有函数与生成矢量空间 V^j 的所有函数都是正交的，即子空间 W^j 是子空间 V^j 的正交补（orthogonal complement）。式（6.26）表明，在矢量空间 V^{j+1} 中，矢量空间 W^j 中的小波可用来表示一个函数在矢量空间 V^j 中不能表示的部分。因此，小波可定义为生成矢量空间 W^j 的一组线性无关的函数 $\psi_i^j(x)$ 的集合。这些基函数具有两个重要性质：

（1）生成矢量空间 W^j 的基函数 $\psi_i^j(x)$ 与生成矢量空间 V^j 的基函数 $\phi_i^j(x)$ 构成矢量空间 V^{j+1} 的一个基。

（2）生成矢量空间 W^j 的每一个基函数 $\psi_i^j(x)$ 与生成矢量空间 V^j 的每一个基函数 $\phi_i^j(x)$ 正交。

4. 一维哈尔变换过程

小波变换的基本思想是用一组小波函数或者基函数表示一个函数或者信号，例如图像信号。下面以具体的例子来说明小波变换的过程。

求有限信号的均值和差值。假设有一幅分辨率只有 4 个像素 p_0，p_1，p_2，p_3 的一维图像，对应的像素值或者叫做图像位置的系数分别为：

$$[8 \quad 6 \quad 2 \quad 4]$$

计算它的哈尔小波变换系数。

计算步骤如下：

步骤 1：求均值（averaging）。计算相邻像素对的平均值，得到一幅分辨率比较低的新图像，它的像素数目变成了 2 个，即新的图像的分辨率是原来的 1/2，相应的像素值为：

$$[7 \quad 3]$$

步骤 2：求差值（differencing）。很明显，用 2 个像素表示这幅图像时，图像的信息已经部分丢失。为了能够从由 2 个像素组成的图像重构出由 4 个像素组成的原始图像，就需要存储一些图像的细节系数（detail coefficient），以便在重构时找回丢失的信息。方法是把像素对的第一个像素值减去这个像素对的平均值，或者使用这个像素对的差值除以2。在这个例子中，第一个细节系数是 8−7＝1，因为计算得到的平均值是 7，它比 8 小 1 而比 6 大 1，存储这个细节系数就可以恢复原始图像的前两个像素值。使用同样的方法，第二个细节系数是 2−3＝−1，存储这个细节系数就可以恢复后 2 个像素值。因此，原始图像就可以用下面的两个平均值和两个细节系数表示：

$$[7 \quad 3 \quad 1 \quad -1]$$

步骤 3：重复步骤 1 和步骤 2，把由步骤 1 分解得到的图像进一步分解成分辨率更低的图像和细节系数。在这个例子中，分解到最后，就用 1 个像素的平均值 5 和 3 个细节系数 2、1 和−1 来表示整幅图像：

$$[5 \quad 2 \quad 1 \quad -1]$$

这个分解过程如表 6.6 所示。

表 6.6　哈尔变换过程

分辨率	平均值	细节系数
4	[8 6 2 4]	
2	[7 3]	[1 −1]
1	[5]	[2]

由此可见，通过上述分解就把由 4 像素组成的一幅图像用 1 个平均像素值和 3 个细节系数来表示，这个过程就叫做哈尔小波变换（Haar wavelet transform），也称哈尔小波分解（Haar wavelet decomposition）。如图 6.37 所示。这个概念可以推广到使用其他小波基的变换。

从这个例子中我们可以看到：

① 变换过程中没有丢失信息，因为能够从所记录的数据中重构出原始图像。

② 对这个给定的变换，我们可以从所记录的数据中重构出各种分辨率的图像。例如，在分辨率为 1 的图像基础上重构出分辨率为 2 的图像，在分辨率为 2 的图像基础上重构出分辨率为 4 的图像。

③ 通过变换之后产生的细节系数的幅度值比较小，这就为图像压缩提供了一种途径，例如去掉一些微不足道的细节系数并不影响对重构图像的理解。

在上例中，求均值和差值的过程实际上就是一维小波变换的过程，现在用数学方法重新描述小波变换的过程。

（1）用 V^2 中的哈尔基表示。图像 $I(x) =$ [8 6 2 4] 有 $2^j = 2^2 = 4$ 个像素，因此可以用生成矢量空间 V^2 中的框基函数的线性组合表示：

$$I(x) = c_0^2 \phi_0^2(x) + c_1^2 \phi_1^2(x) + c_2^2 \phi_2^2(x) + c_3^2 \phi_3^2(x) \tag{6.27}$$

其中的系数 c_0^2、c_1^2、c_2^2 和 c_3^2 是 4 个正交的像素值 [8 6 2 4]，因此

$$I(x) = 8\phi_0^2(x) + 6\phi_1^2(x) + 2\phi_2^2(x) + 4\phi_3^2(x) \tag{6.28}$$

（2）用 V^1 和 W^1 中的函数表示。生成矢量空间 V^1 的基函数为 $\phi_0^1(x)$ 和 $\phi_1^1(x)$，生成矢量空间 W^1 的小波函数为 $\psi_0^1(x)$ 和 $\psi_1^1(x)$。根据式（6.29）

$$V^2 = V^1 \oplus W^1 \tag{6.29}$$

因此，$I(x)$ 可表示成

$$I(x) = c_0^1 \phi_0^1(x) + c_1^1 \phi_1^1(x) + d_0^1 \psi_0^1(x) + d_1^1 \psi_1^1(x) \tag{6.30}$$

式（6.30）中，系数 c_0^1 和 c_1^1 是分辨率为 2 时的像素平均值，d_0^1 和 d_1^1 为细节系数；$\phi_0^1(x)$ 和 $\phi_1^1(x)$ 是 V^1 中的哈尔基函数，$\psi_0^1(x)$ 和 $\psi_1^1(x)$ 是 W^1 中的哈尔小波函数。

（3）用 V^1、W^0 和 W^1 中的函数表示。生成矢量空间 V^0 的基函数为 $\phi_0^0(x)$，生成矢量空间 W^0 的小波函数为 $\psi_0^0(x)$，生成矢量空间 W^1 的小波函数为 $\psi_0^1(x)$ 和 $\psi_1^1(x)$。根据式（6.31）

$$V^2 = V^0 \oplus W^0 \oplus W^1 \tag{6.31}$$

$I(x)$ 可表示成

$$I(x) = c_0^0 \phi_0^0(x) + d_0^0 \psi_0^0(x) + d_0^1 \psi_0^1(x) + d_1^1 \psi_1^1(x) \tag{6.32}$$

其中，4 个系数 c_0^0、d_0^0、d_0^1 和 d_1^1 就是原始图像通过哈尔小波变换所得到的系数，用来表示整幅图像的平均值和不同分辨率下的细节系数。4 个函数 $\phi_0^0(x)$、$\psi_0^0(x)$、$\psi_0^1(x)$ 和 $\psi_1^1(x)$ 就是构成 V^2 空间的基。

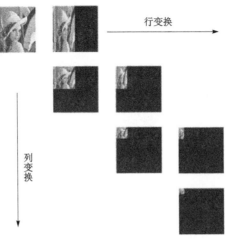

图 6.37　一维图像

6.3.3　二维哈尔小波变换

假设有一幅灰度图像，其中的一个图像块用矩阵表示为

$$
A=\begin{bmatrix}
64 & 2 & 3 & 61 & 60 & 6 & 7 & 57 \\
9 & 55 & 54 & 12 & 13 & 51 & 50 & 16 \\
17 & 47 & 46 & 20 & 21 & 43 & 42 & 24 \\
40 & 26 & 27 & 37 & 36 & 30 & 31 & 33 \\
32 & 34 & 35 & 29 & 28 & 38 & 39 & 25 \\
41 & 23 & 22 & 44 & 45 & 19 & 18 & 48 \\
49 & 15 & 14 & 52 & 53 & 11 & 10 & 56 \\
8 & 58 & 59 & 5 & 4 & 62 & 63 & 1
\end{bmatrix}
$$

使用灰度表示的图像如图 6.38 所示。

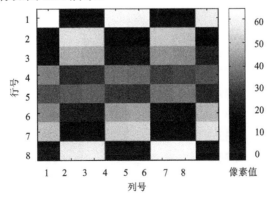

图 6.38　图像矩阵 A 的灰度图

一个图像块是一个二维的数据阵列，进行小波变换时可以对阵列的每一行进行变换，然后对行变换之后的阵列的每一列进行变换，最后对经过变换之后的图像数据阵列进行编码。

1. 求均值与求差值

为使读者对用小波变换压缩图像有一个完整的概念，还是从求均值（averaging）与求差值（differencing）开始。在图像块矩阵中，第一行的像素值为

R0：$[64 \quad 2 \quad 3 \quad 61 \quad 60 \quad 6 \quad 7 \quad 57]$

步骤1：在R0行上取每一对像素的平均值，并将结果放到新一行N0的前4个位置，其余的4个数是R0行每一对像素的第一个数与其相应的平均值之差。这个变换过程如下所示。

R0：$\left[64 \ 2 \ \dfrac{64+2}{2}=33 \quad 3 \ 61 \ \dfrac{3+61}{2}=32 \quad 60 \ 6 \ \dfrac{60+6}{2}=33 \quad 7 \ 57 \ \dfrac{7+57}{2}=32 \right]$

求差值：

N0：$[33 \quad 32 \quad 33 \quad 32 \quad 31 \quad -29 \quad 27 \quad -25]$

$64-33=31$，$3-32=-29$，$60-33=27$，$7-32=-25$

步骤2：对行N0的前4个数使用与步骤1相同的方法，得到两个平均值和两个系数，并放在新一行N1的前4个位置，其余的4个细节系数直接从行N0复制到N1的相应位置上。整个过程如下所示：

N0：$\left[\dfrac{33+32}{2}=32.5 \quad 33 \ 32 \ \dfrac{33+32}{2}=32.5 \quad 31 \ -29 \ 27 \ -25 \right]$

求差值：

N1：$[32.5 \quad 32.5 \quad 0.5 \quad 0.5 \quad 31 \quad -29 \quad 27 \quad -25]$

$33-32.5=0.5$，$33-32.5=0.5$

步骤3：用与步骤1和步骤2相同的方法，对剩余的一对平均值求平均值和差值，

N1：$\left[32.5 \ 32.5 \ \dfrac{32.5+32.5}{2}=32.5 \quad 0.5 \ 0.5 \ 31 \ -29 \ 27 \ -25 \right]$

求差值：

N1：$[32.5 \quad 0 \quad 0.5 \quad 0.5 \quad 31 \quad -29 \quad 27 \quad -25]$

$32.5-32.5=0$

2. 图像矩阵的计算

使用求均值和求差值的方法，对矩阵的每一行进行计算，得到：

$$A_R = \begin{bmatrix} 32.5 & 0 & 0.5 & 0.5 & 31 & -29 & 27 & -25 \\ 32.5 & 0 & -0.5 & -0.5 & -23 & 21 & -19 & 17 \\ 32.5 & 0 & -0.5 & -0.5 & -15 & 13 & -11 & 9 \\ 32.5 & 0 & 0.5 & 0.5 & 7 & -5 & 3 & -1 \\ 32.5 & 0 & 0.5 & 0.5 & -1 & 3 & -5 & 7 \\ 32.5 & 0 & -0.5 & -0.5 & 9 & -11 & 13 & -15 \\ 32.5 & 0 & -0.5 & -0.5 & 17 & -19 & 21 & -23 \\ 32.5 & 0 & 0.5 & 0.5 & -25 & 27 & -29 & 31 \end{bmatrix}$$

其中，每一行的第一个元素是该行像素值的平均值，其余的是这行的细节系数。使用同样的方法，对 A_R 的每一列进行计算，得到：

$$A_{RC}=\begin{bmatrix} 32.5 & 0 & 0 & 0 & 0 & 0 & 0 & 0 \\ 0 & 0 & 0 & 0 & 0 & 0 & 0 & 0 \\ 0 & 0 & 0 & 0 & 4 & -4 & 4 & -4 \\ 0 & 0 & 0 & 0 & 4 & -4 & 4 & -4 \\ 0 & 0 & 0.5 & 0.5 & 27 & -25 & 23 & -21 \\ 0 & 0 & -0.5 & -0.5 & -11 & 9 & -7 & 5 \\ 0 & 0 & 0.5 & 0.5 & -5 & 7 & -9 & 11 \\ 0 & 0 & -0.5 & -0.5 & 21 & -23 & 25 & -27 \end{bmatrix}$$

其中，左上角的元素表示整个图像块的像素值的平均值，其余是该图像块的细节系数。根据这个事实，如果从矩阵中去掉表示图像的某些细节系数，事实证明重构的图像质量仍然可以接受。具体做法是设置一个阈值 δ，例如 $\delta \leqslant 5$ 的细节系数就把它当做 "0" 看待，这样经过变换之后的矩阵 A_{RC} 就变成：

$$A_{\delta}=\begin{bmatrix} 32.5 & 0 & 0 & 0 & 0 & 0 & 0 & 0 \\ 0 & 0 & 0 & 0 & 0 & 0 & 0 & 0 \\ 0 & 0 & 0 & 0 & 0 & 0 & 0 & 0 \\ 0 & 0 & 0 & 0 & 0 & 0 & 0 & 0 \\ 0 & 0 & 0 & 0 & 27 & -25 & 23 & 21 \\ 0 & 0 & 0 & 0 & -11 & 9 & -7 & 0 \\ 0 & 0 & 0 & 0 & 0 & 7 & 9 & -11 \\ 0 & 0 & 0 & 0 & 21 & -23 & 25 & -27 \end{bmatrix}$$

A_{δ} 与 A_{RC} 相比，"0" 的数目增加了 18 个，也就是去掉了 18 个细节系数。这样做的好处是可提高小波图像编码的效率。对 A_{δ} 矩阵进行逆变换，得到了重构的近似矩阵：

$$\tilde{A}=\begin{bmatrix} 59.5 & 5.5 & 7.5 & 57.5 & 55.5 & 9.5 & 11.5 & 53.5 \\ 5.5 & 59.5 & 57.5 & 7.5 & 9.5 & 55.5 & 53.5 & 11.5 \\ 21.5 & 43.5 & 41.5 & 23.5 & 25.5 & 39.5 & 32.5 & 32.5 \\ 43.5 & 21.5 & 23.5 & 41.5 & 39.5 & 25.5 & 32.5 & 32.5 \\ 32.5 & 32.5 & 39.5 & 25.5 & 23.5 & 41.5 & 43.5 & 21.5 \\ 32.5 & 32.5 & 25.5 & 39.5 & 41.5 & 23.5 & 21.5 & 43.5 \\ 53.5 & 11.5 & 9.5 & 55.5 & 57.5 & 7.5 & 5.5 & 59.5 \\ 11.5 & 53.5 & 55.5 & 9.5 & 7.5 & 57.5 & 59.5 & 5.5 \end{bmatrix}$$

图 6.39 是原始图和经过去掉某些细节系数之后重构的图，也许很难断定哪一幅是原图，哪一幅是重构图。这说明图像质量的损失还是能够接受的。图 6.40 是各种阈值重构图像的比较。

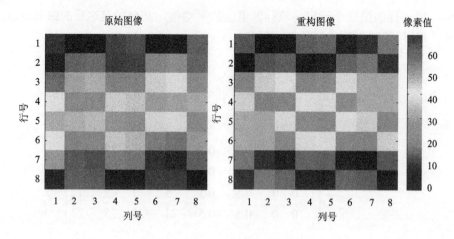

图 6.39　原图与重构图像的比较

3. 变换实例

为进一步理解小波变换的基本原理和在图像处理中的应用，我们可使用 MATLAB 软件中的小波变换工具箱（Wavelet Toolbox）编写小波变换程序，对原始图像进行分解和重构。

图 6.41 表示图像分解和重构过程。利用小波变换，用户可以按照应用要求获得不同分辨率的图像。

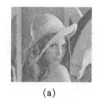　　　

　　（a）　　　　　　　（b）　　　　　　　（c）　　　　　　　（d）

图 6.40　各种阈值重构图像的比较

（a）原始图像；（b）$\delta \leqslant 5$；（c）$\delta \leqslant 10$；（d）$\delta \leqslant 20$

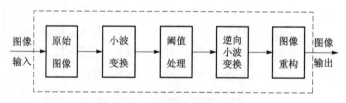

图 6.41　小波图像分解与重构

如图 6.42 所示的不同分辨率下的 Lena 图像，其中

图（a）表示原始的 Lena 图像；

图（b）表示通过一级小波变换可得到 1/4 分辨率的图像；

图（c）表示通过二级小波变换可得到 1/8 分辨率的图像；

图（d）表示通过三级小波变换可得到 1/16 分辨率的图像。

使用小波分解可产生多种分辨率图像。

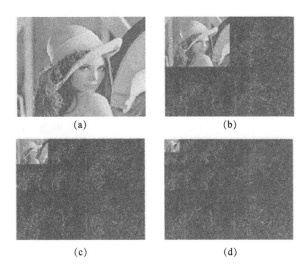

图 6.42　使用小波分解产生多种分辨率图像

（a）原始图像；（b）1/4 分辨率图像；（c）1/8 分辨率图像；（d）1/16 分辨率图像

6.3.4　二维小波变换方法

用小波对图像进行变换有两种方法，一种叫做标准分解（standard decomposition），另一种叫做非标准分解（nonstandard decomposition）。

1. 标准分解方法

标准分解方法是指首先使用一维小波对图像每一行的像素值进行变换，产生每一行像素的平均值和细节系数，然后使用一维小波对这个经过行变换的图像的列进行变换，产生这个图像的平均值和细节系数。

标准分解的过程如下，如图 6.43 所示。

```
***************************************************************
        procedure StandardDecomposition(C: array [1…h,1…w]of reals)
            for row 1 to h do
                Decomposition(C[row, 1…w])
            end for
            for col 1 to w do
                Decomposition(C[1…h, col])
            end for
        end procedure
***************************************************************
```

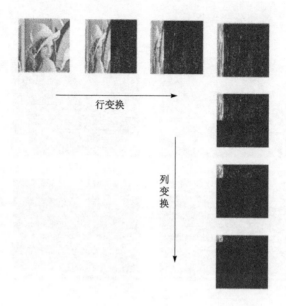

行变换

列
变
换

图 6.43　标准分解

2. 非标准分解

非标准分解是指使用一维小波交替地对每一行和每一列像素值进行变换。首先对图像的每一行计算像素对的均值和差值，然后对每一列计算像素对的均值和差值。这样得到的变换结果只有 1/4 的像素包含均值，再对这 1/4 的均值重复计算行和列的均值和差值，依此类推。非标准分解的过程如图 6.44 所示。

****

procedure *NonstandardDecomposition*(*C*: *array*[1… *h*, 1… *h*] of *reals*)

    C← *C*/*h* (*normalize input coefficients*)

    While *h* > 1 **do**

        for row 1 to h **do**

          DecompositionSten (*C*[*row*, 1…*h*])

        end for

        for *col* 1 to *h* do

          DecompositionStep (C [1…*h*, *col*])

        end for

    h←*h*/2

    end while

  end procedure

****

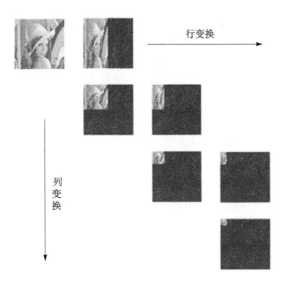

行变换

列变换

图 6.44　非标准分解方法

6.4　视频图像处理技术

本节介绍视频图像处理技术，包括：MPEG 视频概述、MPEG 数字电视标准和 MPEG 编码。

6.4.1　MPEG 视频概述

1988 年，国际标准化组织（International Organization for Standardization，缩写为 ISO）和国际电工委员会（International Electrotechnical Commission，缩写为 IEC）联合成立专家组，负责开发电视图像数据和声音数据的编码、解码和它们的同步等标准。这个专家组开发的标准称为 MPEG（Moving Picture Expert Group）标准。

MPEG 是为了解决电视传输的需求而制订的。首先来分析一下电视传输问题。

1. 电视图像的数据率

在 PAL、NTSC 和 SECAM 彩色电视制式之间确定了一个共同的数字化参数，这就是非常有名的 ITU-R BT.601 标准。按照这个标准，使用 4:2:2 的采样格式，亮度信号 Y 的采样频率选择为 13.5 MHz/s，而色差信号 Cr 和 Cb 的采样频率选择为 6.75 MHz/s，在传输数字电视信号通道上的数据传输率就达到为 270 Mb/s（Mbit/s），即：

亮度（Y）：

858 样本/行×525 行/帧×30 帧/s×10 bit/样本≈135 Mbit/s（NTSC）

864 样本/行×625 行/帧×25 帧/s×10 bit/样本≈135 Mbit/s（PAL）

Cr（R−Y）：

429 样本/行×525 行/帧×30 帧/s×10 bit/样本≈68 Mbit/s（NTSC）

429 样本/行×625 行/帧×25 帧/s×10 bit/样本≈68 Mbit/s（PAL）

Cb（B−Y）：

429 样本/行×525 行/帧×30 帧/s×10 bit/样本≈68 Mbit/s（NTSC）

429 样本/行×625 行/帧×25 帧/s×10 bit/样本≈68 Mbit/s（PAL）

总计：27 兆样本/s×10 bit/样本＝ 270 Mbit/s。

实际上，在荧光屏上显示出来的有效图像的数据传输率并没有那么高。

亮度（Y）：720×480×30×10≈104 Mb/s（NTSC）

720×576×25×10≈104（Mb/s）（PAL）

色差（Cr，Cb）：2×360×480×30×10≈104 Mb/s（NTSC）

2×360×576×25×10≈104 Mb/s（PAL）

总计：约为 207 Mb/s。

如果每个样本的采样精度由 10 bit 降为 8 bit，彩色数字电视信号的数据传输率就降为 166 Mb/s。

2. 电视图像数据率的估算

如果考虑使用 Video-CD 存储器来存储数字电视，由于它的数据传输率可达到 1.4112 Mb/s，分配给电视信号的数据传输率为 1.15 Mb/s，这就意味着 MPEG 电视编码器的输出数据率要达到 1.15 Mb/s。显而易见，如果存储 166 Mb/s 的数字电视信号就需要对它进行高度压缩，压缩比高达 166/1.15≈144:1。

MPEG–1 电视图像压缩技术不能达到这样高的压缩比。为此首先把 NTSC 和 PAL 数字电视转换成公用中分辨率格式 CIF（Common Intermediate Format）的数字电视，这种格式相当于 VHS（Video Home System）的质量，于是彩色数字电视的数据传输率就减小。

352×240×30×8×1.5≈30 Mb/s（NTSC）

352×288×25×8×1.5≈30 Mb/s（PAL）

把这种彩色电视信号存储到 CD 盘上所需要的压缩比为：30/1.15≈26:1，这就是 MPEG–1 技术所能获得的压缩比。

电视图像的数据压缩速率平均为 3.5～4.7 Mb/s 时，非专家难于区分电视图像在压缩前后的差别。如果使用 DVD-Video 存储器来存储数字电视，它的数据传输率虽然可以达到 10.08 Mb/s，但一张 4.7 GB 的单面单层 DVD 盘要存放 133 min 的电视节目，按照数字电视信号的平均数据传输率为 4.1 Mb/s 来计算，压缩比要达到 166/4.10≈40:1。

如果电视图像的子采样使用 4:2:0 格式，每个样本的精度为 8 比特，数字电视信号的数据传输率就减小到 124 Mb/s，即

720×480×30×8×1.5≈124 Mb/s（NTSC）

720×576×25×8×1.5≈124 Mb/s（PAL）

使用 DVD-Video 来存储 720×480×30 或者 720×576×25 的数字电视图像所需要的压缩比为 124/4.1≈30:1。

通过以上电视传输需求分析得知，MPEG–1 技术应该实现的压缩比为 26:1，MPEG–2 技术应该实现的压缩比为 40:1。

6.4.2 MPEG 数字电视标准

1. MPEG–1 数字电视标准

MPEG–1 处理的是标准图像交换格式（Standard Interchange Format，缩写为 SIF）或者称

为源输入格式（Source Input Format，缩写为 SIF）的电视，即 NTSC 制为 352 像素×240 行/帧×30 帧/秒，PAL 制为 352 像素×288 行/帧×25 帧/s，压缩的输出速率定义在 1.5 Mbit/s 以下。这个标准主要是针对当时具有这种数据传输率的 CD-ROM 和网络而开发的，用于在 CD-ROM 上存储数字影视和在网络上传输数字影视。

MPEG–1 数字电视标准由 5 部分组成：

（1）MPEG–1 系统，写成 MPEG–1 Systems，规定电视图像数据、声音数据及其他相关数据的同步，标准名是 ISO/IEC 11172-1。

（2）MPEG–1 电视图像，写成 MPEG–1 Video，规定电视数据的编码和解码，标准名是 ISO/IEC 11172-2。

（3）MPEG–1 声音，写成 MPEG–1 Audio，规定声音数据的编码和解码，标准名是 ISO/IEC 11172-3。

（4）MPEG–1 一致性测试，写成 MPEG–1 Conformance testing，标准名是 ISO/IEC 11172-4。

（5）MPEG–1 软件模拟，写成 MPEG–1 Software simulation，标准名是 ISO/IEC TR 11172-5。

2. MPEG–2 数字电视标准

MPEG–2 标准从 1990 年开始研究，1994 发布 DIS。它是一个直接与数字电视广播有关的高质量图像和声音编码标准。MPEG–2 可以说是 MPEG–1 的扩充，因为它们的基本编码算法都相同。但 MPEG–2 增加了许多 MPEG–1 所没有的功能，例如增加了隔行扫描电视的编码，提供了位速率的可变性能（scalability）功能。MPEG–2 要达到的最基本目标是：位速率为 4～9 Mbit/s，最高达 15 Mbit/s。

MPEG–2 的标准号为 ISO/IEC 13818，标准名称为"信息技术——电视图像和伴音信息的通用编码（Information technology — Generic coding of moving pictures and associated audio information）"。MPEG–2 包含 9 个部分：

（1）MPEG–2 系统，写成 MPEG–2 Systems，规定电视图像数据、声音数据及其他相关数据的同步，标准名是 ISO/IEC 13818-1。

MPEG–2 的系统模型如图 6.45 所示。

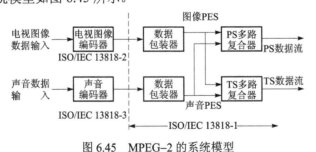

图 6.45 MPEG–2 的系统模型

这个标准主要是用来定义电视图像数据、声音数据和其他数据的组合，把这些数据组合成一个或者多个适合于存储或者传输的基本数据流。数据流有两种形式，一种称为程序数据流（Program Stream，缩写为 PS），另一种称为传输数据流（Transport Stream，缩写为 TS）。程序数据流是组合一个或者多个规格化的即包化基本数据流（Packetised Elementary Streams，缩写为 PES）而生成的一种数据流，用在出现错误相对比较少的环境下，适合使用软件处理的应用；传输数据流也是组合一个或者多个 PES 而生成的一种数据流，它用在出现错误相对比较多的环境下，例如在有损失或者有噪声的传输系统中。

（2）MPEG–2 电视图像，写成 MPEG–2 Video，规定电视数据的编码和解码，标准名是 ISO/IEC 13818-2。图 6.46 显示了 MPEG–2 电视图像配置。

Level\Profile（等级/配置）	Simpbe（简化型）	Main（基本型）	SRN Scalability（信噪比可变型）	Spatial Scalability（空间分辨率可变型）	High（高档型）
High（高级）		4:2:0 1920×1152×60 80 Mb/s I，P，B			4:2:0, 4:2:2 1920×1152×60 80 Mb/s I，P，B
High-1440（高级 1440）		4:2:0 1440×1152×60 60 Mb/s I，P，B		4:2:0 1440×1152×60 60 Mb/s I，P，B	4:2:0, 4:2:2 1440×1152×60 60 Mb/s I，P，B
Main（基本级）	4:2:0 720×576×30 15 Mb/s I，P	4:2:0 720×576×30 15 Mb/s I，P，B	4:2:0 720×576×30 15 Mb/s I，P，B		4:2:0 720×576×30 20 Mb/s I，P，B
Low（低级）		4:2:0 352×288×30 4 Mb/s I，P，B	4:2:0 352×288×30 4 Mb/s I，P，B		

图 6.46　MPEG–2 电视图像配置

有人认为使用 4:2:0 子采样格式的图像质量还不够好，因此在 1996 年的标准中增加了 4:2:2 子采样格式的图像。多视角配置（Multiview Profile，缩写为 MVP）是附加的配置。

（3）MPEG–2 声音，写成 MPEG–2 Audio，规定声音数据的编码和解码，是 MPEG–1 Audio 的扩充，支持多个声道，标准名是 ISO/IEC 13818-3。

（4）MPEG–2 一致性测试，写成 MPEG–2 Conformance testing，标准名是 ISO/IEC DIS 13818-4。

（5）MPEG–2 软件模拟，写成 MPEG–2 Software simulation，标准名是 ISO/IEC TR 13818-5。

（6）MPEG–2 数字存储媒体命令和控制扩展协议，写成 MPEG–2 Extensions for DSM-CC，标准名是 ISO/IEC DIS 13818-6。

这是一个数字存储媒体命令和控制（Digital Storage Media Command and Control，缩写为 DSM-CC）扩展协议，用于管理 MPEG–1 和 MPEG–2 的数据流，使数据流既可在单机上运行，又可在异构网络（即用类似设备构造但运行不同协议的网络）环境下运行。

（7）MPEG–2 先进声音编码，写成 MPEG–2 AAC，是多声道声音编码算法标准。这个标准除后向兼容 MPEG–1 Audio 标准之外，还有非后向兼容的声音标准。标准名是 ISO/IEC 13818-7。

（8）MPEG–2 系统解码器实时接口扩展标准，标准名是 ISO/IEC 13818–9。

（9）MPEG–2 DSM-CC 一致性扩展测试，标准名是 ISO/IEC DIS 13818–10。

3. MPEG–4 多媒体应用标准

MPEG–4 从 1994 年开始工作，它是为视听（audio-visual）数据的编码和交互播放开发算法和工具，是一个数据速率很低的多媒体通信标准。MPEG–4 的目标是要在异构网络环境下能够高度可靠地工作，并且具有很强的交互功能。

MPEG–4 的标准名是 Very-low bitrate audio-visual coding （其低速率视听编码）。作为国际标准草案（Draft International Standard，缩写为 DIS）的 MPEG–4 文件有 6 个部分，它们是：

（1）MPEG–4 系统标准，标准名是 ISO/IEC DIS 14496–1 Very low bitrate audio-visual coding — Part 1：Systems。

（2）MPEG–4 电视图像标准，标准名是 ISO/IEC DIS 14496–2 Very low bitrate audio-visual coding — Part 2：Video。

（3）MPEG–4 声音标准，标准名是 ISO/IEC DIS 14496–3 Very low bitrate audio-visual coding — Part 3: Audio。

（4）MPEG–4 一致性测试标准，标准名是 ISO/IEC DIS 14496–4 Very low bitrate audio-visual coding — Part 4：Conformance Testing。

（5）MPEG–4 参考软件，标准名是 ISO/IEC DIS 14496–5 Very low bitrate audio-visual coding — Part 5: Reference software

（6）MPEG–4 传输多媒体集成框架，标准名是 ISO/IEC DIS 14496–6 Very low bitrate audio-visual coding — Part 6：Delivery Multimedia Integration Framework。

4. MPEG–7 多媒体内容描述接口

MPEG–7 的工作于 1996 年启动，名称叫做多媒体内容描述接口（Multimedia Content Description Interface），目的是制定一套描述符标准，用来描述各种类型的多媒体信息及它们之间的关系，以便更快更有效地检索信息。

与其他的 MPEG 标准一样，MPEG–7 是为满足特定需求而制定的视听信息标准。MPEG–7 标准也是建立在其他的标准之上的，例如，PCM、MPEG–1、MPEG–2 和 MPEG–4 等。在 MPEG–7 中，例如 MPEG–4 中使用的形状描述符、MPEG–1 和 MPEG–2 中使用的移动矢量（motion vector）等都可能在 MPEG–7 中用到。

图 6.47 表示了 MPEG–7 的处理链（processing chain），这是高度抽象的方框图。在这个处理链中包含有 3 个方框：特征抽取（feature extraction）、标准描述（standard description）和检索工具（search engine）。特征的自动分析和抽取对MPEG–7 至关重要，抽象程度越高，自动

图 6.47　MPEG–7 的处理链

抽取也越困难，而且不是都能够自动抽取的，因此开发自动的和交互式半自动抽取的算法和工具都是很有用的。尽管如此，特征抽取和检索工具都不包含在 MPEG–7 标准中，而是留给大家去竞争，以便得到最好的算法和工具。

MPEG–7 的应用领域包括：数字图书馆（Digital library），例如图像目录、音乐词典等；多媒体目录服务（multimedia directory services），例如黄页（yellow pages）；广播媒体的选择，例如无线电频道、TV 频道等；多媒体编辑，例如个人电子新闻服务、多媒体创作等。潜在的应用领域包括：教育、娱乐、新闻、旅游、医疗、购物等。

6.4.3 MPEG 视频编码

MPEG 视频算法基于广受欢迎并且很有效的视频压缩算法——运动补偿离散余弦变换算法。这些算法在 20 世纪八九十年代为专有的和标准的视频压缩而开发。

包括：

（1）时域预测：减少视频图像间的时间冗余。

（2）频域分解：用 DCT 分解图像的空间块，来充分利用静态和逻辑上的空间冗余。

（3）量化：在保证质量损失最小的条件下确定选择传送哪些信息，以减少比特率。

（4）可变长编码：利用由量化和各种类型附属信息构成的符号序列的静态冗余。

这些基本块是 MPEG 视频算法取得高效压缩的主要部分，此外还采用了许多特殊的技术来增加效率和扩展性。

1. MPEG-1 视频编码

JPEG 的目标是针对静止图像压缩，而 MPEG 的目标是针对活动图像的数据压缩，但是静止图像与活动图像之间有着密切的关系。一个视频序列图像可以看作是位独立编码的静止图像序列，只是以视频速率顺序地显示而已。因此，MPEG-1 采用类似于 JPEG 压缩算法的帧内压缩算法。帧内图像数据压缩和帧间图像数据压缩技术是同时使用的，帧间压缩算法采用预测法和插补法，预测法有因果预测器（纯粹的预测编码）和非因果预测，即插补编码。

同一景物表面上各数字采样点的颜色间往往存在着空间连贯性，因此通过改变物体表面颜色的像素存储方式来利用空间连贯性，以达到减少数据量的目的。

MPEG 优先考虑了基于块的技术，引入了宏块（Macroblock）的概念。MPEG 中的源图或重构图由 3 个矩阵组成：亮度矩阵（Y）和两个色度矩阵（Cb 和 Cr）。Y、Cb 和 Cr 的元素同 CCIR Rec601 中描述的主（模拟的）红、绿和蓝信号（E'_R，E'_G，E'_B）有关。Y 矩阵需具有偶数的行和列，而 Cb 和 Cr 矩阵在水平和垂直方向均为 Y 矩阵尺寸的一半。因此，每一个宏块包含 16×16（像素）的亮度分量，空间上同 8×8（像素）的每一色度分量相对应。一个宏块有 4 个亮度块和 2 个色度块。"宏块"可指源或重构的数据或者缩放、量化的系数。宏块中块的顺序是：对 Y 左上、右上、左下、右下，后面跟 Cb 和 Cr。图 6.48 显示出了这些块的安排。

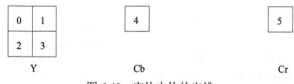

图 6.48　宏块中块的安排

在基于块的空间冗余技术领域中，MPEG 采用了 DCT 技术与视觉加权标量量化及行程编码和熵编码技术，并且变换和量化都是针对宏块进行的。MPEG 标准所采用 DCT 技术进行的帧内图像的数据压缩编码与前面所介绍的 JPEG 标准对静止图像的压缩编码处理方法是相同的。

基于 DCT 变换的编码方法归纳起来，可分为：离散余弦变换（DCT）、对变换系数进行量化、Z 字形扫描排序、熵编码这 4 个阶段。其中，DCT 系数的量化是一步关键的操作，因为量化器结合行程编码使大部分数据得以压缩。通过量化器的量化操作，使编码器的输出与给定的位速率匹配。精确的量化矩阵依赖于许多外部参数，诸如图像的显示特性，观察距离和源图像中的噪声数量。帧内编码的块包含所有频率的能量，如果量化太粗的话，很有可有产生块效应。同时，为了适应块之间信号的不均匀性，可在块与块的基础上对量化器步长进行自适应的调整。熵编码仍然是在行程编码之后进行。

序列图像为位于一时间轴区间内的一组连续画面，其中的相邻帧往往包含相同的背景和移动物体，只不过移动物体所在的空间位置略有不同，所以前后帧的数据间存在极大的相关性。

MPEG–1 视频算法为了追求更高的压缩效率，注重去除图像序列的时间冗余度，同时满足多媒体等应用所必需的随机存取要求。为此，MPEG–1 标准将视频图像序列划分为帧内图（Intra-code Picture 或称 I 帧）、预测图（Predictive-coded Pictures 或称 P 帧）以及双向图（Bidirectionally predictive Pictures 或称 B 帧），再根据不同的图像类型而区别对待。

（1）帧内图（I 帧）。帧内图可用来构造出其他的帧，但不能被其他的帧所构造。对于帧内图只使用类似于 JPEG 标准的帧内编码,如图 6.49 所示：

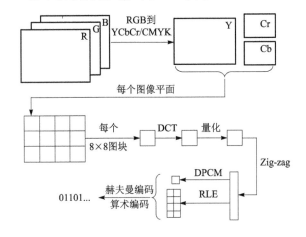

图 6.49　帧内图像 I 的压缩编码算法框图

（2）预测图（P 帧）。简单地说，预测图仅由前趋帧构造所得。预测图要用过去的（最靠近的）I 帧或 P 帧进行预测，因此又称之为前向预测（forward prediction），如图 6.50 所示。

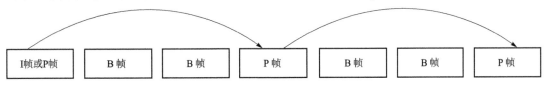

图 6.50　MPEG–1 的前向预测示意图

对于 P 帧的预测误差作有条件的传送，同时该 P 帧还可用来预测 B 帧和下一个 P 帧。由于对 P 帧可使用运动补偿，因而其压缩比有可能较 I 帧更高；但也正因为 P 帧可由以前的 P 帧预测而得，所以会导致 P 帧编码误差的扩散。采用运动补偿去除图像序列时间轴上的冗余度，典型的可使对 P 帧和 B 帧图像的压缩倍数较 I 帧提高 3 倍。运动补偿以宏块为单位进行，包括因果预测和插补两种算法。

运动补偿预测是以宏块（16×16）为预测单元，把当前宏块认为是先前某一时刻像宏块的位移，位移的内容包括运动方向和运动幅度。16×16 的运动向量块是预测误差，它们必须进行编码、传送，供解码时恢复图像用。若以 $P(x, y)$ 代表像素的位置；m_{01} 代表宏块相对于参考帧 I_0 的运动向量；m_{21} 代表宏块相对于参考帧 I_2 的运动向量；$\hat{I}_1$ 代表当前帧 I_1 的预测值，则

$$e = I_1(P) - \hat{I}_1(P) \tag{6.33}$$

其中 e 为预测误差。

对于一个给定的宏块，其预测器的表达式取决于前后参考帧（最邻近的 I 帧或 P 帧）和运动向量（即位移坐标）。对双向预测帧中每个 16×16 宏块的预测方式分 4 种类型：帧内预测、前向预测、后向预测以及双向（平均值）预测。对于帧内预测，没有运动补偿。

P 帧一般由前向预测获得。它使用两种类型的参数来表示：一种参数是当前要编码的图像宏块与参考图像的宏块之间的差值，另一种参数是宏块的运动向量。运动向量的概念可用图 6.51 表示，假设编码图像宏块 P 是参考图像宏块 R 的最佳匹配块。

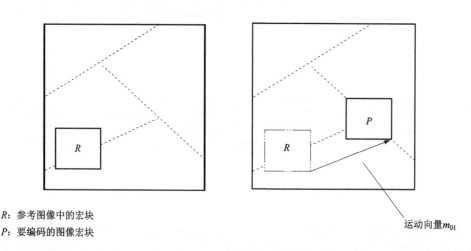

R：参考图像中的宏块
P：要编码的图像宏块

运动向量 m_{01}

图 6.51　运动向量的概念

前向预测可以表示为：　$\hat{I}_1(P) = \hat{I}_0(P + m_{01})$ （6.34）

预测误差仍然表示为：$e = I_1(P) - \hat{I}_1(P)$

后向预测表示为：　$\hat{I}_1(P) = \hat{I}_2(P + m_{21})$ （6.35）

后向预测的结果实际上是用于双向预测的，双向（平均值）预测表示为：

$$\hat{I}_1(P) = [\hat{I}_0(P + m_{01}) + \hat{I}_2(P + m_{21})]/2 \tag{6.36}$$

预测帧 P 的压缩编码算法框图如图 6.52 所示。编码图像宏块 P 是参考图像宏块 R 的最佳匹配块。在这两个宏块之间的差值求出来以后，仍然要对该差值进行彩色空间转换并采样得到 Y，Cr 和 Cb 分量值，然后按帧内压缩策略对误值进行编码。

预测图像的编码也是以图像宏块（macroblock）为基本编码单元，一个宏块定义为 $I \times J$ 像素的图像块，一般取 16×16。预测图像 P 使用两种类型的参数来表示：一种参数是当前要编码的图像宏块与参考图像的宏块之间的差值，另一种参数是宏块的移动矢量。

（3）双向图（B 帧）。简单地说，双向帧由前趋和后继帧差值所得。双向图可同时利用前、后帧图像作为预测参考，因此这种预测模式又称为双向预测（bidirectinal prediction），如图 6.53 所示。

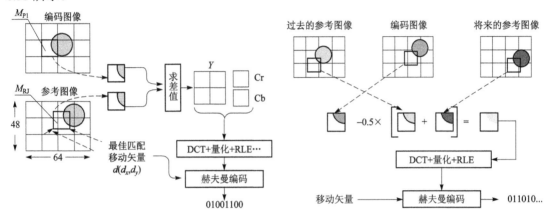

图 6.52　预测图像 P 的压缩编码算法框图　　　图 6.53　双向预测图像 B 的压缩编码算法框图

B 帧不仅图像压缩比最高，而且误差不会传播，因为 B 帧本身决不会被用作预测的基准。此外，对利用两幅图像进行双向预测的结果加以平均，有助于平滑噪声的影响。

图 6.54 显示了 MPEG-1 的双向预测示意图。

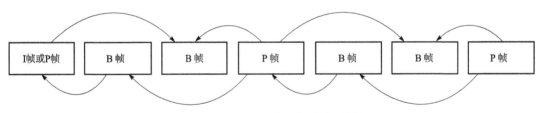

图 6.54　MPEG-1 的双向预测示意图

双向预测帧 B 的压缩编码框图与预测帧 P 的算法类似，只是由于 B 帧是由前后两个参考帧共同得到的，那么相应的差值的求取公式也因预测方式的改变而改变了。

值得注意的是，在当前帧中并非所有信息均可通过以前的图像帧来预测。请想象一扇门刚打开时的场景：此时门内所显露出的景物就不可能由开门前的那些图像帧中预测出（除非是一扇完全透明的玻璃门）。如果 P 帧中的某个宏块无法通过运动补偿来表示，就只好使用与 I 帧相同的帧内编码。但对于 MPEG-1 的 B 帧而言，就能够利用后向预测（非因果预测）来对付那些在过去的图像帧中被遮挡，而当前正显露出的图像区域。这是 MPEG-1 引入 B 帧的又一优点。

上述对于 B 帧的双向预测即为插补运动补偿。运动补偿中的插补编码是基于时间轴上的多分率技术。是对时间轴（帧序列方向）方向上低分率的子信号时行编码。比如通常仅对帧率 1/2（15 帧/s）或帧率为 1/3（10 帧/s）的低分率图像进行编码，然后作图像插值及附加校正，最后得到全帧率（30 帧/s）的视频信号。插值法重建满分辨率图像信号的方法是，把校正信息加到前面和后面的参考图像中组合而成。因而以插补方法补偿运动信息，可大幅度地提高视频压缩比。

由于 B 帧的引入，使得 MPEG–1 视频流的组成比 H.261（只有 I 帧和 P 帧）更复杂。位流满足不同的使用要求，MPEG–1 采用了更为灵活的"开放性"视频流：允许编码端自行选择任何两帧参考图像（I 帧或 P 帧）之间的 B 帧数。因为 I、P 之间插入的 B 帧越多，编码器所需要的帧存储器也越多，而用户对于编码器的体积、成本等因素的承受能力不尽相同；同时随应用对象的不同，具体的图像序列的统计特性亦会有相当大的差异。对于大多数景物，在参考图像之间插入两个 B 帧较为适宜。

一个典型的按照显示顺序排列的一秒钟内的视频流组成（30 帧）如图 6.55 所示。编码端的视频流记录格式并不要求与图像的显示顺序一致。对编码器视频流记录格式的要求是使解码器的图像表示效率最高。具体地说，为重建 B 帧所需的参考帧均在相应的 B 帧之前发送。如图 6.56 所示，在两幅 P 帧或一幅 I 帧之间，有两幅 B 帧。"1I"帧用作对"4P"帧的预测。"4P"和"1I"两帧用作对"2B"和"3B"帧的预测。因此，编码图形序列中图的顺序是 1I、4P、2B、3B；解码器显示它们的顺序是 1I、2B、3B、4P。

```
I  B  B  P  B  B  P  B  B  P  B  B  P  B  B  I  B  B  P  B  B  P  B  B  P  B  B  P  B  B
1        4        7        10       13       16       19       22       25       28    30
```

图 6.55　典型的图像类型的显示顺序

```
I  B  B  P  B  B  P … …          I  P  B  B  P  B  B … …
1  2  3  4  5  6  7 … …          1  4  2  3  7  5  6 … …

    （a）                              （b）
```

图 6.56　MPEG–1 图像序列的显示顺序与视频流顺序

（a）显示顺序；（b）视频流顺序

帧内预测和帧间预测都是与图像某些特性相对应的编码方法。帧内和帧间的判断也是一个预测编码的自适应问题。对于变化缓慢的图像序列，其帧间相关性强，宜采用帧间预测；当景物的运动增大时，帧间相关性减弱，而由于摄像机的"积分效应"，图像的高频成分减弱，帧内相关性反而有所增加，因此就应采用帧内预测。因此，为了能适应不同类型的图像，预测编码器就应该自适应地进行帧内/帧间预测这两种方式的选择，并且这一步骤是在预测之前进行的。

例如在 H.261 建议的自适应编码的方案中把图像分为 16×16 像素的宏块，编码是对每一个宏块进行的。那么自适应的帧内/帧间预测的判断应采用以下步骤进行计算和判决：设 $P(i, j)$ 为当前宏块，$O(i, j)$ 为前一帧对应的宏块。则

图像的方差为：
$$\text{Varor} = \frac{\sum_i \sum_j P(i, j)^2}{256} \cdot \left[\frac{\sum_i \sum_j P(i, j)}{256} \right]^2 \tag{6.37}$$

帧差的方差为：
$$Var = \frac{\sum_{i}\sum_{j}[P(i,\ j) - O(i,\ j)]^2}{256} \qquad (6.38)$$

图 6.57 表示如何根据 Varor 和 Var 的值来进行帧内/帧间预测的判断。如果 Varor>Var，则采用帧间模式工作，反之，则采用帧内模式工作。当 Varor 或者 Var 小于 64 时，则判断没有意义，因为在这种情况下，Varor 或者 Var 受噪声的影响比较大。

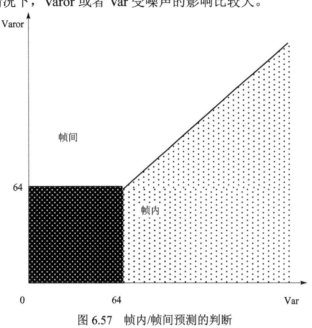

图 6.57　帧内/帧间预测的判断

需要注意的是，自适应技术的使用也有一定的限制。要考虑到实现的复杂性和实现的效率这两个方面。

2. MPEG–2 视频编码

MPEG–2 视频体系要求必须保证与 MPEG–1 视频体系向下兼容，并同时力求满足数字存储媒体、会议电视/可视电话、数字电视、高清晰度电视（HDTV）、广播、通信、网络等应用领域，对多媒体视频、音频通用编码方法日益增长的新需要。MPEG–2 详细叙述了存储媒体和数字视频通信中的图像信息的编码描述和解码过程。MPEG–2 标准支持固定比特率传送、可变比特率传送、随机访问、信道跨越、分级解码、比特流编辑以及一些特殊功能，如：快进播放、快退播放、慢动作、暂停和画面凝固等。MPEG–2 作为计算机可处理的数据格式，主要应用于数字存储媒体、视频广播和通信。存储媒体可以直接与 MPEG–2 解码器相连，或者通过总线、局域网、电信通信线路等通信手段与其相连。所有符合 MPEG–2 标准的数据，均可以在现在或未来的网络上传送、接收，或者在现在或未来的广播信道上传播。

MPEG–2 视频具有以下特色：

（1）MPEG–2 的级别和类。MPEG–2 视频编码标准是一个分等级的系列，按编码图像的分辨率分成 4 个"级（Levels）"；按所使用的编码工具的集合分成 5 个"类（Profiles）"。"级"与"类"的若干组合构成 MPEG–2 视频编码标准在某种特定应用下的子集。对某一输入格式的图像，采用特定集合的压缩编码工具，产生规定速率范围内的编码码流。

当前模拟电视存在着 PAL、NTSC 和 SECAM 三大制式并存的问题，因此，数字电视的输入格式标准试图将这 3 种制式统一起来，形成一种统一的数字演播室标准，这个标准就是 CCIR601，现称为 ITU-RRec.BT601 标准。MPEG–2 中的 4 个输入图像格式"级"都是基于这个标准的。

① 低级（Low Level）的输入格式的像素是 ITU-RRec.BT601 格式的 1/4，即 $352 \times 240 \times 30$（代表图像帧频为 30 帧/s，每帧图像的有效扫描行数为 240 行，每行的有效像素为 352 个），或 $352 \times 288 \times 25$。

② 低级之上的主级（Main Level）的输入图像格式完全符合 ITU-RRec.BT601 格式，即 $720 \times 480 \times 30$ 或 $720 \times 576 \times 25$。

③ 主级之上为 HDTV 的范围，基本上为 ITU-RRec.BT601 格式的 4 倍，其中 1440 高级（High-1440 Level）的图像宽高比为 4:3，格式为 $1440 \times 1080 \times 30$。

④ 高级（High Level）的图像宽高比为 16:9，格式为 $1920 \times 1080 \times 30$。

⑤ 简单类使用最少的编码工具。

⑥ 主类（Main Profile）除使用所有简单类的编码工具外，还加入了一种双向预测的方法。

⑦ 信噪比可分级类（SNR Scalable Profile）和空间可分级类（Spatially Scalable Profile）提供了一种多级广播的方式，将图像的编码信息分为基本信息层和一个或多个次要信息层。基本信息层包含对图像解码至关重要的信息，解码器根据基本信息即可进行解码，但图像的质量较差。次要信息层中包含图像的细节。广播时对基本信息层加以较强的保护，使其具有较强的抗干扰能力。这样，在距离较近，接收条件较好的情况下，可以同时收到基本信息和次要信息，恢复出高质量的图像；而在距离较远，接收条件较差的条件下，仍能收到基本信息，恢复出图像，不至造成解码中断。

⑧ 高级类（High Profile）实际上应用于比特率更高、要求更高的图像质量时，此外，前四个类在处理 Y、U、V 时是逐行顺序处理色差信号的，高级类中还提供同时处理色差信号的可能性。

（2）视频压缩编码的数据结构。视频压缩编码的视频数据结构是分层的比特流结构，第一层称为基本层，基本层可以独立解码，其他层称为增强层，增强层的解码依赖于基本层。基本层的结构与 MPEG–1 相一致。

视频数据结构的编码比特流分为 6 个层次。从上至下依次为：视频序列层（Sequence）、图像组层（Group of Picture）、图像层（Picture）、像条层（Slice）、宏块层（MacroBlock）和像块层（Block）。除宏块层和像块层外，上面 4 层中都有相应的起始码（Start Code），可用于因误码或其他原因收发两端失步时，解码器重新捕捉同步。因此一次失步将至少丢失一个像条的数据。

序列指构成某路节目的图像序列，序列起始码后的序列头中包含了图像尺寸、宽高比、图像速率等信息。序列扩展中包含了一些附加数据。为保证能随时进入图像序列，序列头是重复发送的。

序列层下是图像组层，一个图像组由相互间有预测和生成关系的一组 I、P、B 图像构成，但头一帧图像总是 I 帧。图像组层头中包含了时间信息。

图像组层下是图像层，分为 I、P、B 三类。I 图使用自身图进行编码，P 图是使用先前的 I 图或 P 图信息预测编码，B 图是由过去或将来的 I 图或 P 图双向预测编码。为了提供随机访问的功能，在编码比特流中可有重复序列头出现，重复序列头只可以在 I 图或 P 图前面出现，不能在 B 图前面出现。I 图用以解决视频序列的随机访问问题，如节目重播、快进播放或快退播放等。图像层头中包含了图像编码的类型和时间参考信息。

图像层下是像条层，一个像条包括一定数量的宏块，其顺序与扫描顺序一致。

像条层下是宏块层。

MPEG–2 中定义了宏块结构的 3 种格式：

① 4:2:0 格式，一个宏块由 6 个块组成。其中包括 4 个亮度（Y）块，2 个色差块（Cb 块和 Cr 块）；

② 4:2:2 格式，一个宏块由 8 个块组成。其中包括 4 个亮度（Y）块，4 个色差块（2 个 Cb 块和 2 个 Cr 块）；

③ 4:4:4 格式，这种宏块结构由 12 个块组成。其中包括 4 个亮度（Y 块），8 个色差块（4 个 Cb 块和 4 个 Cr 块）。

组成宏块的块是 DCT 变换的最基本单元。块尺寸为 8×8（以图像像素为单位）。像素即图像采样样本，是画面显示的最小单元，其尺寸大小取决于分辨率。每个像素携带有亮度 Y 和色差信号 Cb、Cr。

MPEG–2 视频采样格式有 3 种格式：

① 4:2:0 采样格式。其亮度和色差采样样本的位置分布如图 6.58 所示。

② 4:2:2 采样格式。其亮度和色差采样样本的位置分布如图 6.59 所示。

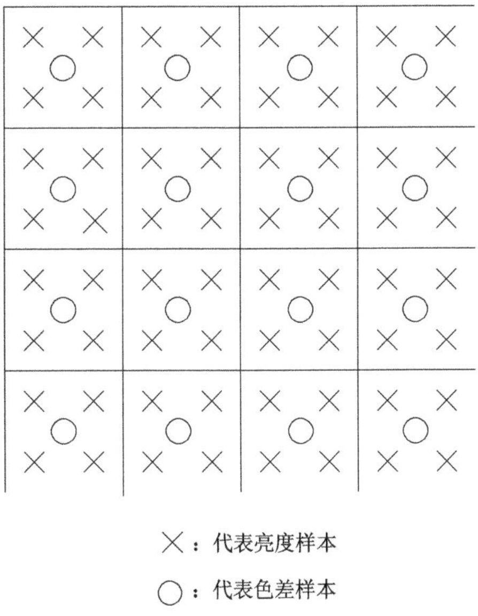

×：代表亮度样本

○：代表色差样本

×：代表亮度样本

○：代表色差样本

图 6.58　亮度和色差样本的位置（4:2:0） 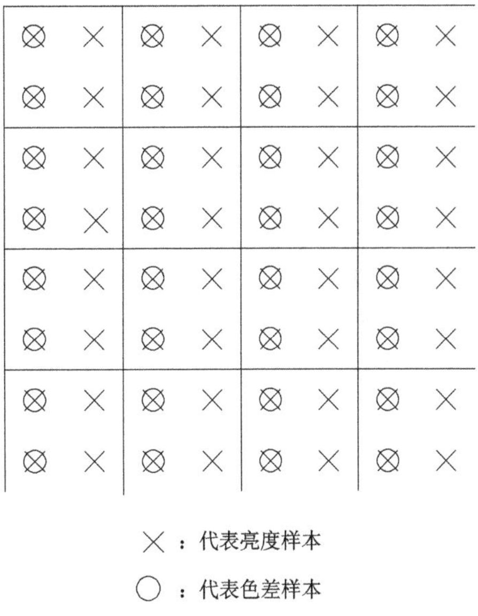　　图 6.59　亮度和色差样本的位置（4:2:2）

③ 4:4:4 采样格式。其亮度和色差采样样本的位置分布如图 6.60 所示。

3. MPEG–4 视频编码

MPEG–4 旨在为视音频数据的通信、存取与管理提供一个灵活的框架与一套开放的编码工具。它构筑于三个已经取得成功的领域之上：数字电视、交互式图像应用、交互式多媒体（WWW 内容的分布和存取）。

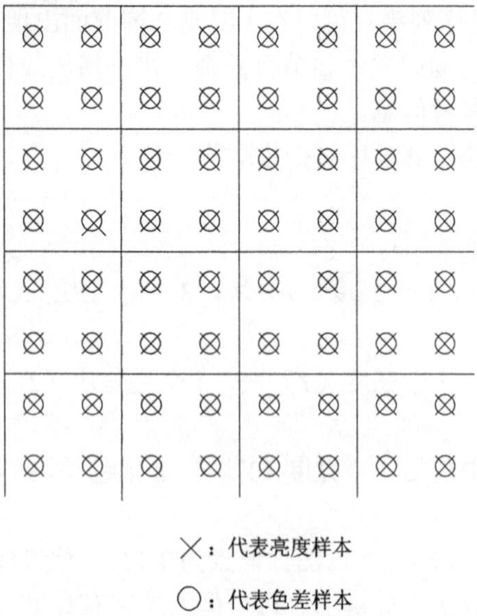

×：代表亮度样本

○：代表色差样本

图 6.60　亮度和色差样本的位置（4:4:4）

（1）MPEG–4 面向对象的特性。为了实现面向对象的特性，MPEG–4 对如下几个方面的功能进行了标准化：

① 表示视频、音频或视听内容的单元。这些单元称为"视听对象"（AVO），最基本的内容单元称为"视听元对象"（primitive AVO）。这些 AVO 可以是自然的或者合成的，即它们可以是被摄像机或麦克风记录下来的，也可以是由计算机生成的。

② 组合这些对象以生成复合视听对象，这些复合视听对象能形成视听场景。

③ 复合并同步与 AVO 有关的所有数据，以便这些数据能以与特定 AVO 性质相适应的服务质量在网络上传输。

④ 与在接收端生成的视听场景交互。

1）音频视频对象 AVO。与 MPEG1/2 相比，MPEG–4 在音频视频的表示形式上有着根本的不同。MPEG–4 所涉及的音频视频信息不再是那种从一个传感器来的信号的紧致码流，而是所谓的"音频视频对象"（Audio/Visual Object，缩写为 AVO）。这意味着一幅人的画面不再是人和背景在相机焦平面上的投影，而是由人和背景两个分离的视频对象（Video Object，缩写为 VO）组成的，每个对象都有自己的时间和空间信息。同样，一个声音不再是从麦克风中感应到的许多声音的线性叠加，而是由这些组成部分来表示，每个组成部分就是一个音频对象（Audio Object，缩写为 AO），每一个音频对象都有自己的时间和空间信息。MPEG–4 不再认为自然的和人工合成的音频视频对象有什么区别，并且为它们的综合提供方法。

MPEG 标准化了若干个这样的音频视频对象。这些对象能表示自然的或合成的内容，既有二维的也有三维的。除了上面所述的 AVO 外，MPEG–4 还定义了其他一些对象的编码表示，如：

① 人的头部及相应文本在合成端将用这些文本来合成讲话内容和相应的头部动作。

② 活动的人体用户可通过改变其编码表示中的某些参数使它"活动"起来。

③ 场景的子标题场景包含文本和图形。

对象的编码表示提供了对这些对象最简洁、最有效的描述。用于编码的字节被精简到恰能满足预期的功能要求。预期功能包括不受错误影响、允许对象的提取和编辑及允许对象尺寸缩放。值得提出的是，对象的编码表示可以独立地（不含任何背景、环境）表示对象（视觉的或听觉的）。

2）AVO 的组合。MPEG–4 还引入了视频对象层（Video Object Layer，缩写为 VOL）和视频对象平面（Video Object Plane，缩写为 VOP）的概念。前者主要用于编解码，后者用于视频对象的分割和合成。视频对象和视频对象平面都是码流中用户可以存取和操作的实体。视频对象平面的形状可以任意。在编码器端，视频对象平面的合成信息也一起被发送出去，它们用来表示在什么时候、什么地方显示每一个视频对象平面。在解码器端，允许用户通过与这些合成信息进行交互，从而改变视频对象的合成，显示出一幅可能与编码器端不同的场景。用户可以对每个视频对象的形状、纹理和运动矢量分别进行编解码，每一个 VOP 的码流是自包含的，用户可以对视频对象的码流进行各种编辑和操作，还可以根据用户的兴趣来改变视频对象的显示形式，不同的用户可能得到一幅完全不同的画面。每个 VOP 可以根据其自身的时空特性分别选择不同的编码策略，为了适应用户硬件配置的不同档次，每个 VOP 的编码都可分级（时间上、空间上和信噪比上），从而能让不同的硬件配置都可以选择一个最佳方案。

MPEG4 提供了创作场景的标准化方法。这些方法将允许：

① 在给定坐标系内任意放置 AVO。

② 组合元 AVO 以构成复合 AVO。

③ 改动 AVO 的数据流以改变其属性（如移动属于某对象的纹理、通过发送运动参数使头部对象活动）。

④ 在场景内的任何位置交互地改变用户的视点或听点。

3）与 AVO 的交互。一般情况下，用户所观察到的场景是由创作人员事先编排好的。不过，根据创作者所设定的自由度，用户也有可能与场景交互。用户可能做的事包括：

① 改变场景的视点、听点，如在场景中巡游。

② 把场景中的物体拖到一个不同的位置，或从场景中删除一个物体。

③ 可能涉及更为复杂的行为。如用户听到场景中的虚拟电话机的铃声，应答电话的同时，系统建好一个相应的通信链路。

（2）MPEG-4 的视频。MPEG-4 中引入了 VO 和 VOP 的概念来实现基于内容的表示。在这一概念中，我们根据人眼感兴趣的一些特性如形状、运动、纹理等，将图像序列中每一帧中的场景，看成是由不同视频对象面 VOP 所组成，而同一对象连续的 VOP 称为视频对象 VO（Video Object）。

VOP 编码器由 2 个主要部分组成：形状编码和纹理、运动信息编码。其中纹理编码、运动预测和运动补偿部分在原理上同现有标准是一致的。值得注意的是形状编码，这是图像编码标准中第一次引入形状编码技术。为了支持基于内容的功能，编码器可对图像序列中具有任意形状的 VOP 进行编码。尽管如此，编码器内的机制都是基于 16×16 像素宏块来设计的，这不仅是出于与现有标准在兼容问题上的考虑，而且是为了便于对编码器进行更好的扩展。VOP 被限定在一个矩形窗口内，称之为 VOP 窗口（VOP Window），窗口的长、宽均为 16 的整数倍，同时保证 VOP 窗口中非 VOP 的宏块数目最少。标准的矩形帧可认为是 VOP 的特例，在编码过程中其形状编码模块可以被屏蔽。

系统依据不同的应用场合，对各种形状的 VOP 输入序列采用固定的或可变的帧频。下面介绍 MPEG-4 视频编码策略。

1）基于对象的编码。基于对象的编码是 MPEG-4 的基本特征之一。MPEG-4 对对象几乎没有任何限制，既可以是自然界中各种物体的图像，也可以是合成的动画图像，包括静止图像、运动图像、二维对象、三维对象等。图 6.61 为对象编码示意图。

MPEG-4 标准的系统部分用来描述组成一幅画的各个视频对象之间的空间和时间关系。MPEG-4 允许随机访问每个视频对象，具体的讲就是能以一定的时间间隔访问对象，单独解码对象的形状信息，而不解码对象的纹理信息，也能对视频对象进行剪贴、平移和旋转等编辑操作。

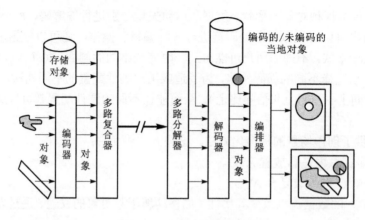

编码的/未编码的
当地对象

图 6.61　对象编码示意图

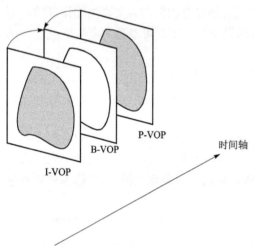

图 6.62　VOP 帧编码类型

2）运动信息编码。类似于现有的视频编码标准，MPEG-4 采用运动预测和运动补偿技术来去除图像信息中的时间冗余成分，而这些运动信息的编码技术可视为现有标准由向任意形状的 VOP 的延伸。VOP 的编码有 3 种模式，即帧内（Intra-frame）编码模式（I-VOP）、帧间（Inter-frame）预测编码模式（P-VOP）和帧间双向（Bidirectionaly）预测编码模式（B-VOP）。如图 6.62 所示。

在 MPEG-4 中运动预测和运动补偿可以是基于 16×16 像素宏块的，也可以是基于 8×8 像素块的。为了能适应任意形状的 VOP，MPEG-4 引入了图像填充（Image Padding）技术和多边形匹配（Polygon Matching）技术。图像填充技术利用 VOP 内部的像素值来外推 VOP 外部的像素值，以此获得运动预测的参考值。多边形匹配技术则将 VOP 的轮廓宏块的活跃部分包含在多边形之内，以此来增加运动估值的有效性。此外，MPEG-4 采用 8 参数仿射运动变换来进行全局运动补偿；支持静态或动态的 SPRITE 全局运动预测，对于连续图像序列，可由 VOP 全景存储器预测得到描述摄像机运动的 8 个全局运动参数，利用这些参数来重建视频序列。

3）形状编码。MPEG-4 引入了形状信息的编码，尽管形状编码在计算机图形学、计算机视觉和图像压缩领域不是什么新技术，但将其纳入完整的视频编码标准内，还是第一次。图 6.63 为形状编码示意图。

VO 的形状信息有两类：二值形状信息和灰度形状信息。二值形状信息用 0、1 来表示 VOP 的形状，0 表示非 VOP 区域，1 表示 VOP 区域。二值形状信息的编码采用基于运动补偿块的技术，可以是无损或有损编码。灰度形状信息用 0～255 的数值来表示 VOP 的透明程度，其中 0 表示完全透明（相当于二值形状信息中的 0），255 表示完全不透明（相当于二值形状信息中的 1）。灰度形状信息的编码采用基于块的运动补偿 DCT 方法（同纹理编码相似），

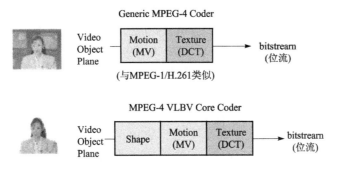

图 6.63　形状编码示意图

属于有损编码。视频对象可以是任意形状的物体，因而定义了平面（Alpha Plane）来描述对象的形状和位置信息。平面主要有二进制和灰度两种，二进制只确定图像中的某一像素点是否属于当前的对象，灰度平面可以描述对象的透明度，将不同的对象混合起来，完成某些特技效果。通常对平面的编码叫形状编码。

4）分级编码。很多多媒体应用需要系统支持时域、空间及质量的伸缩性，分级编码就是为了实现这一目标。例如，在远程多媒体数据库检索及视频内容重放等应用中，分级编码的引入使得接收机可依据具体的信道带宽、系统处理能力、显示能力及用户需求进行多分辨率的解码及回放。接收机可视具体情况对编码数据流进行部分解码，以获得：

① 较低的解码复杂度（同时也意味着较低的重建图像质量）；

② 较低的空间分辨率；

③ 较低的时间分辨率，即帧率；

④ 相同空间分辨率及帧率条件下，较低的重建图像质量。

MPEG–4 中通过视频对象层 VOL 的数据结构来实现分级编码。每一种分级编码都至少有 2 层 VOL，低层称为基本层，高层称为增强层。空间伸缩性可通过增强层强化基本层的空间分辨率来实现，因此在对增强层中的 VOP 进行编码之前，必须先对基本层中相应的 VOP 进行编码。同样对于时域伸缩性，可通过增强层来增加视频序列中某个 VO（特别是运动的 VO）的帧率，使之与其余区域相比更为平滑。

① 不同码率的编码：可以支持各种不同传输速率下的编码，其中包括小于 64 kb/s 的低码率编码、码率为 64～384 kb/s 的中码率编码和码率为 384 kb/s～4 Mb/s 的高码率编码，也支持固定码率的编码和变码率的编码。MPEG–4 中对比特率的控制可以基于对象，即使在低带宽时，也可以利用码率分配方法，对用户感兴趣的对象多分配一些比特率，而对用户不感兴趣的对象少分一些比特率，这样图像的主观质量就可以得到保证。

② 不同分辨率的编码：提供了灵活的编码策略，可根据现场带宽和误码率的客观条件，对编码视频图像的时间分辨率、空间分辨率和解码图像的信噪比进行控制。时间分辨率编码是带宽允许时在基本层之上的增强层中增加帧率，在带宽窄时可在基本层中减少帧率，以充分利用带宽。空间分辨率编码是在编码端对原图像进行抽样以使图像的尺寸变小，在解码端对解码的图像再通过插值以恢复原来图像的大小，即对基本层中的图进行采样插值，增加或减少空间分辨率。信噪比编码是根据传输带宽的限制和实际应用的需要，以降低解码图像的信噪比来提高压缩率。

5）纹理编码。纹理编码的对象可以是帧内编码模式的 I-VOP，也可以是帧间编码模式的 B-VOP 或 P-VOP 运动补偿后的预测误差。编码方法基本上仍采用基于 8×8 像素块的 DCT 方法。在帧内编码模式中，对于完全位于 VOP 内的像素块，采用经典的 DCT 方法；对于完全位于 VOP 之外的像素块则不进行编码；对于部分在 VOP 内，部分在 VOP 外的像素块则首先采用图像填充技术来获取 VOP 之外的像素值，之后再进行 DCT 编码。帧内编码模式中还将对 DCT 变换的 DC 及 AC 因子进行有效的预测。在帧间编码模式中，为了对 B-VOP 和 P-VOP 运动补偿后的预测误差进行编码，可将那些位于 VOP 活跃区域之外的像素值设为 128。此外，还可采用 SADCT（Shape-adaptive DCT）方法对 VOP 内的像素进行编码，该方法可在相同码率下获得较高的编码质量，但运算的复杂程度稍高。变换之后的 DCT 因子还需经过量化（采用单一量化因子或量化矩阵）、扫描及变长编码，这些过程与现有标准基本相同。

6）全局运动估计和 Sprite 编码。块匹配运动补偿技术对摄像头运动所产生的整幅图像的变化不是很有效。因此 MPEG-4 定义了二维和三维全局运动模型，包括平移、旋转、映射和投影等来补偿这类运动。如果一段视频序列的背景是固定的，每帧图像的背景是这个大的固定背景图像的某一部分，MPEG-4 可以通过静态或动态的方法生成全景背景图像，称为 Sprite 图像。视频对象的运动估计和补偿是参照 Sprite 图像进行的。

图 6.64 表述了 MPEG-4 利用 Sprite 全景背景图像来对视频序列进行编码的思想。该思想假设视频中的前景对象（网球运动员）能从背景中分割出来，而 Sprite 全景背景图像能在编码前从视频序列中抽去出来。Sprite 图像就是出现在一个视频序列中的静止的背景。这个大的全景背景图像仅在第一帧被传送到接收端，作为背景被保存在 Sprite 缓冲区。而在后继的视频帧中，就仅仅把与背景相关的摄像参数传送到接收端，用以在 Sprite 的基础上为每一帧重建背景图像。而运动的前景物体则以任意形状的视频对象被传送，接收端把前景对象与背景合成为每一帧（图的下部分）。在低延迟应用中，就可以把背景图像以小块的方式在视频序列中分别传送，同时在解码端渐进地重建背景。

7）在噪声环境中的鲁棒性。MPEG-4 中提供了在各种各样无线和有线的低码率网络下可靠地传输图像的方法。MPEG-4 对每个对象的关键数据如对象的头信息和形状信息提供了更高的容错保护，并提供了一个可逆变长编码码表，能检验传输中产生的误码。

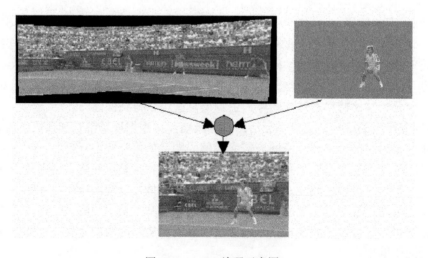

图 6.64　sprite 编码示意图

8）脸部动画。在视频会议和视频电话中，人们最感兴趣的是脸部图像。因此 MPEG–4 定义了人脸模型参数和人脸的动画运动参数，也定义了身体的模型参数和动画参数。在解码器中的人脸模型能通过传来的动画参数产生各种运动，如表情、说话等。也可以通过下载脸的模型生成一个特定的人脸。

9）网格编码。可以对需要编码的二维或三维视频对象生成各种网格模型，例如三维的高度栅格、脸和身体的三维多边形网格，以及用二维 Delaunay 网格来描述物体。MPEG–4 能有效地进行基于网格模型的视频对象运动信息编码，包括编码网格的拓扑形状以及每个结点的运动向量。

习　题

1. 简述常见的颜色模型。
2. 简述 JPEG 算法的主要步骤。
3. JPEG2000 有哪些增加的特性？
4. 小波变换的基本思想是什么？
5. 什么是哈尔基函数？
6. 简述三维哈尔小波变换方法。
7. 简述帧内图像 I 的压缩编码算法。
8. 简述预测图像 P 的压缩编码算法。
9. 简述 MPEG 数字电视标准。
10. MPEG 视频编码有哪些？各有什么特点？

第 7 章　超媒体与 Web 系统

超媒体是比传统多媒体更进一步的媒体系统，能更有效地实现信息的传达和交互。本章介绍超文本和超媒体的概念、WWW 系统的基本概念和原理、HTML 语言以及 XML 语言。

7.1　超文本与超媒体

本节介绍超文本和超媒体的概念、组成、结构模型和应用。

7.1.1　超文本和超媒体的概念

传统的书籍对于以纸张为载体的文本信息的组织和检索是一种顺序的、线性的方式，例如从第一页至最后一页的内容和顺序组织的目录索引。这不同于人类记忆所体现的信息组织结构，因为人脑中信息的存储管理更加依赖于非线性的逻辑关系。对人类思维和记忆的研究表明，记忆中的信息具有跳跃性，人们在讨论问题或者回忆问题的时候，能够在大脑的信息库中在相关信息间自由跳转，信息通过某种方式实现了具有非线性特征的组织结构。

超文本的概念是由 Theodor Nelson 在 20 世纪 60 年代中期提出来的，用于描述非顺序阅读和写作文本的思想。对于字典和百科全书类的文本库，内部的引用非常频繁，词条之间的解释涉及许多相关概念。这种情况下，普通顺序组织的文本结构使得索引较为麻烦。而超文本的出现正是为了更为有效和高速地组织上述的引用文本库。

超文本以一种非线性的网状结构来组织块状信息，它没有固定的顺序。超文本采用的非线性信息管理技术不同于传统书籍中的文本对信息的线性与顺序记录方式，而是模仿人类联想式的记忆思维索引信息的方式，将相互关联的信息组织成一个具有一定逻辑结构和语义意义的信息网络。

超文本普遍以电子文档的方式存在，其中的文本可以链接到其他的文本字段，也可以链接到文档的其他超文本链接，实现当前的阅读位置和其他文本的切换。Windows 操作系统的在线帮助系统和各种帮助文档都是超文本应用的典型例子，可以通过鼠标点击有链接的文本跳转至相关文本。

例如，在图 7.1 中，第一页文本中的文字"节点"链接到左下角的文档，"上下文"链接到右上角的文档，而左下角的文档中"上下文"链接到右下角的文档。

超文本：超文本是由信息节点和表示信息节点间相关性的链构成的具有一定逻辑结构的语义网络。节点即为组织信息的单位，节点之间通过表示相关联系的链加以连接，构成信息组织网络。

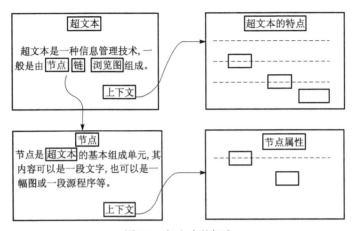

图 7.1　超文本的概念

超媒体：超媒体是指用超文本方式加以组织和处理的图形、图像、动画、声音、视频等多媒体信息。超媒体使得用户通过在某些信息条目或图片、图像上点击鼠标便可马上跳转至需要的媒体信息。超媒体能够非常高效地组织和管理大量具有逻辑联系的媒体信息，并通过与用户的互动来提供相应的信息。

7.1.2　超文本系统的组成

超文本系统是指对超文本进行管理和使用的系统，是由节点和链组成的。典型的超文本系统有用于浏览节点的浏览器，防止迷路的交互式工具导航图等等。例如，在图 7.2 中，A、B、C、D、E 和 F 是超文本系统的 6 个节点，它们之间的箭头便是超文本系统的链。

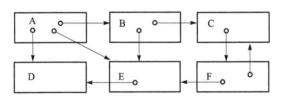

图 7.2　6 个节点 9 条链的小型文本系统

1. 节点

一个节点通常表示揭示某种概念或围绕某一主题组织起来的数据集合，是表达信息的一个基本单位。节点可以包含文本、图形、音频、视频、源程序或者其他形式的数据，而且大小没有限制。

节点分为不同的类型，不同类型的节点表示不同的信息。根据不同的表示方法，节点可分为：

（1）媒体类节点：存放各种媒体信息，又可以进一步分为文本节点、图形和图像节点、动画节点和视频节点、声音节点和混合媒体节点。

（2）动作与操作节点：定义了一些操作。典型的操作节点是按钮节点。

（3）组织节点：组织型节点包括各种媒体节点的索引节点和目录节点。

（4）推理节点：主要指对象节点和规则节点。对象节点主要用来描述对象的性质。而规则节点则用来存放规则，指明符合规则的对象，判定规则是否被使用，以及对规则的解释说明等。

一个节点通过链与另一个或多个节点链接起来。节点间链接时，起始节点称为引用节点，终止节点称为目的节点，有时又称为锚节点。相关的节点内容可以通过点击相关链接实现内容的跳转显示。

2. 链

链是组成超文本的基本单位，用于链接节点，它提供了一种方便有效的跟踪索引方式。链有多种，通常是有向的。链的数量通常不是事先确定的，它依赖于每个节点内容的相关程度。有些节点与其他节点有许多关联，因此具有许多链。超文本的链通常链接的是节点中有关联的一部分而不是整个节点。

链的结构一般可分为 3 部分：链源、链宿及链的属性。链源可以是热字（通常是粗体字加下划线的文本）、热区（如图形节点中的一部分）、图元（如一个按钮）、热点、媒体对象或节点。链宿是链的目的所在，通常都是节点。链的属性指链的版本和权限等。

链的类型可以用 3 种方式来确定：一种是系统预先提供几种类型；另一种是在链上设置属性值来动态确定类型；还有一种方式是直接将过程附加于链上。

在超文本系统中，链可分为如下几种类型：

（1）基本结构链：层次分明、分支明确，是构成超媒体的主要形式。可分为基本链、交叉索引链、节点内注释链。

（2）索引链：是超文本所特有的，实现了节点的"点"、"域"之间的连接。

（3）推理链：用于系统的机器推理与程序化。

（4）隐形链（关键字）：为节点定义关键字，通过关键字的查询操作来驱动相应的目标节点。

3. 宏节点

通过链连接在一起的节点群称为宏节点。实际上，一个宏节点就是超文本网络的一个子网。例如，在图 7.3 中，虚线框中的节点和链组成了宏节点，宏节点与宏节点之间用实线连接，表示了它们之间的物理关系，位于不同宏节点内的节点在逻辑上可以有任意的连接（如图 7.3 中的虚线所示）。

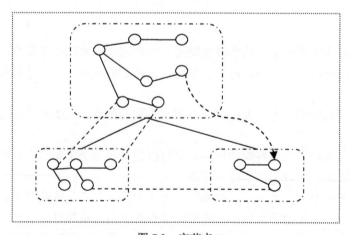

图 7.3　宏节点

宏节点的概念十分有用，因为当超媒体信息网络十分巨大时，或者当该信息网络分散在各个物理地点上时，仅通过一个层次的超文本网络管理会很复杂，因此分层是简化网络拓扑结构最有效的方法。

宏节点的引入简化了网络结构，却增加了管理和检索的层次。因此基于宏节点和超文本系统的文献的查询和检索已成为国内外研究的主要热点之一，并已推出了许多模型系统。

7.1.3 超文本系统结构模型

超文本系统的结构模型主要包括两种：HAM 模型和 Dexter 模型。

1. HAM 模型

HAM 模型（超文本抽象机模型——Hypertext Abstract Machine，缩写为 HAM）把超文本系统划分为 3 个层次，自顶向下为：用户界面层、超文本抽象层、数据库层，如图 7.4 所示。

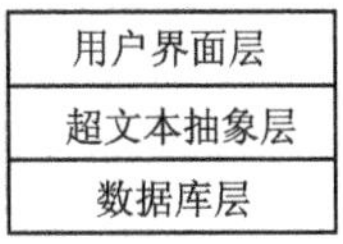

图 7.4 HAM 模型

（1）数据库层。提供存储、共享数据和网络访问功能，保证信息的存取对上层透明，处理数据库管理问题，如安全、维护等。

（2）超文本抽象层。决定了超文本系统节点和链的基本特点，记录了节点之间链的关系，并保存了有关节点和链的结构信息。

（3）用户界面层。又称为表现层，它构成了超文本系统特殊性的重要表现，具有简明生动、直观、灵活、方便等特点。

2. Dexter 模型

Dexter 模型也分为 3 层，分别为存储层、运行层和成员内部层，各层之间通过接口相连，如图 7.5 所示。

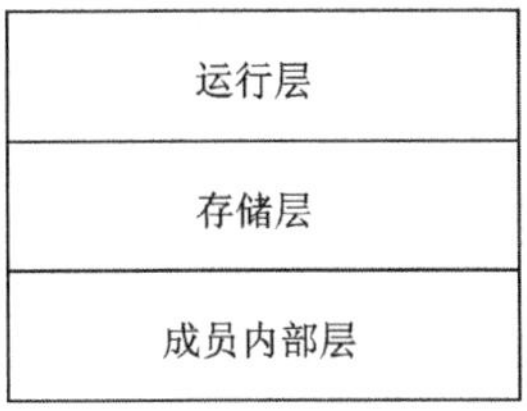

图 7.5 Dexter 参考模型

（1）成员内部层。描述超文本中各个成员的内容和结构，对应于各个媒体的单个应用成员。从结构上，可有简单结构和复杂结构之分。简单结构就是每个成员内部仅由同一种数据媒体构成，复杂结构的成员内部又由各个子成员构成。

（2）存储层。描述超文本中节点成员之间的网状关系，每个成员都有一个唯一的标识符，称为 UID。存储层定义了访问函数，通过 UID 可以直接访问到该成员，还定义了由多个函数组成的操作集合，用于实时地对超文本系统进行访问和更新操作。

（3）运行层。描述支持用户和超文本交互作用的机制，它可直接访问和操作在存储层和成员层内部层定义的网状数据模型，运行层为用户提供友好的界面。

介于存储层和运行层之间的接口称为表现规范，它规定了同一数据呈现给用户的不同表现性质，确定了各个成员在不同用户访问时表现的视图和操作权限等内容。

存储层和内部成员之间的接口称为锚定机制，其基本成分是锚，锚由两部分组成：锚号和锚值。

7.1.4 超文本的应用

超文本与超媒体独特的组织和管理信息的方式，符合人的思维习惯，适合于非线性的数据组织形式和独特的表现方式，因此得到了广泛的应用。

1. 办公自动化

超文本与超媒体应用于办公自动化，为人们提供了更形象、直观的工作环境，提高了工作效率。

2. 大型文献资料信息库

对于大型文献库和资料库，采用超文本与超媒体方式进行组织和构造，使得对文件和记录的查询时间大大缩短。

3. 综合数据库应用

超文本与超媒体在各类工程应用中为人们提供了强有力的信息管理工具，改变了人们对数据库管理的传统观念，从而改变了现代管理方式。

4. 友好的用户界面

超文本与超媒体不仅是一项信息管理技术，也是一项界面技术。超文本与超媒体技术在图形用户接口的基础上，扩展使用了多媒体的图形用户接口。不论文字或图形、图像、动画、音频、视频等信息均能展现在用户面前。

7.2 World Wide Web 简介

本节介绍 WWW 的基本特点和工作原理。

7.2.1 WWW 的特点

WWW 是 World Wide Web 的英文缩写，译为"万维网"或"全球信息网"，是一个基于超文本和超链接方式组织文字、图片等信息的检索服务工具。万维网于 1990 年诞生在欧洲，是由欧洲粒子物理实验室（The European Particle Physics Laboratory）推出一种信息存储系统，原本是为了使得由一篇文章可以再指向另外的文章，以便于位于不同地点的科学家交流研究成果。

WWW 以支持超文本和多媒体传送为特征，使得人们能够主动地去获取需要的知识和信息。WWW 自诞生之后便伴随着 Internet 飞速成长，今天 WWW 已经成为互联网的代名词。WWW 有许多优秀的特性，使它成为最广泛使用的资源组织和访问平台。

WWW 具有以下几个特点：

（1）超媒体信息系统。WWW 把 Internet 上各种类型的信息，包括静止图像、文本声音和音像等等以超文本和超媒体的方式无缝地集成起来，使人们方便地访问超文本媒体资源文档。

（2）图形界面且容易导航。WWW 可以在页面上显示色彩丰富的图形和文本，因此 WWW 可以提供将图形、音频、视频信息集于一体的特性。WWW 同时是易于导航的，只需要从一个链接跳到另一个链接，就可以在各个页面之间切换浏览。

（3）跨平台。WWW 不依赖于操作系统，也不依赖于硬件环境，无论系统平台是什么，都可以通过 Internet 访问。

（4）分布式。图形、音频和视频等多媒体信息会占用很大的磁盘空间，WWW 将媒体信息存放在不同的站点上，要获取资源只需要在浏览器中指明站点即可。从用户来看这些信息是一体的，而在物理上并不一定是存放在一个站点上的。

（5）动态。Web 站点的信息是经常更新的，一般信息站点都尽量保证信息的有效性，所以 Web 站点上的信息是动态的。

（6）交互式。Web 的交互性主要表现在超链接上，用户自己决定浏览页面的顺序。此外，用户可以通过表单从服务器获得动态的信息，或者填写表单可以向服务器提交请求，服务器可以根据用户的请求返回相应信息。

7.2.2 WWW 的工作原理

1. 访问 WWW 的过程

WWW 服务的基础是 Web 页面，每个 Web 页既可显示文本、图形、图像和声音等多媒体信息，又可提供一个特殊的链接点。用户只要用鼠标在 Web 页面上单击，就可获得全球范围的信息服务。Web 页面是承载网络所有信息的最基本的单位。

提供 Web 信息的计算机称为 Web 服务器，WWW 的核心便是 Web 服务器。用通信线路将这些 Web 服务器连接起来后，用户只要连接其中的一个服务器，就可获取整个网络上所有其他服务器上的信息。

Web 服务器采用客户机/服务器工作模式。客户机用来运行浏览器软件，服务器用来存储 WWW 文档。WWW 浏览器是用来浏览 Internet 上 WWW 页面的软件。浏览器用图形的方式来显示信息及信息的链接，使得使用者只要通过鼠标的点击就可以找到所需的信息，而不需要用任何的命令。WWW 浏览器不仅为用户提供查询 Internet 上内容丰富的主页信息资源的便捷途径，而且提供了新闻组、电子邮件和 FTP 协议等功能强大的通信手段。目前，最流行的浏览器软件主要有 Internet Explorer、Firefox、Opera 等。

当客户机向服务器请求访问 WWW 文档时，服务器就通过 HTTP 协议将所需文档通过网络传送给客户机。当浏览器从 WWW 服务器取到一个文件后，会在用户的屏幕上显示出来。一次完整的 WWW 浏览过程如下：

（1）客户机启动浏览器软件，用户输入请求资源的 URL。

（2）浏览器分析 URL，通过 DNS 找到 Web 站点主机。

（3）与 Web 站点建立 TCP 连接，并发送获取页面请求。

（4）服务器通过 TCP 连接传送页面。

（5）浏览器在本机显示所得的页面。

此过程可以用图 7.6 表示。

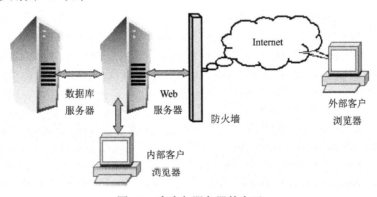

图 7.6 客户与服务器的交互

2. URL 的概念

浏览器定位 WWW 资源用到 URL（Uniform Resource Locator），即统一资源定位符，一个典型的 URL 如下：http://www.microsoft.com/china/index.htm，它的含义是：

（1）http://：代表超文本传输协议，通知 microsoft.com 服务器显示 Web 页，通常不用输入。

（2）www：代表 Web 服务器。

（3）microsoft.com/：这是装有网页的服务器的域名。

（4）china/：服务器上的子目录。

（5）index.htm：文件夹中的一个 HTML 页面文件。

也可以使用相对 URL。相对 URL 是指 Internet 上资源相对于当前页面的地址，它包含从当前页面指向目的页面位置的路径。例如：public/example.htm 就是一个相对 URL，它表示当前页面所在目录下 public 子目录中的 example.htm 文档。

当使用相对 URL 时，可以使用与 DOS 文件目录类似的两个特殊符号：句点（.）和双重句点（..），分别表示当前目录和上一级目录（父目录）。例如，./image.gif 表示当前目录中的 image.gif 文件，相当于 image.gif；../public/index.htm 表示与当前目录同级的 public 目录下的 index.htm 文件，也就是当前目录上一级目录下的 public 目录中的 index.htm 文件。

相对 URL 本身并不能唯一地定位资源，但浏览器会根据当前页面的绝对 URL 正确地理解相对 URL。使用相对 URL 的好处在于：当用户需要移植站点时（例如，将本地站点上传到 Internet 上，或者是移动到软盘上），只要保持站点中各资源的相对位置不变，就可以确保移植后各页面之间的超链接仍能正常工作。

7.3　HTML 语言与网页制作

HTML 语言是用于描述网页结构的超文本标记语言，是用于网页制作和网站开发的基本技术。

7.3.1　HTML 语言概述

1. 什么是 HTML

HTML（HyperText Markup Language，超文本标记语言）是表示网页的一种规范（或者说是一种标准），它通过标记定义了网页内容的显示。例如，用<table>标记可以在网页上定义一个表格。

在 HTML 文档中，通过使用标记可以告诉浏览器如何显示网页，即确定内容的显示格式。浏览器按顺序读取 HTML 文件，然后根据内容周围的 HTML 标记解释和显示各种内容。例如，如果为某段内容添加<h1></h1>标记，则浏览器会以比一般文字大的粗体字显示该段内容。如果在浏览器中任意打开一个网页，然后在窗口中空白位置单击鼠标右键，选择"查看源文件"命令（或者选择"查看"菜单中的"源文件"命令），则系统会启动"记事本"，其中包含的就是网页的内容和 HTML 标记，如图 7.7 所示。

HTML 中的超文本功能，也就是超链接功能，使网页之间可以链接起来。网页与网页的链接构成了网站，而网站与网站的链接就构成了多姿多彩的 WWW。

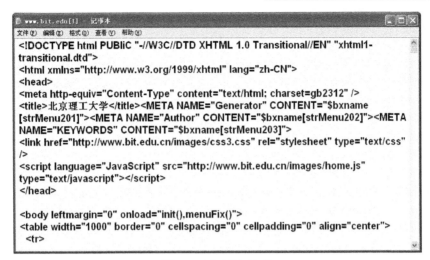

图 7.7　网页的源文件

HTML 由国际组织 W3C（万维网联盟）制定和维护，最新的 HTML 标准是 HTML 4.01，它对 HTML 4.0 作了一些小的修正。如果需要了解 HTML 的更详细情况，请访问 W3C 的官方网站：http://www.w3.org，可以从该网站中获得最新的 HTML 规范。

2. 基本的 HTML 语法

HTML 的语法比较简单，即使没有任何计算机语言（如 C 语言、BASIC 语言等）的基础也很容易学。在 HTML 中，所有的标记都用尖括号括起来。例如，<html>表示 HTML 标记。某些标记，例如换行标记
，只要求单一标记符号。但绝大多数标记都是成对出现的，包括开始标记和结束标记。开始标记和相应的结束标记定义了标记所影响的范围。结束标记与开始标记的区别是有一个斜线。例如，

<h1>微风细雨燕子斜</h1>

将以"标题 1"格式显示文字"微风细雨燕子斜"，而不影响开始标记和结束标记以外的其他文字。

另外，HTML 标记是不区分大小写的，但一般约定使用全大写或全小写标记，这有利于 HTML 文档的维护。为了与新标准兼容，一般可以采用全小写标记。

3. 标记的属性

对于许多标记，还包括一些属性，以便对标记作用的内容进行更详细的控制。

在 HTML 中，所有的属性都放置在开始标记的尖括号里，属性与标记之间用空格分隔；属性的值放在相应属性之后，用等号分隔；而不同的属性之间用空格分隔。例如，可以用字体标记的字号属性指定文字的大小，并用颜色属性指定文字的颜色，HTML 如下：

<font size="1" color="red">本行字将以较小的红色字体显示</font>

7.3.2　HTML 网页的基本结构

一个网页实际上对应于一个 HTML 文件，通常以.htm 或.html 为扩展名。任何 HTML 文档都包含的基本标记包括：HTML 标记<html>和</html>、首部标记<head>和</head>以及正文标记<body>和</body>。

1. html 标记

<html>和</html>是网页的第一个和最后一个标记，网页的其他所有内容都位于这两个标记之间。这两个标记告诉浏览器或其他阅读该页的程序，此文件是一个网页。

虽然 HTML 标记的开始标记和结束标记都可以省略（因为.htm 或.html 扩展名已经告诉浏览器该文档为 HTML 文档），但为了保持完整的网页结构，建议包含该标记。另外，HTML 标记通常不包含任何属性。

2. head 标记

首部标记<head>和</head>位于网页的开头，其中不包括网页的任何实际内容，而是提供一些与网页有关的特定信息。例如，可以在首部标记中设置网页的标题、定义样式表、插入脚本等。

首部标记中的内容也用相应的标记括起来。例如，样式表（CSS）定义位于<style>和</style>之间；脚本定义位于<script>和</script>之间。

在首部标记中，最基本、最常用的标记是标题标记<title>和</title>，用于定义网页的标题，它告诉浏览者当前访问的页面是关于什么内容的。网页标题可被浏览器用作书签和收藏清单。当网页在浏览器中显示时，网页标题将在浏览器窗口的标题栏中显示。

例如，以下 HTML 代码在浏览器中的显示如图 7.8 所示。

图 7.8　title 标记

```
<html>
<head>
    <title>这里是网页标题</title>
</head>
<body>请看浏览器的标题栏。</body>
</html>
```

3. body 标记

正文标记<body>和</body>包含网页的具体内容，包括文字、图形、超链接以及其他各种 HTML 对象。

如果没有其他标记修饰，正文标记中的文字将以无格式的形式显示（如果浏览器窗口显示不下，则自动换行）。

在<body>标记中使用 bgcolor 属性可以为网页设置背景颜色。例如，如果想为网页设置黑色背景，应使用以下 HTML 语句：

<body bgcolor="black">

在 HTML 中，除了使用颜色名称以外，还可以用格式#RRGGBB 来表示颜色。其中，RR、GG、BB 分别表示红、绿、蓝成分的两位十六进制值。也就是说，可以通过指定颜色的红、绿、蓝含量来自定义一种颜色。例如，#0000FF 表示蓝色，#800080 表示紫色。

在设置了背景颜色后，可能需要更改正文字符和超链接的颜色，以便与背景相适应。例如，在将背景设置为较深的颜色时，就需要将正文颜色和超链接颜色设置为浅色。

设置正文和超链接颜色时，可以使用 body 标记的 text、link、vlink 和 alink 属性。其中，text 属性用于设置正文的颜色；link 属性用于设置未被访问的超链接的颜色；vlink 用于设置已被访问过的超链接的颜色；alink 用于设置活动超链接（即当前选定的超链接）的颜色。

例如，以下 HTML 语句将在黑色背景下显示白色字符，同时用不同程度的灰色显示不同状态的超链接：

<body bgcolor="#000000" text="#FFFFFF" link="#999999" vlink="#cccccc" alink="#666666">

如果不在 body 标记中设置背景以及字符和超链接的颜色，则浏览器将采用默认的设置。大多数浏览器使用白色作为默认的 bgcolor，黑色作为默认的 text 色，蓝色作为默认的 link 色，紫色作为默认的 vlink 色，红色作为默认的 alink 色。

7.3.3 常用 HTML 标记和属性

本节介绍常用的 HTML 标记和属性，可以使用这些基本的标记和属性制作简单的网页。

1. 段落标记 p 和换行标记 br

p 标记用于将文档划分为段落，包括开始标记<p>和结束标记</p>，其中结束标记通常可省略。而 br 标记用于在文档中强制断行，它只有一个单独的标记
，没有结束标记。p 标记与 br 标记的区别在于，前者是将文本划分为段落，而后者是在同一个段落中强制断行。

2. 水平线标记 hr

除了可以用 p 标记划分段落以外，在 HTML 中还可以用添加水平线的方法分隔文档的不同部分。使用水平线将文档划分为不同的区块是一种很好的风格。

添加水平线的标记为 hr，它与 br 类似，只有开始标记<hr>，没有结束标记。hr 标记包括 size、width 和 color 等属性。size 属性设置水平线的粗细程度，可以设置成一个整数，它表示以像素（pixel）为单位的该线的粗细程度，粗细程度的默认值是 2。width 属性可用来设置水平线的长度，width 的取值既可以是像素长度，也可以是该线所占浏览器窗口宽度的百分比长度。color 属性用于控制水平线的颜色，取值可以是颜色名称或#RRGGBB 格式。

3. 标题标记 hn

在 HTML 中，用户可以通过 hn 标记来标识文档中的标题和副标题，其中 n 是 1～6 的数字；<h1>表示最大的标题，<h6>表示最小的标题。使用标题样式时，必须使用结束标记。

浏览器在解释标题标记时，会自动改变文本的大小并将字体设为黑体，同时自动将内容设置为一个段落。注意，由于搜索引擎经常也用标题来对文档进行搜索，因此不要使用标题标记来单独进行文字修饰，而应该确实把它用作文档的标题。

4. 对齐属性 align

align 属性用于设置段落的对齐格式，其常见取值包括：right（右对齐）、left（左对齐）、center（居中对齐）和 justify（两端对齐）。align 属性可应用于多种标记，例如前面介绍的 p、 hn、hr 等。

5. 字体控制标记 font

font 标记可用于控制字符的样式，包括开始标记<font>和结束标记</font>，并且结束标记不可省略。font 标记具有 3 个常用的属性：size、color 和 face。

size 属性也就是字号属性，用于控制文字的大小，它的取值既可以是绝对值，也可以是相对值。使用绝对数值时，字号属性的值可以从 1 到 7（3 是默认值），值越大，显示的文字越大。使用相对数值时，可以用＋号或－号来指定相对于当前默认值的字号，例如＋1 表示比当前默认字号大 1 号。

color 属性可用来控制文字的颜色，属性值可以是颜色名称或十六进制值。

face 属性用来指定字体样式。字体样式也就是通常所说的"字体"。例如，常用的英文字体有"Times New Roman"、"Arial"等；常用的中文字体有"宋体"、"楷体"等。在编写网页时，通过在 font 标记中指定 face 属性，用户可以指定一个或几个字体名称（用逗号隔开），例如：

<font face="楷体_gb2312，黑体，宋体">示例文本</font>

当浏览器解释字体标记的 face 属性时，它尽量使用列表中指定的第一个字体显示标记内的文字。如果那种字体在浏览器所在的系统中有的话，文字即以该字体显示。如果没有第一种字体，浏览器会尝试使用列表中的下一个字体。这种情况会继续下去，直到找到匹配字体或到达列表的结束。如果找不到匹配字体，浏览器将使用默认字体（默认中文字体是"宋体"，默认英文字体是"Times New Roman"）。

6. 超链接标记 a

创建超链接需要使用 a 标记（结束标记</a>不能省略），它的最基本属性是 href，用于指定超链接的目标。通过为 href 指定不同的值，可以创建出不同类型的超链接。另外，在<a>和</a>之间可以用任何可点击的对象作为超链接的源，例如文字或图像。

最常见的超链接就是指向其他网页的超链接，浏览者点击这样的超链接时将跳转到相应的网页。如果超链接的目标网页位于同一站点，则应使用相对 URL；如果超链接的目标网页位于其他位置，则需要指定绝对 URL。

超链接默认时显示有下划线，并且显示为蓝色。当浏览者将鼠标移动到超链接上时，鼠标指针通常会变成手形，同时在状态栏中显示出超链接的目标文件。

以下 HTML 代码显示了如何在网页中创建超链接（一定要确保 href 属性所指定的页面存在于指定的位置，否则会导致无法正确显示网页）。

```
<html>
<head><title>超链接示例</title></head>
<body>
  <p>这是一个<a href="page2.htm">超链接</a></p>
  <p><a href="http://www.baidu.com">百度</a></p>
</body>
</html>
```

在指定超链接时，如果 href 属性指定的文件格式是浏览器能够直接显示或播放的，那么单击超链接时将会直接显示相应文件。例如，如将 href 的值指定为图像文件，那么单击超链接就可以直接在浏览器中显示图像。如果 href 属性指定的文件格式是浏览器所不能识别的格式，那么将获得下载超链接的效果。例如，如果我们将超链接的目标文件指定为某压缩文件，那么当浏览者在浏览器中单击相应超链接时，则将弹出一个提示下载的对话框。

除了可以对不同页面或文件进行链接以外，用户还可以对同一网页的不同部分进行链接。例如，可以在长文档的顶部或底部以超链接的方式显示一个目录，并在页面的底部放一个返回顶部的链接。

如果要设置这样的超链接，首先应为页面中需要跳转到的位置命名。命名时应使用 a 标记的 name 属性（通常这样的位置被称为"锚点"），在标记<a>与</a>之间可以包含内容也可以不包含内容。

例如，可以在页面开始处用以下 HTML 语句进行标记：

<a name="top">目录</a>

对页面进行标记之后，就可以用 a 标记设置指向这些标记位置的超链接。例如，如果在页面开始处标记了"top"，则可以用以下 HTML 语句进行链接：

<ahref="#top">返回目录</a>

这样设置之后，当用户在浏览器中单击文字"返回目录"时，将显示"目录"文字所在的页面部分。

如果将 href 属性的取值指定为 mailto:电子邮件地址，那么就可以获得电子邮件链接的效果。例如，使用以下 HTML 代码可以设置电子邮件超链接：

<ahref="mailto:zhaofengnian@263.net">作者邮箱</a>

当浏览网页的用户单击了指向电子邮件的超链接后，系统将自动启动邮件客户程序，并将指定的邮件地址填写到"收件人"栏中，用户可以编辑并发送该邮件。

7. HTML 网页示例

以下两个 HTML 文件使用了之前介绍的 HTML 标记和属性，在浏览器中显示的效果如图 7.9 所示，这两个网页之间可以互相链接。

以下是 page1.htm 文件中的内容：

```
<html>
<head><title>锦瑟</title></head>
<body>
<h1 align="center"><font face="楷体_gb2312">锦瑟</font></h1>
<p align="center"><font size="-1" color="navy">李商隐</font></p>
<p align="center">锦瑟无端五十弦，一弦一柱思华年。</p>
<p align="center">庄生晓梦迷蝴蝶，望帝春心托杜鹃。</p>
<p align="center">沧海月明珠有泪，蓝田日暖玉生烟。</p>
<p align="center">此情可待成追忆，只是当时已惘然。</p>
<hr width="80%" size="1">
<p align="center"><font size="-1">锦瑟 § <ahref="page2.htm">无题</a></font></p>
</body>
</html>
```
以下是同一个目录下的 page2.htm 文件的内容：
```
<html>
```

```
<head><title>无题</title></head>
<body>
<h1 align="center"><font face="楷体_gb2312">无题</font></h1>
<p align="center"><font size="-1" color="navy">李商隐</font></p>
<p align="center">昨夜星辰昨夜风，画楼西畔桂堂东。</p>
<p align="center">身无彩凤双飞翼，心有灵犀一点通。</p>
<p align="center">隔座送钩春酒暖，分曹射覆蜡灯红。</p>
<p align="center">嗟余听鼓应官去，走马兰台类转蓬。</p>
<hr width="80%" size="1">
<p align="center"><font size="-1"><ahref="page1.htm">锦瑟</a>§  无题</font></p>
</body>
</html>
```

图 7.9　HTML 示例

7.3.4　用 HTML 实现多媒体

1. 插入图像

在 HTML 中，使用 img 标记可以在网页中加入图像。它具有两个必要的基本属性：src 和 alt，分别用于设置图像文件的位置和替换文本。

src 表示要插入图像的文件名，必须包含绝对路径或相对路径，图像一般是 GIF 文件（后缀为.gif）或 JPEG 文件（后缀为.jpg）。alt 表示图像的简单文本说明，用于不能显示图像的浏览器或浏览器能显示图像但显示时间过长时先显示。

例如，以下 HTML 代码说明了如何在网页中插入一个图像，在浏览器中的显示效果如图 7.10 所示。

```
<html>
<head>  <title>插入图像示例</title>  </head>
<body>
<p>我插入的第一幅图像：</p>
<img src="flowers.jpg" alt="花儿">
</body>
```

</html>

图 7.10 插入图像

2. 设置背景图像

使用 body 标记的 background 属性即可设置网页的背景图像，HTML 语句为：

<body background = "网页背景图案的地址">

使用背景图案时，如果图案小于浏览器窗口的大小，则浏览器会自动像铺地板砖一样平铺背景图案。例如，以下代码显示了设置背景图案的效果，如图 7.11 所示。

图 7.11 设置背景图案

```
<html>
<head><title>背景图案示例</title></head>
<body background="background.jpg">  背景图案示例  </body>
```

</html>

3. 设置背景音乐

如果在 head 标记中添加 bgsound 标记，则可以为网页指定背景音乐。

bgsound 标记只有开始标记，没有结束标记。它的基本属性是 src，用于指定背景音乐的源文件。另外一个常用属性是 loop，用于指定背景音乐重复的次数，如果不指定该属性，则背景音乐无限循环。

例如，以下语句将使网页播放 "canyon.mid" 作为背景音乐，并且在播放一次后结束：

<bgsound src="canyon.mid" loop="1">

网页背景音乐的文件格式一般可以是.wav、.mid 或.mp3。大多数情况下，背景音乐采用.mid 格式，因为该格式的文件一般较小。

4. 嵌入音频和视频

如果想在网页中嵌入音频或者视频文件，可以使用 embed 标记。它的基本属性是 src，用于指定音频或视频的源文件。另外一个常用属性是 autostart，用于指定嵌入的媒体是否在默认状态下自动播放，取值为 false 时表示不自动播放，取值为默认值 true 时自动播放。此外，还可以用 width 和 height 属性指定嵌入音视频后播放器的宽度和高度。

例如，以下语句将在网页中插入一个视频，该视频默认时不播放，效果如图 7.12 所示。

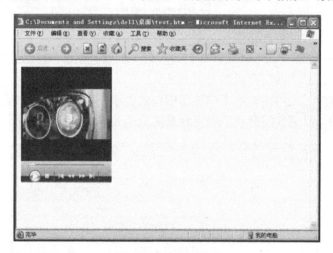

图 7.12　嵌入视频

<embed src="benz.avi" autostart="false" width="200"></embed>

5. 插入 Flash 等媒体对象

如果要在网页中插入 Flash 等对象，应该综合使用 object、param 以及 embed 标记。例如，以下代码在网页中插入了一个 Flash 对象，效果如图 7.13 所示。

<object　　　　　　classid="clsid:D27CDB6E-AE6D-11cf-96B8-444553540000"
codebase="http://download.macromedia.com/pub/shockwave/cabs/flash/swflash.cab#version=9，0，28，0" width="550" height="400">

　　<param name="movie" value="flash_1.swf" />

　　<param name="quality" value="high" />

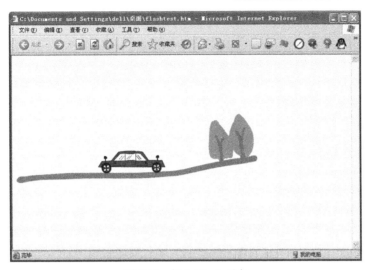

图 7.13　插入 Flash 对象

<embed　　　　　　　src="flash_1.swf"　　　　　　　quality="high" pluginspage="http://www.adobe.com/shockwave/download/download.cgi?P1_Prod_Version=Shock waveFlash" type="application/x-shockwave-flash" width="550" height="400"></embed>

</object>

需要说明的是，类似的代码通常由 Dreamweaver 等软件自动生成，不用手工编写。

7.4　XML 语言简介

XML 语言是不同于 HTML 的一种标记语言，用于描述数据，是目前 Web 开发中应用的主流技术之一。

7.4.1　XML 语言概述

1. XML 的定义

XML 是 Extensible Markup Language（可扩展标记语言）的简称，它是针对网络应用的一项关键技术，为开发具用更好的可扩展性和互操作性的软件提供了一种高效率的解决方案。

XML 是 World Wide Web Consortium（W3C）的一个标准，它允许用户定制自己的标记。按照 W3C 在其标准规范中的说法：XML 是标准通用标记语言（Standard Generic Markup Language，缩写为 SGML）的一个子集。其目的是使得在 Web 上以现有超文本标记语言 HTML 的使用方式提供、接收和处理通用的 SGML 成为可能。XML 的设计既考虑了实现的方便性，同时也顾及了与 SGML 和 HTML 的互操作性。

实际上，早在 Web 未发明之前，SGML 就已存在。正如它的名称所言，SGML 是一种用标记来描述文档资料的通用语言，它包含了一系列的文件类型定义（Document Type Definition，简称 DTD），DTD 中定义了标记的含义，因而 SGML 的语法是可以扩展的。SGML 十分庞大，既不容易学，又不容易使用，在计算机上实现也十分困难。鉴于这些因素，Web 的发明者——欧洲核子物理研究中心的研究人员根据当时（1989 年）计算机技术的能力，提出了 HTML 语言。

HTML 只使用 SGML 中很小一部分标记（因此可以说 HTML 是 SGML 很小的一个子集），而且 HTML 规定的标记是固定的，也就是说，HTML 语法是不可扩展的，它不需要包含 DTD。HTML 这种固定的语法使它易学易用，在计算机上开发 HTML 的浏览器也十分容易。

然而，随着 Web 的应用越来越广泛和深入，人们渐渐觉得 HTML 不够用了，HTML 过于简单的语法严重地阻碍了用它来表现更复杂的形式。另一方面，计算机技术的迅速发展使得开发一种新的 Web 页面语言成为可能。由于 SGML 过于庞大，于是自然会想到仅使用 SGML 的子集，使新的语言既方便使用又容易实现。正是在这种形势下，XML 应运而生了。

XML 是一个精简的 SGML，它将 SGML 的丰富功能与 HTML 的易用性结合到 Web 的应用中。XML 保留了 SGML 的可扩展功能，这使 XML 从根本上有别于 HTML。XML 要比 HTML 强大得多，它不再是固定的标记，而是允许定义数量不限的标记来描述文档中的信息，并且允许嵌套的信息结构。HTML 只是 Web 显示数据的通用方法，而 XML 提供了一个直接处理 Web 数据的通用方法。HTML 着重描述网页的显示格式，而 XML 着重描述的是网页的内容。从另外一方面讲，XML 既不是 HTML 的升级技术，也不是 HTML 的替代技术，它们有各自的应用领域。

2. XML 的应用

XML 在很多领域都有着广泛的应用，以下是它在 Web 领域中的几个关键应用：

（1）XML 简化数据交换。实际应用中的数据可能各自有不同的复杂格式，但都可以通过标准的数据表示语言 XML 进行交互。由于 XML 的自定义性及可扩展性，它足以表达各种类型的数据。在这类应用中，XML 解决了数据的统一接口问题。

（2）XML 支持智能代码。因为可以使用 XML 文档以结构化的方式标识每个重要的信息片段以及信息之间的关系，所以可以编写无需人工干预就能处理这些 XML 文档的代码。例如，XML 使程序更容易理解数据的含义以及数据间的联系，因此使得智能代理（Smart Agent）成为可能。

（3）XML 支持智能搜索。当前网络的一个问题是搜索引擎无法智能地处理 HTML。例如，如果搜索"table"，得到的结果可能是有关"桌子"的，也可能是有关"表格"的，甚至可能是与一个叫做"table"的人的有关信息。但如果使用 XML 自己定义标记，就可以明确标识信息的含义，从而使得信息搜索变得更加准确、快捷。

3. 范例 XML 文档

以下 XML 文档（可以直接用"记事本"编辑后存为 .xml 文件，就像保存 HTML 文件一样，也可以用 Dreamweaver 编辑 XML 文件）描述了一个人的基本地址信息：

```
<?xml version="1.0" encoding="gb2312"?>
<address>
  <name>
    <first-name>王</first-name>
    <last-name>建国</last-name>
    <title>先生</title>
  </name>
  <city province="BJ">北京</city>
```

<street>海淀区 白石桥</street>

<postal-code>100081</postal-code>

</address>

从以上描述可以清楚地看出各部分数据的含义，因为标记本身已经被赋予了一定的含义，不但如此，计算机也很容易理解和处理这些信息。例如，如果要获得邮政编码，只需找到<postal-code>和</postal-code>标记之间的内容即可。

4. XML 文档的组成部分

与 HTML 文档类似，一个 XML 文档的组成部分可以用 3 个术语来描述：标记、元素和属性。

标记是尖括号之间的文本。包括开始标记（例如<name>）和结束标记（例如</name>）。

元素是开始标记、结束标记以及位于二者之间的所有内容。在上面的 XML 文档中，<name>元素包含 3 个子元素：<title>、<first-name>和<last-name>。

属性是一个元素开始标记中的名称，即用引号引起的值。在上面的 XML 文档示例中，province 是<city>元素的属性。不过，由于属性不容易扩充和被程序操作，建议少使用属性，而采用子元素的形式。

7.4.2 XML 文档规则

XML 文档的作用在于组织和处理数据，所以编写 XML 就一定要遵守 XML 文档规则，否则 XML 处理器（XML 处理器是用于读取 XML 文件，存取其中的内容和结构的软件模块。微软在 IE5.0 及更高版本的 IE 中都捆绑了叫做 MSXML 的 XML 处理器）会拒绝该文档。例如，如果 XML 文档中有错误，那么用浏览器显示时就会提示错误，而不是像 HTML 文档那样容忍错误。

本节介绍一些基本的 XML 文档规则和相关知识。

1. 无效、有效以及格式正确的文档

有 3 种 XML 文档：有效的、无效的和格式正确的。

（1）有效的（Valid）XML 文档：既遵守 XML 文档规则，也遵守用户自己定义的文件类型定义（DTD）。

（2）无效的（Invalid）XML 文档：没有遵守 XML 规范定义的语法规则，也没有遵守 DTD 文件规范。

（3）格式正确的（Well-formed）XML 文档：遵守 XML 语法规范，但没有 DTD 文件规范。

2. XML 声明

声明一般是 XML 文档的第一句，作用是告诉浏览器或者其他处理程序：当前文档是 XML 文档。其格式如下：

<?xml version="1.0" encoding="UTF-8" standalone="yes/no"?>

声明最多可以包含 3 个属性：version 是使用的 XML 版本，目前该值必须是 1.0；encoding 是该文档所使用的字符集，默认值是"UTF-8"，如果要想使用中文字符集，可以指定 encoding 的值为"GB2312"；standalone 可以指定该 XML 文件是否需要调用外部文件，默认值为"no"，如果不需要调用外部文件则值为"yes"。

3. 根元素

XML 文档必须包含在一个唯一的元素中，这个元素称为根元素，它包含文档中所有文本和所有其他元素。

4. 元素不能重叠

在 HTML 代码中元素重叠是可以接受的，但在 XML 中各元素不能交叉重叠出现。例如，以下代码作为 HTML 代码是能够正确显示的，但却是非法的 XML 代码：

```
<p>
  <b>I<i>really love</b>XML.</i>
</p>
```

5. 必须要有结束标记

在 XML 文档中，结束标记是必需的，不能省略任何结束标记。即使是空元素（即标记之间不包含内容）也需要结束，但可以在空元素的开始标记最后加入一个 "/" 来表示空元素。例如，
 相当于
</br>，而 <img src="../img/img-1.gif"/> 相当于 <img src="../img/img-1.gif"></img>。

6. 元素区分大小写

XML 元素是区分大小写的。在 HTML 中，<h1>和<H1>是相同的；而在 XML 中，它们是不同的。例如，以下代码就是非法的 XML 代码：

```
<h1>这是一级标题文字</H1>
```

7. 属性必须有值且用引号括起来

XML 属性必须符合两个条件：首先，必须为属性赋值；其次，值必须用引号括起来。可以用单引号也可以用双引号，但前后要保持一致。

8. XML 文档中的注释

XML 注释与 HTML 一样，它可以出现在文档的任何位置，并且以<!--开始，以-->结束。注意，注释中不能出现字符串"--"，另外，不允许注释以--->结尾。

9. 特殊字符实体

与 HTML 类似，在 XML 中可以使用以下特殊字符实体：&lt；表示小于号、&gt；表示大于号、&quot；表示双引号、&apos；表示单引号、&amp；表示 "&" 符号。例如，如果要在属性值中包含单引号和双引号，可以使用 &quot；和&apos；。

10. XML 的名称空间

由于 XML 对互操作性的支持，每个人都可以创建属于自己的 XML 词汇。这样一来，如果不同的开发者用相同的元素来代表不同的实体的话，就会出现问题。比如说，在前面那个表示地址信息的 XML 中，<title>元素表示个人尊称，可是如果另外一个用户为书的书名定义了<title>标记，如何区分该元素指是个人尊称还是书名呢？为了防止这种潜在的冲突，W3C 在 XML 中引入了名称空间。

XML 名称空间为 XML 文档元素提供了一个上下文，它允许开发者按一定的语义来处理元素。

要使用标记名称空间，就要定义一个名称空间前缀，然后将它映射至一个特殊字符串。例如，以下代码显示了如何定义元素的名称空间前缀（在同一个文件中使用了两个不同的 title 标记）：

```
<?xml version="1.0"?>
<customer_info
   xmlns:addr="http://www.abc.com/addresses/"
   xmlns:books="http://www.xyz.com/books/"
>
...<addr:name><title>Mrs.</title>...</addr:name>...
...<books:title>Lord of the Rings</books:title>...

...
</customer_info>
```

在该示例中的两个名称空间前缀是 addr 和 books，为一个元素定义名称空间就意味着该元素的所有子元素都属于该空间。另外，定义标记名称空间前缀的字符必须是唯一的字符串。还有需要注意的是：名称空间中的 URL 仅仅是字符串，它并不是真正的 URL，也就是说，它只是一种具有唯一性的字符串，而没有更多其他的用途。

7.4.3 文档类型定义（DTD）

文件类型定义（Document Type Definition，简称 DTD）允许用户定义在 XML 文档中出现的元素、元素出现的次序、元素之间如何相互嵌套以及 XML 文档结构的其他详细信息。本节介绍有关 DTD 的基本知识。

1. DTD 范例

DTD 允许用户定义 XML 文档的组织结构，例如，可以像下面一样为前面介绍的地址信息 XML 定义 DTD（可以用 DreamweaverMX 创建 XML 文档的方式先创建该文件，然后另存为.dtd 文件）。

```
<!--address.dtd -->
<!ELEMENT address (name，city，street，postal-code)>
<!ELEMENT name (first-name，last-name，title?)>
<!ELEMENT first-name (#PCDATA)>
<!ELEMENT last-name (#PCDATA)>
<!ELEMENT title (#PCDATA)>
<!ELEMENT city (#PCDATA)>
<!ELEMENT street (#PCDATA)>
<!ELEMENT postal-code (#PCDATA)>
```

在这个文件类型定义中，我们定义了以下元素：<address>包含<name>、<city>、<street>、<postal-code>元素；<name>包含<first-name>、<last-name>和一个可选的<title>元素；以及其他显示文本数据的元素（#PCDATA 元素代表已解析的字符元素，在该元素中不能再包含其他元素）。

为 XML 文档定义 DTD 后，文档必须包含 DTD 中定义的所有元素，并且要按照 DTD 中的元素顺序在文档中出现。

DTD 文件也是一个 ASCII 的文本文件，文件扩展名为 .dtd。

2. DTD 文件声明

如果文档是一个"有效的 XML 文档"，那么文档一定要有相应 DTD 文件，并且严格遵守 DTD 文件制定的规范。DTD 文件的声明语句紧跟在 XML 声明语句后面，格式如下：

<!DOCTYPE type-of-doc SYSTEM/PUBLIC "dtd-name">

其中：

"!DOCTYPE" 说明要定义一个 DOCTYPE；

"type-of-doc" 是文档类型的名称，由用户自己定义，通常与 DTD 文件名相同；

"SYSTEM/PUBLIC" 这两个参数只用其一。SYSTEM 是指文档使用私有的 DTD 文件，而 PUBLIC 则指文档调用一个公用的 DTD 文件。

"dtd-name" 就是 DTD 文件的地址和名称。

例如，对于之前介绍的地址信息 XML 文档，可以使用如下语句：

<?xml version="1.0" encoding="GB2312"?>

<!DOCTYPE address SYSTEM "address.dtd">

<address>

……

使其遵守前面定义的 address.dtd 文件的 DTD。

实际上，还可以将 DTD 直接包含在文档中，例如：

<?xml version="1.0" encoding="GB2312"?>

<!DOCTYPE address [

<!ELEMENT address (name，street，city，postal-code)>

<!ELEMENT name (first-name，last-name，title?)>

<!ELEMENT first-name (#PCDATA)>

<!ELEMENT last-name (#PCDATA)>

<!ELEMENT title (#PCDATA)>

<!ELEMENT city (#PCDATA)>

<!ELEMENT street (#PCDATA)>

<!ELEMENT postal-code (#PCDATA)>

]>

<address>

……

与前面调用独立的 DTD 文件效果一样。

3. DTD 中的符号表示

DTD 中有几个符号用于指定某元素在 XML 文档中可能出现的次数。以下示例是这些符号的表示含义：

<!ELEMENT address (name，street，city，postal-code)>

元素<address>必须包含一个<name>元素、一个<street>元素、一个<city>元素和一个<postal-code>元素，这些元素在文档的中也必须以这个顺序出现。逗号表示元素的列表项目，在一个定义的元素中，使用逗号分隔的项目必须在文档中按照这个顺序出现。

<!ELEMENT name (title? first-name，last-name)>

元素<name>必须包含一个可选的<title>元素、一个<first-name>元素和一个<last-name>元素。其中问号表示该元素可以出现也可以不出现，而后面两个元素则是必须出现，并按照这个顺序出现。

`<!ELEMENT booktitle (title+)>`

元素<booktitle>中至少包括一个以上的<title>元素，可以是任意多个，但不能少于一个。加号表示不少于一个元素。

`<!ELEMENT bookname (name*)>`

元素<bookname>包含任意多个<name>元素，包括 0 个。星号表示可以包括任意多个项目元素。

`<!ELEMENT body (title?，table-align，(left | center | right)?，text*)>`

元素<body>包含一个可选的<title>元素、一个<table-align>元素、一个可选的<left>或<center>或<right>元素，最后是个任意多个 text 元素。竖线符号表示只能在多个项目中选择其一。

4. 定义元素的属性

在 DTD 中用户不仅可以定义元素来组织文档，还可以定义元素的属性。用户可以为元素定义哪些属性是必须的、属性的默认值以及属性的有效值。

下面示例代码显示了如何定义元素的属性：

`<!ELEMENT city (# PCDATA)>`

`<!ATTLIST city province CDATA #REQUIRED`

`postal-code CDATA #REQUIRED>`

在这段代码中，我们定义了<city>元素，同时为它指定了两个属性 province 和 postal-code。关键字 CDATA 和 #REQUIRED 说明属性中包含字符数据并且是必须的，如果属性是可选的，则可以使用关键字 #IMPLIED。

下面示例代码列举了如何定义属性的默认值以及属性的有效值：

`<!ELEMENT table (#PCDATA)>`

`<!ATTLIST table align CDATA (left | center | right) "left">`

其中元素<table>的属性 align 默认值是 left，有效取值为 left、center、right。

习 题

1. 什么是超文本和超媒体？
2. 简述 WWW 的工作原理。
3. 什么是 DTD 文件，它有什么作用？
4. XML 与 HTML 有什么区别？有什么联系？
5. 根据自己的兴趣爱好，用 HTML 制作一个小型网站。

第 8 章　多媒体技术扩展

随着多媒体技术的发展，多媒体的研究领域不断扩展，在很多方面得到了广泛的应用。本章将介绍多媒体技术的一些扩展，包括：多媒体网络、用户端接入技术、视频会议系统、IP 电话技术、流媒体技术和网络存储技术等。

8.1　多媒体网络基础

多媒体网络技术（Multimedia Networking）是目前网络应用开发的最热门的技术之一，本节介绍多媒体网络应用和信息交换技术的一些基本概念和技术。

网络通信内容范围甚广，主要包括数据通信、网络连接以及协议 3 个方面的内容。数据通信的任务是如何以可靠高效的手段来传输信号，涉及的内容包括信号传输、传输媒体、信号编码、接口、数据链路控制以及复用。网络连接讲的是用于连接各种通信设备的技术及其体系结构。通常人们将其划分为局域网（LAN）和广域网（WAN）两部分。对通信协议的讨论包括对协议体系结构的论述以及对体系结构中不同层次上各种不同协议的具体分析。

8.1.1　协议与协议体系结构

计算机和计算机之间为了互相合作而进行的信息交流通常称为计算机通信。类似地，当两台或更多的计算机通过一个通信网络互相连接时，这些计算机系统就称为计算机网络。由于不论是计算机还是终端用户都需要同样的合作关系，因此计算机通信和计算机网络需要用到两个非常重要的概念：协议；计算机通信体系结构，或协议体系结构。

当位于不同系统内的实体进行通信时，就需要使用协议。术语"实体"和"系统"是一种笼统的说法。诸如用户应用程序、文件传送软件、数据库管理系统、电子邮件工具以及终端等都称为实体。而计算机、终端、遥感器等都称为系统。而且，在某些情况下，实体和实体所属的系统指的是同样的东西（如终端）。通常，任何能够发送和接收信息的东西都是实体，而系统则是指包含了一个或多个实体且在物理意义上明确存在的物体。要想让两个实体顺利通信，它们必须"讲同样的语言"。通信的内容是什么、如何通信、何时通信都必须在通信的实体之间达成大家都能接受的协定，这些协定就称为协议。也可将协议定义为监督和管理两个实体之间数据交换的一整套规则。协议主要包括以下几个要素：

（1）语法（Syntax）：包括诸如数据格式和信号电平之类的东西。

（2）语义（Semantics）：包括用于相互协调及差错处理的控制信息。

（3）定时关系（Timing）：包括速率匹配和排序。

通信功能是由一组结构化的模块，而不是单一的模块来完成的。这种模块结构就称为协议体系结构。在下面的讨论中，我们首先从上面这个例子中归纳出一个简单的协议结构，之后介绍现实应用中更复杂的例子：TCP/IP 和 OSI。

8.1.2 三层模型

从总体上看，我们认为通信涉及 3 个方面：应用程序、计算机和网络。应用程序的一个例子就是文件传送操作程序。应用程序在计算机上运行，且计算机通常可以支持多个应用程序并发运行。计算机与网络连接，被交换的数据通过网络从一台计算机传送到另一台计算机上。因此，两个应用程序之间的数据传输首先要做的是将数据交给应用程序所在的计算机，然后另一方计算机上相应的应用程序才能获得这些数据。基于这种概念，可以将通信任务划分为以下 3 个相对独立的层次：

（1）网络接入层。

（2）传输层。

（3）应用层。

网络接入层关心的是计算机与所连网络之间的数据交换。发方计算机必须向网络提供目的计算机的地址，这样网络才能够将数据沿正确的路径传送到相应的目的地。发方计算机可能需要调用某些由网络提供的特殊服务，如优先级等。网络接入层使用什么样的软件取决于所使用的网络类型。针对电路交换、分组交换、局域网等不同类型的网络开发出了不同的标准。因此，将这些与接入网络有关的功能划分为一个独立的层次是合理的。这样一来，位于网络接入层之上的其他通信软件就不需要关心所使用的网络类型。换句话说，不管与计算机相连的是何种网络，上层软件都能正常工作。

不论进行数据交换的是什么样的软件，通常都要求数据能够可靠地交换。就是说，我们希望确保所有数据都能顺利到达目的应用程序，并且在到达时与它们在发送时的顺序是一致的。如同将要看到的，提供可靠性的机制本来就与应用程序的类型无关。因此，有理由将这些机制集合到同一层中，并由所有的应用程序共享。这一层就称为传输层。

最后，应用层所包含的是用于支持各种用户应用程序的逻辑。对各种不同类型的应用程序，如文件传送程序，需要一个专门负责该应用的独立模块。

为了控制这一操作过程，除了用户数据之外，还必须传送一些控制信息，如图 8.1 所示。假设发方应用程序生成了一个数据块并将它交付给传输层。为了便于处理，传输层可能将这个数据块分割成两个更小的数据块。传输层还会为每个数据块附加一个传输首部，并在其中包含协议控制信息。来自上一层的数据和控制信息合在一起称为协议数据单元（PDU, Protocol Data Unit）。在这里，它指的是传输协议数据单元。每个传输 PDU 的首部中所含的控制信息都是计算机上的对等传输协议所需要的。在这个首部中存放了诸如下列几项内容：

（1）目的服务访问点（Destination SAP）：当目的传输层接收到传输协议数据单元后，它必须知道这些数据应当交付给谁。

（2）序号（sequence number）：由于传输协议发送的是协议数据单元序列，所以必须按顺序给它们编号。有了这些编号，如果数据不按顺序到达，目的传输实体也可以将它们按顺序重新排列。

（3）差错检测码（Error-detection code）：发送方的传输实体可能还要附加一个代码，它是 PDU 中其余所有内容的一个函数值。接收方的传输协议也要执行相同的运算，并将运算结果与接收到的代码相比较。如果在传输过程中产生了差错，那么两次运算会得到不同的结果。在这种情况下，接收方会丢弃这个 PDU，并执行纠错操作。接下来传输层将各个协议数据单元交付给网络层，并命令网络层将其传送到目的计算机。

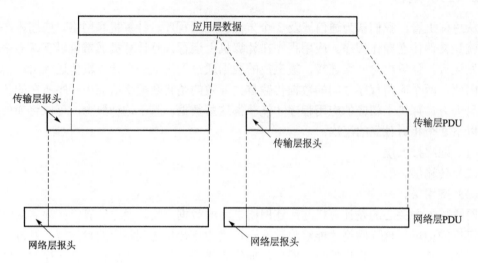

图 8.1　协议数据单元

8.1.3　TCP/IP 模型

有两种协议结构一直被视为通用通信标准的发展基础：TCP/IP 协议族和 OSI 参考模型。TCP/IP 协议是使用最为广泛的通用结构，而 OSI 已经成为用于通信功能分类的标准模型。下面我们将对这两个协议结构做简要介绍。

开放系统互联（OSI）参考模型是由国际标准化组织（ISO）开发的一种计算机通信体系结构，并且用作协议标准开发的框架结构。它包含有 7 层：

（1）应用层。

（2）表示层。

（3）会话层。

（4）传输层。

（5）网络层。

（6）数据链路层。

（7）物理层。

图 8.2 是 OSI 模型的图解。OSI 模型的宗旨是为每一层上执行的功能开发不同的协议。

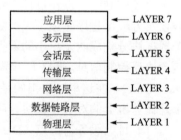

图 8.2　OSI 的各层

TCP/IP 是由美国国防部高级研究计划局（DARPA）资助的试验性数据包交换网络 ARPANET 在协议方面进行研究和开发所取得的成果，通常也称为 TCP/IP 协议族。这一协议族由大量的协议集合而成，这些协议已经由 Internet 体系结构委员会（IAB）发布为 Internet 标准。

与 OSI 不同，TCP/IP 没有正式的协议模型。然而，根据已经开发出的协议标准，可以将 TCP/IP 的通信任务划分为相对独立的 4 层结构：

（1）应用层。

（2）传输层，或主机到主机层。

（3）互联网层。

（4）网络接入层（包括物理层）。

物理层包含了数据传输设备（例如工作站、计算机）与传输媒体或网络之间的物理接口。这一层关心的是诸如传输媒体的性能、信号特性、数据率等问题的定义。

网络接入层关心的是终端系统和与其相连的网络之间的数据交换。发送方计算机必须向网络提供目的计算机的地址，这样网络才能沿着适当的路径将数据传送给正确的目的计算机。发送方计算机可能希望使用某些由网络提供的服务，如优先级别。这一层所使用的具体软件取决于应用网络的类型。由电路交换、分组交换（如 X.25）、局域网（如以太网）等不同类型的网络发展出了不同的标准。网络接入层还关心连接在同一个网络上的两个端系统如何接入网络，并使数据沿着适当的路径通过网络。

当两个设备分别与不同的网络相连接时，就需要应用程序让数据能够跨越多个互相连接的网络，这就是互联网层的功能。这一层使用了互联网协议（IP）来提供穿越多个网络的路由选择功能。这个协议不仅在端系统上执行，同时在路由器上也要执行。路由器是用于连接两个网络的处理机，它的主要功能是在数据从源端系统向目的端系统传输的途中将数据从一个网络传递给另一个网络。

不论进行数据交换的是什么样的应用程序，通常都要求数据的交换是可靠的。就是说，我们希望确保所有数据都能顺利到达目的应用程序，并且到达的数据与它们被发送时的顺序是一致的。用于可靠传递的机制就在传输层，或主机到主机层上。传输控制协议（TCP）是提供这一功能的目前使用最广泛的协议。

最后，应用层所包含的是用于支持各种用户应用程序的逻辑。对各种不同类型的应用程序，如文件传送程序，需要一个独立的专门负责该应用的模块。

与图 8.1 中的通信模式相对应，图 8.3 示意了 TCP/IP 协议是如何在端系统中执行的。请

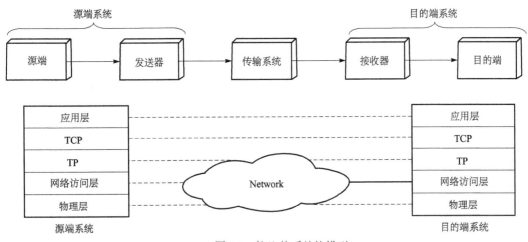

图 8.3　协议体系结构模型

注意，物理层和网络接入层提供的是端系统与网络之间的相互作用，而传输层和应用层被称为端对端的协议，就是说它们支持的是两个端系统之间的相互作用；互联网层则是两者兼具。在互联网层，端系统不但要和网络交换路由信息，还必须提供两个端系统之间的一些共用功能。

8.1.4 多媒体信息传输简介

1. 多媒体通信业务特点

虽然多媒体通信系统和其他类型的通信系统之间存在着相同之处，但多媒体数据及其应用的特殊性决定了多媒体通信系统应当具有如下特点：

（1）支持一体化业务。一体化业务又称综合业务。多媒体数据包含了文本、图形、图像、音频和视频等多类媒体对象，不同类型的数据有着不同的特点，对通信系统有着不同的需求。因此，多媒体通信系统应当能够为不同类型的数据提供与其特点和需求相适应的通信业务，并能够将不同的业务有机地结合在一起，即多媒体通信系统应当具备一体化业务的能力。

（2）具备较强的实时数据传输能力。连续媒体数据（如音频和视频数据）是多媒体数据的重要组成成分，连续媒体数据的实时通信也在多媒体通信中占有较大的比重，因而多媒体通信系统应当具备较强的实时数据传输能力。

（3）能够完成多媒体同步。在多媒体对象内部，各媒体对象之间在时域、空域存在着约束关系，而这种约束关系的破坏，会在一定程度上妨碍对多媒体数据所含内容的理解。这表明时域空域约束关系是多媒体数据语义的一部分，而这也就决定了多媒体通信系统需要对这种约束关系进行维护，即实现通信过程中的多媒体同步。

（4）支持多种通信模式。多媒体应用大多是分布式的，会涉及点到点、点到多点、多点到多点等多种通信模式。这种应用需求决定了多媒体通信系统应当能够支持各种通信模式，并完成相关的管理任务。

2. 网络功能

（1）单向网络和双向网络。单向网络指信息传输只能沿一个方向进行的网络。例如有线电视（CATV）网，信息只能从电视中心向用户传输，而不能反之。

支持在两个终端之间、或终端与服务器之间互相传送信息的网络称为双向网络。当两个方向的通信信道的带宽相等时，称为双向对称信道；而带宽不同时，则称为双向不对称信道。由于多媒体应用的交互性，多媒体传输网络必须是双向的。

（2）单播、多播和广播。单播（Unicast）是指点到点之间的通信；广播（Broadcast）是指网上一点向网上所有其他点传送信息；多播（Multicast），或称为多点通信，则是指网上一点对网上多个指定点（一般为同一个工作组中的成员）传送信息。

单播方式时，发送终端通过分别与每一个组内成员建立点到点的通信联系，在这种情况下，发送端需要将同一组信息分别送到多个信道上［如图 8.4（a）］。由于同一信息的多个拷贝在网上传输，无疑要加重网络的负担。而采用多播方式时，网络能够按照发送端的要求将欲传送的信息在适当的节点进行复制，并送给组内成员，也称为多点路由功能［如图 8.4（b）所示］。

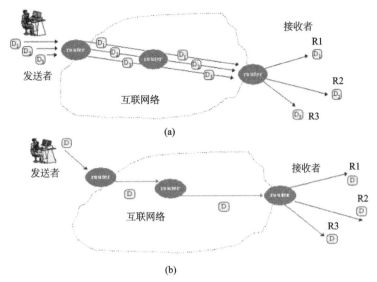

图 8.4 多个点到点的信道和多播信道

(a) 多个点到点的信道；(b) 多播信道

不同的多媒体信息系统需要不同的网络结构来支持。简单的可视电话只需要点对点的连接，而这一连接是双向对称的。在多媒体信息检索与查询（MIS）系统中，用户和中心数据库之间建立的也是点对点的联系，但不是对称的。通常从用户到中心（上行）的线路只传送查询命令，所需要的带宽较窄；而中心到用户（下行）传送大量的多媒体数据，需要占用频带较宽的线路。分配型的多媒体业务，例如数字电视广播，则需要广播型网络。多点与一点连接的结构在有些情况下也会遇到，例如在 MIS 系统中，如果是分布式数据库时，往往需要从多个库中调取信息来回答一个用户的请求。多媒体协作工作是对通信机制要求最高的应用。它要求多点对多点之间的双向对称连接，此时，多播功能是必须的。因此，支持综合多媒体业务的传输网络应当支持单播、多播和广播。

3. 性能指标

（1）吞吐量。吞吐量是指网络传送二进制信息的速率，也称比特率或带宽。在严格意义上讲带宽是对应于模拟信号而言的，指的是一段频带，用在数据传输时通常指比特率。有的多媒体应用所产生的数据速率是恒定的，称为恒比特率（Constant Bit Rate 缩写为 CBR）应用；有的应用则是变比特率（Variable Bit Rate 缩写为 VBR）的。

持续的、大数量的传输是多媒体等信息传输的一个特点。从单个媒体而言，实时传输的活动图像是对网络吞吐量要求最高的媒体。具体来说，按照图像的质量我们可以将活动图像分为 5 个级别：

① 高清晰度电视（HDTV）。例如，分辨率为 1 920×1 080，帧率为 60 帧/s，当每个像素以 24 bit 量化时，总数据率在 2 Gb/s 的数量级。如果采用 MPEG-2 压缩，其数据率大约在 20～40 Mb/s。

② 演播室质量的普通电视。其分辨率采用 CCIR 601 格式。对于 PAL 制，在正程期间的像素为 720×576，帧率为每秒 25 帧（隔行扫描），每个像素以 16 bit 量化，则总数据率为 166 Mb/s。经过 MPEG-2 压缩之后，数据率可达 6～8 Mb/s。

③ 广播质量的电视。它相当于模拟电视接收机所显示出的图像质量。从原理上讲，它应该与演播室质量的电视没有什么区别，但是由于种种原因（例如接收机分辨率的限制），在接收机上显示的图像质量要稍差一些。它对应于数据率在 3～6 Mb/s 左右的、经 MPEG-2 压缩的码流。

④ 录像质量的电视。它的分辨率是广播质量电视的 1/2，经 MPEG-1 压缩之后数据率约为 1.4 Mb/s（其中伴音为 200 kb/s 左右）。

⑤ 会议质量的电视。会议电视可以采用不同的分辨率。采用 GIF 格式，即 352×288 的分辨率，帧率为 10 帧/s 以上，经 H.261 标准的压缩后，数据率为 128 kb/s（其中包括声音）。

图 8.5 综合表示出不同媒体对网络吞吐量的要求，其中高分辨率文档是指分辨率在 4 096×4 096 以上的图像（例如某些医学图像）。图中 CD 音乐和各种电视信号都是指经过压缩之后的数据率，由图 8.5 看出，文字浏览对传输速率的要求是很低的。

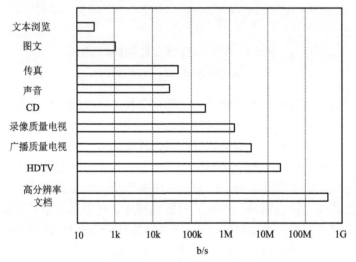

图 8.5 不同媒体对带宽的要求

（2）延时抖动。网络传输延时的变化称为网络的延时抖动（Delay jitter）。度量延时抖动的方法有多种，其中一种是用在一段时间内（例如一次会话过程中）最长和最短的传输延时之差来表示。

产生延时抖动可能有如下的一些原因：

① 传输系统引起的延时抖动，例如符号间的相互干扰，振荡器的相位噪声，金属导体中传播延时随温度的变化等。所引起的抖动称为物理抖动，其幅度一般只在微秒量级，甚至于更小。

② 对于电路交换的网络（如 N-ISDN），只存在物理抖动。在本地网之内，抖动在毫微秒量级；对于远距离跨越多个传输网络的链接，抖动在微秒的量级。

③ 对于共享传输介质的局域网（如以太网、令牌环、或 FDDI）来说，延时抖动主要来源于介质访问时间（Medium access time）的变化，终端准备好欲发送的信息之后，还必须等到共享的传输介质空闲时，才能真正进行信息的发送，这段等待时间就称为介质访问时间。

④ 对于广域的分组网络（如 X.25、IP、或帧中继网），延时抖动的主要来源是流量控制的等待时间（终端等待网络准备好接收数据的时间）和存储转发机制中由于节点拥塞而产生的排队延时变化。

延时抖动将破坏多媒体的同步，从而影响音频和信号的播放质量。例如，声音样值间隔的变化会使声音产生断续或变调的感觉；图像各帧的显示时间的不同也会使人感到图像停顿或跳动。

8.2 用户端接入技术

无论何种多媒体通信应用，多媒体通信终端是必不可少的部件，它是多媒体通信中最终将多媒体信息呈现给用户的部件，也是多媒体通信特征的最终体现。接入技术涉及以下几个方面的问题：终端本身的构成与技术、人-机接口、网络接口以及多种网络接入方式和技术等，本节将介绍这些方面的内容。

8.2.1 多媒体终端

多媒体终端设备，是组成通信网络的重要因素之一，它的功能与通信网的性能直接相关，也与自身的业务类型有密切关系。多媒体终端是计算机终端技术、声音技术、图像技术和通信技术的高科技集成产物。

多媒体通信终端是挂在通信网络上的一个个节点，是各种媒体信息交流的出发点和归宿点，是人-机接口界面所在，因此，它是整个多媒体通信系统中的一个重要组成部分。

1. 多媒体终端的特点

真正的多媒体终端既不同于普通计算机终端，也不同于其他的各类通信终端，它有自身的特点，归纳起来如下：

（1）集成性：指多媒体终端可以对多种信息媒体进行处理和表现，能通过网络接口实现多媒体通信。这里的集成不仅指各类多媒体硬件设备的集成，而且更重要的是多媒体信息的集成。

（2）同步性：指在多媒体终端上显示的图、文、声等以同步的方式工作。它能保证多媒体信息在空间上和时间上的完整性。它是多媒体终端的重要特征。

（3）交互性：指用户对通信的全过程有完整的交互控制能力。多媒体终端与系统的交互通信能力向用户提供了有效控制使用信息的手段。它是判别终端是否是多媒体终端的一个重要准则。

2. 多媒体终端的组成

多媒体终端是由搜索、解码、同步、准备和执行等部分组成的。

（1）搜索部分：指人-机交互过程中的输入交互部分，可以包括各种输入方法、菜单选取等输入方式。

（2）解码部分：表示对媒体进行解码，并按要求的表现形式呈现给用户。

（3）同步部分：处理多种表示媒体间的同步问题。多种表示媒体通过不同的途径进入终端，由同步处理部分完成同步处理，再送到用户面前的就是一个完整的声、文、图、像一体化的信息。

（4）准备部分：体现了对媒体终端所具有的再编辑功能。

（5）执行部分：完成对系统的接口任务。它主要由网络和各种接口组成。

综上所述，多媒体终端要使用 3 种协议，即接口协议、同步协议和应用协议，如图 8.6

所示。

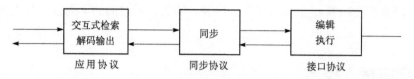

图 8.6　多媒体终端的构成框

接口协议是多媒体终端对网络和传输介质的接口协议；同步协议传递系统的同步信息，以确保多媒体终端能同步地表现各种媒体；应用协议管理各种不同的应用。

由上述 5 个部分和 3 个协议构成的终端是一个完整多媒体终端，也常称其为多媒体终端工作站。而在实际应用中，视其具体情况也可以只由搜索和解码两部分构成一个简单的视频终端，如可以发声的可视图文终端即属此类。由同步、执行和准备 3 部分构成一个智能多媒体终端前置机，而由搜索、解码和同步构成智能终端。

3. 多媒体终端的关键技术

下面从 4 个方面来介绍一下多媒体终端的关键技术。

（1）开放系统模式：为了实现信息的互通，多媒体终端应按照分层结构支持开放系统模式。设计的通信协议要符合国标标准，目前用于多媒体通信的协议有以下几种：国际标准化组织的 MHEG、国际电信联盟的 T.410 系列协议、T.430 系列协议建议及 T.170 系列建议等。

（2）人–机和通信的接口技术：多媒体终端包括两方面的接口，即与用户的接口和与通信网的接口。多媒体终端与最终用户的接口技术包括：汉字输入的有效方法和汉字识别技术，自然语言的识别和理解技术及最终用户与多媒体终端的各种应用的交互接口。多媒体终端与通信网的接口，包括电话网、分组交换数据网、N-ISDN 和 B-ISDN 等通信接口技术。

（3）多媒体终端的软、硬件集成技术：多媒体终端的基本硬件、软件支撑环境，包括选择兼容性好的计算机硬件平台、网络软件、操作系统接口、多媒体信息库管理系统接口、应用程序接口标准及其设计和开发等。研制多媒体终端与各种表示媒体的接口，解决分布式多媒体信息的时、空组合问题。

（4）多媒体终端应用系统：研究由多媒体终端和通信网组成的典型多媒体应用系统，开发其应用软件（如远距离多用户交互辅助决策系统、远程医疗会诊系统、远程学习系统等），都需要研究开发相应的多媒体信息库、各种应用软件和管理软件。这样才能使多媒体终端真正进入实用阶段。

8.2.2　接入网基础

1. 接入网的定义

接入网（Access Network，缩写为 AN），也称为用户接入网，是由业务节点接口（SNI）和相关用户网络接口（UNI）之间的一系列传送实体（例如线路设施和传输设备）组成的。为传送电信业务提供所需传送承载能力的实施系统，可经由维护管理接口（Q3 接口）进行配置和管理。其中的传送实体可提供必要的传送承载能力，对用户信令是透明的，可不作解释。换句话说，接入网就是介于网络侧数字接口（V 接口）或模拟接口（Z 接口）参考点和用户侧 T 或模拟接口（Z 接口）参考点之间的网络，它包含所有的机线设备。

根据 ITU-T 建议，接入网的功能结构如图 8.7 所示。它位于交换局端和用户终端之间，可以支持各种交换型和非交换型业务，并将这些业务流组合后沿着公共的传输通道送往业务节点。其中包括将 UNI 信令转换成 SNI 信令，但接入网本身并不解释和处理信令的内容。

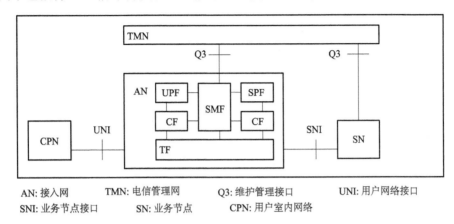

AN: 接入网   TMN: 电信管理网   Q3: 维护管理接口   UNI: 用户网络接口

SNI: 业务节点接口   SN: 业务节点   CPN: 用户室内网络

图 8.7   接入网功能结构

接入网的物理参考模型如图 8.8 所示，其中灵活点（FP）和分配点（DP）是非常重要的两个信号分路点，大致对应传统铜线用户线的交接箱和分线盒。在实际应用与配置时，可以有各种不同程度的简化，最简单的一种就是用户与端局直接相连，这对于离端局不远的用户是最为简单的连接方式，但在大多数情况下是介于上述两种极端配置的方式之间。

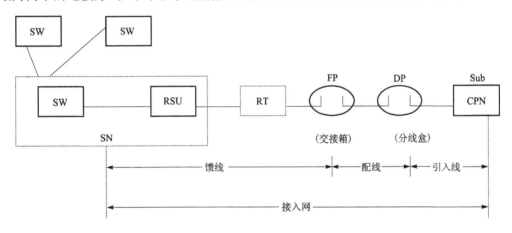

图 8.8   接入网物理参考模型

2. 接入网的分层

为便于网络设计和管理，接入网按垂直方向分解为 3 个独立的层次，其中每一层为其相邻的高阶层提供传送服务，同时又使用相邻低层所提供的传送服务，这三层网络分别是电路层、通道层和传输媒质层。在网络分层后，每一层仍显复杂，因此可以进一步将每一层网络划分为若干个子网，每一子网又可进一步分割成若干更小的子网。

（1）电路层。电路层（CL）网络涉及电路层接入点之间的信息传递并独立于传输通道层。电路层网络直接面向公用交换业务，并向用户直接提供通信业务。例如：电路交换业务、分组交换业务和租用线业务等。按照提供业务的不同又可以分出不同的电路层网络。

（2）传输通道层。传输通道层（TP）网络涉及通道层接入点之间的信息传递并支持一个或多个电路层网络，为其提供传送服务，通道的建立可由交叉连接设备负责。

（3）传输媒质层。传输媒质层（TM）与传输媒质（如光缆、微波等）有关，它支持一个或多个通道层网络，为通道层网络节点（如 DXC）之间提供合适的通道容量，若作进一步划分，该层又可细分为段层和物力层。

以上三层之间相互独立，相邻层之间符合客户/服务者关系，这里所说的客户是指使用传送服务的层面，服务者是指提供传送服务的层面。例如：对于电路层与通道层来说，电路层为客户，通道层为服务者。

3. 接入网中的关键技术

总的来说，接入网可以分为有线接入网和无线接入网，有线接入网包括铜线接入网、光纤接入网和混合光纤/同轴电缆接入网；无线接入网包括固定无线接入网和移动接入网（见表8.1）。各种方式的具体实现技术多种多样，且各具特色。例如有线接入是主要有以下几种技术措施：其一是以原有铜质导线线路为主，在非加感的用户线上通过采用先进的数字信号处理技术来提高双绞铜线对的传输容量，向用户提供各种业务的接入手段。其二是以光缆为主干传输，经同轴电缆分配给用户，采用一种渐进的光缆化方式；其三是全光化的实现，包括光纤到家庭等多种形式；其四是以无线为主的接入方式。

表 8.1 接入网传输系统分类

接入网	有线接入网	铜线接入网	数字线对增益（DPG）
			高比特数字用户线（HDSL）
			不对称数字用户线（ADSL）
		光纤接入网	光纤到路边（FTTC）
			光纤到大楼（FTTB）
			光纤到户（FTTH）
		混合光纤/同轴电缆接入网（HFC）	
	无线接入网	固定无线接入网	微波：一点多址（DRMA）／固定无线接入（FWA）
			卫星：甚小型天线地球站（VSAT）／直播卫星
		移动接入网	无绳电话
			蜂窝移动电话
			无线寻呼
			卫星通信
			集群调度
	综合接入网	交互式数字图像（SDV）	
		有线＋无线	

8.3 视频会议系统

本节介绍视频会议相关的内容，包括：视频会议中的网络技术、终端技术、视频会议终端设备、视频会议标准等。

8.3.1 视频会议概述

多媒体通信技术是近几年在计算机领域与通信领域中非常活跃的研究领域。随着信息高速公路 NII（National Internet Infrastructure）的建立，多媒体技术的出现与发展，使视频图像的网络传输成为可能。

视频会议（Video Conference），又称视讯会议，是一种能把声音、图像、文本等多种信息从一个地方传送到另一个地方的通信系统。采用视频会议的方式，可以使身处两个会场或多个会场的与会者，既听到其他与会人员的声音，又看到其他会场的图像，甚至是发言者的神态表情，观察对方形象和有关信息，使与会者都能身临其境地如同在一个地方开会一样。在应用中，能够提高工作效率，降低远距离会议的费用。

1. 视频会议系统的类型

根据会议节点数目不同，视频会议系统分为点对点视频会议系统和多点视频会议系统。点对点视频会议系统应用于两个通信节点间。多点视频会议系统应用于两个以上节点之间的通信。

根据所运行的通信网络不同，视频会议系统分为数字数据网（DDN）或其他专用网型、局域网/广域网（LAN/WAN）型和公共交换电话网（PSTN）型 3 种。使用 DDN 或专用网，在 384～2 048 kb/s 速率下，可提供 25～30 frame/s 的 CIF 或 QCIF 图像；低档的通常在 LAN/WAN 环境中运行，在 384 kb/s 速率下，提供每秒 15～20 frame；而在 PSTN 上，在 28.8 kb/s 或 33.6 kb/s 等速率下，只能达到 5～10 frame/s。

根据技术支持的类型不同，视频会议系统可分为基于线路的视频会议系统和基于分组的视频会议系统，但是现在两者的界限已经越来越模糊。基于线路的视频会议系统，也称为常规视频编解码系统，依照专用线路提供一个确定的比特率，诸如租用线路或公用线路交换服务。基于分组的视频会议系统是从分组视频通话系统演化而来的，其基本原理是相同的，即利用桌面计算机的潜能支持视频会议的服务。

根据所选用的终端类型不同，视频会议系统又可分为桌面视频会议系统（Desktop Video Conference）、会议室型视频会议系统（Room/Rollabout System）和可视电话系统。

桌面型视频会议系统是在普通计算机上增加一些附加设备，主要使用计算机软件完成会议功能。桌面视频会议日益受到青睐，因为它有效地利用了现有的资源。视频会议仅仅是桌面上运行的多种应用之一。桌面机可以同时用于局域网和广域网中的视频会议，还可通过白板功能实现数据共享。一些桌面视频会议系统支持 TCP/IP，这类系统能用在桥接器、路由器和拨号线的衔接处，使用户能够方便、经济地接入视频会议系统，特别是在 ISDN 业务还没有实现的地区。

会议室视频会议系统是在带有环境控制设备的专用会议房间里装置一个或多个大屏幕，并由屏幕、摄像机、麦克风和辅助设备等组成的。这些配置不能移到别的房间或大楼内，但可以向别的房间或大楼内提供高质量的视频和同步音频。

可视电话系统用于点到点通信，它满足了在电话上进行视频会议传输的需求。系统组成包括一个小屏幕、内部摄像机、视频编解码器、音频系统和键盘。

2. 视频会议系统的组成

典型的多媒体会议系统由终端设备、通信链路、MCU 及相应的软件部分组成。

其中，终端设备不仅要完成各自的数据处理任务，还要并行完成多媒体通信协议的处理、音视频信号的接收、存储与播放，并记录和检索大量与会议相关的数据与文件。终端设备的硬件配置包括音、视频信号处理器，压缩与解压缩卡，以及摄像机、话筒、扬声器、电子书写板、图像扫描仪和通信网卡等。

通信链路的选择有很多种，可能是 PSTN、LAN、WAN、N-ISDN、Frame Relay 或者 B-ISDN、ATM 等。

MCU 是视频会议系统的核心设备，它是一个数字处理单元，通常设在网络节点处，用于处理多个地点同时进行通信的情况。其主要功能是将各终端送来的信号进行分离，抽取出音频、视频、数据和信令信号，分别送到相应的处理单元，进行音频混合或切换、数据广播和确定路由选择、定时和处理会议控制等。

软件部分包括协议处理、会议服务、音频与视频信号处理、协同工作管理、图形用户接口等。国外常见的视频会议软件有 CU-SeeMe（由美国 Cornell 大学开发）、IVS（INRIA Videoconferencing System，由法国 INRIA Sophia Antipolis 开发）和 ShowMe（由 Sun Microsystems 公司开发）等。

8.3.2 视频会议中的网络技术

1. 网络接入技术

多媒体视频会议依托的环境是多样化的，它采用的传输信道有公共交换电话网（PSTN）、局域网（LAN）、广域网（WAN）、窄带综合业务数字网（N-ISDN）、帧中继（Frame Relay）和宽带综合业务数字网（B-ISDN）、ATM 等。每种网络的带宽与传输协议是不同的，并且在多媒体视频会议系统的信号中，包括了视频、音频、数据及同步控制信号，不同种类的数据有不同的传输特性和传输要求。

随着网络技术的不断发展，接入技术也在不断地从窄带向宽带发展，从电路型向分组型发展，今后将以馈线与配线段光纤接入为主导（FTTB、FTTC、光接入网（OAN）、ATM PON、IP PON），引入线段金属线上 xDSL（ADSL、HDSL2）、Cable Modem 和 HFC。另外，无线接入更是多种多样，无纤光通信在今后的发展中更是引人注目。

2. MCU（多点控制单元）

当一个视频会议系统中的视频终端数量超过两个时，就涉及多点通信的问题，若采用点对点的方式，当一个视频通信系统有 N 个会场时，如果要使各个会场都能互相看到，就必须建立具有 $N(N-1)/2$ 条通路的通信网络，在终端数目增加时，通路的数量将以平方的规模增长，不仅通信控制很有难度，而且任意两点都要建立连接在现实中也难以实现。

基于这样的考虑，提出的一种方法是在系统中加入 MCU，MCU 一般设置在中心会场或监控中心，与远程终端呈星形连接，设置一个或多个中心端口，这样在中心的视频终端就可以通过 MCU 与远程终端分时通信。MCU 的"规格"是按端口计算的，每个端口可配接一个视频终端。为了增加节点的数量，可以通过级连的方式，但级连一般不超过两级，因为级连的级数过多时，信号的延迟将会对会议的质量造成不可容忍的影响。ITU-T 关于视频会议的标准只允许采用两级级连的组网模型，这样可以满足传输延时、视频音频同步以及网络控制的要求。

图 8.9 就是一个二级星型视频会议网络组成的示意图，图中的大圆圈代表 MCU，小圆圈代表终端设备。为了实现对每一个终端的控制，必须给 MCU 和终端编号，主 MCU 为 1，从 MCU 由主 MCU 分配，使用 2 以后的编号。各个终端的编号由与它直接连接的 MCU 分配，每一个终端的身份由一对号码<M><T>唯一确定，M 为 MCU 号，T 为终端号。

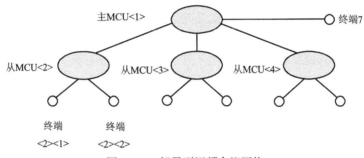

图 8.9　二级星型视频会议网络

MCU 是视频会议网中的关键设备，它的作用相当于一个交换机，但又与一般电话网中的交换机不一样。它对图像、语音、数据信号进行切换，而且是对数据流进行切换，并不是对模拟信号进行切换。MCU 所工作的速率范围可从 64 kb/s 到 2 Mb/s，每次会议工作在一个速率上；如果与它连接的终端速率不一致，它便自动地工作在这几个终端的最低速率上。当然一般来讲，在同一次会议中，所有终端都会选用同一速率。

MCU 对视频信号采取直接分配的方式。若某会场发言，则它的图像信号便会传送到 MCU，MCU 将其切换到与它边连接的所有其他会场。对数据信号，MCU 采用广播方式将某一会场的数据切换到其他所有会场。对语音信号，如只有一个会场发言，MCU 将它的音频信号切换到其他所有会场；如同时有必个会场发言，MCU 将它们的音频信号进行混合处理，挑出电平最高的音频信号，然后切换到其他所有会场。

MCU 对所有的输入码流进行解复用处理。对所解出的各路视频信号不再解码，而采用直接转接的方式，将视频码流按照控制信号的要求送到它该去的地方；对解出的各路音频信号，则先进行解码，形成 PCM 信号，再将这些多路 PCM 音频信号进行线性叠加、编码，形成一个现场感很强的混合语音信号，送到所有的终端。对于数据信号，MCU 采用广播方式或多层协议（MLP）方式将源数据送往其他会场。

由于图像信号不能混合，在一般的视频会议系统中，每个终端在同一时刻只能收看一个会议点的场景。目前已有一些新型的 MCU 增加多画面功能，即由 MCU 将多个地点的场景组合成多画面形式传送出去，使得一个终端可以同时观看多会场的图像。

3. 多点视频会议的通信过程

多点视频会议的通信过程可分为通信的建立、相互通信、通信的拆除 3 个阶段。其中又包括多个具体的执行过程，如呼叫的建立、多点连接、视频音频切换、数据切换、主席令牌申请、切换等。

（1）呼叫建立过程。由于视频会议系统的所有终端和 MCU 都被连接在一个交换网上，而非专线连接，所以只能通过呼叫建立连接。

H.320 系统的呼叫模式有多种，可采用 64 kb/s 的 OU 模式进行呼叫（PSTN 或 ISDN），可通过电话的 RJ-11 接口进行带外呼叫（PSTN），也可采用 RS-366、RS-449 或 E1 接口方式呼叫。

另外，也可采用无呼叫方式的模式，无呼叫方式也称为人工呼叫方式。此时，所有的视频会议系统设备都被设置成一个公共的默认通信模式，当人工按预定的时间将物理信道建立之后，系统在规定的时间直接进入初始连接状态。

（2）初始连接过程。初始连接过程就是建立一个所有的终端和 MCU 赖以进行视频会议的公共通信模式的过程。

为了建立这个公共通信模式，在通信一开始所有的设备必须工作在统一的初始模式上。H.320 终端以 64 kb/s 的 OF 模式（中性的 BAS 值）作为初始模式，然后转换到 SCM 模式上。接着，MCU 逐一地进行初始连接，并在第二个终端加入后，交换视频、音频和数据到对方，在第三个以及以后的终端加入后，分配第一个终端的视频、音频和数据到该终端。

从 MCU 连接到主 MCU 上的方法与此类似，只是将来自主 MCU 的视频、音频和数据分配到它的所有其他端口，而选择一个终端的视频、音频和数据传送至主 MCU。

另外一种情况下，以默认模式作为初始连接模式，所有终端都以相同的速率和它的网络相连，因而不需要进行能力集交换，可以直接进入连接确认，因此这种方法又叫做无能力集交换的初始连接。

（3）多点通信过程。完成了初始连接过程，多点视频会议就进入了正常的会议进行阶段。在次阶段系统要按照与会者的愿望选择各种会议控制方式，还要对各种媒体进行交互，如视频切换、音频混合和数据广播等。

视频音频的切换是通过命令完成的。在多点视频会议中，音频信号是混合传输的，因此不存在切换的问题。视频的切换命令主要有 VCB（导演或主席的视频广播控制命令）、VCS（选择收看控制命令）、MCV（强制显像控制命令）。

视频会议系统通过数据令牌和指示实现 LSD 和 HSD 数据广播。LSD 是指低速同步数据，速率范围是 300 b/s～64 kb/s，HSD 是指高速同步数据，通常速率高于 64 kb/s。

（4）结束通信过程。要结束通信过程时，由 MCU 或主席控制终端发出 CCK 命令。结束后，所有的终端和 MCU 恢复到初始呼叫模式或者初始连接模式，以便能够再次呼叫连接。

一般情况下会议终端不能在未经主 MCU 同意的情况下离开会议，由于网络故障或者模式切换失效而造成的失败，系统可以使用一种故障恢复模式重新建立连接，如强制 O 模式。

4. 多点视频会议的控制方式

H.243 建议所规范的多点视频会议控制方式有 2 种：主席控制方式和语音控制方式。实际上为了适应不同规模、不同方式的会议的特点。常常采用的会议控制方式主要有如下 4 种：主席控制方式、语音控制方式、演讲人控制方式和导演控制方式。

（1）主席控制方式。主会场控制主 MCU，其他 MCU 受控于主 MCU。会议控制权由主席行使，主席发言时的视频和音频信号向其他各点广播，但主席观看的图像可自选。主席可点名某分会场发言，并与它对话，所有其他会场均收看发言人图像。分会场发言需向主席申请，获准后将分会场的视频和音频信号送至其他各会场。这种方式多用于大型会议，如各级行政会议。

该方式涉及下面几个方面的问题。

① 终端及 MCU 编号。主席控制模式，是通过一些信令在 MCU 及终端之间的传递来完成的。一个多点视频会议系统有若干个 MCU 及终端，这些控制信令该传给哪个 MCU 和终端，是根据控制内容来决定的，因此必须给每个 MCU 及终端一个编号，就像以不同的姓名来区分人一样。H.243 建议用编号方法，并将编号作为控制信息的一个部分，在 BAS 码中传送。终端编号<M><T>的取值为十进制数字。<M>是本地 MCU（与终端相连的 MCU）的编号，<T>是终端的号码，这些编号可以固定分配。

下面举例说明编号的作用。假设北京主 MCU 编号为 2，上海从 MCU 为编号 3，北京主会场终端为 4，上海会场终端为 5。如北京主会场在开会期间，要求上海会场退出会场，即要求编号为<3><5>的终端断开连接。这时它向主 MCU 关送一个 CCD<3><5>的信令，主 MCU 收到后，首先检查<M>值是否为自身值，由于不是自身值 2，它便将此信令转到<M>值为 3 的 MCU。

上海 MCU 收到 CCD 后首先检查<M>值是否是 3，再检查终端<T>值，因<T>值为与它相连接的终端号，于是将上海会场终端断开。其中 CCD 为主控断开指令，主控是主席控制的简称，CCD<3><5>意思是主控终端让编号为<3><5>的终端断开连接。断开了上海的会场终端后，上海 MCU 向北京的主会场终端发一个应答信令 TID<3><5>，TID 意思为终端中断指示，告诉主控终端编号为<3><5>的终端已经断开。

② 主控终端令牌。若指定某一终端 Tm 为主控时，Tm 向 MCU 发送 CCA<M><T>（主控索取指令），表明编号为<M><T>值的主控终端要索取表征主席权力的令牌。这时 MCU 向 Tm 发送 CIT<M><T>（主控令牌指示）信号，Tm 收到此信令，便获得令牌，就可开始执行主席的权力了。

若有两个或多个 MCU，且此时若已指定了主 MCU，而与 Tm 连接的 MCU 为从 MCU，则从 MCU 向主 MCU 转交指令 CCA 并等待主 MCU 发送 CIT 指令，一旦收到 CIT，即将其传向 Tm，获得令牌的 Tm 便可执行会议控制权。

③ 释放主控令牌。在一次会议期间，主控终端决定改换另一终端为主控，则持有令牌的终端可向 MCU 发送 CIS（主控停止令牌使用指示）信号来释放令牌，此时有以下 2 种情况：

当只有单一的 MCU 时，MCU 收到 CIS 信号后向 Tm 发送 CCR 信号（主控释放/拒绝指令），以确定令牌回收。

若为多个 MCU，且 Tm 是与从 MCU 相连接，则从 MCU 向主 MCU 传送 CIS 信号并等待 CCR 信号，收到主 MCU 发来的此信号后交给 Tm。Tm 收到 CCR 信号后，可再次申请令牌。

④ 分会场请求发言。若分会场请求发言，需经主控终端 Tm 认可，此时分会场可向 MCU 发送 CIF<M><T>（现场请求指示）给 MCU。MCU 将其传向 Tm，待 Tm 同意，则由 MCU 转交 Tm 的认可信号给要求发言的分会场。

⑤ 视频选择。若主控终端决定本次会议的所有会场均收看某一个会场的图像，则它向 MCU 发送针对某一会场终端编号的 VCB<M><T>（视频广播指令）。MCU 收到此信号，且检查<M>值为自己的编号时，则它将连接到自己端口的编号为<T>值的终端图像播放到所有

会场。若 Tm 想收看编号为某个值的分会场的图像，则 Tm 发送指令 VCS<M><T>（视频选择）给 MCU。MCU 检查<M><T>值，若为本 MCU 端口上连接的终端编号，便将该终端的图像送给 Tm。

⑥ 会议结束。当需结束会议时，主控终端向 MCU 发送 CCK（主控中止指令）。MCU 收到此指令后，断开各个端口上的连接，释放所有的会议资源。

（2）语音控制方式。语音控制方式为全自动工作方式。

MCU 根据发言者的讲话音量及持续时间自动切换广播的图像，要求发言者的音量为最大音量，其持续时间要求达到 1～5 s。这种方式可用于小型商谈式会议，如商务谈判等。

在一个多点会议的过程中，当有多个会场同时要求发言时，MCU 从这些会场终端送来的数据流中提取出音频信号，在语音处理器中进行电平比较，选出电平最高的音频信号，将最响亮语音发言人的图像与声音播放到其他的会场。为了避免不必要的干扰而引起切换，MCU 的切换过程应有一定的时延：切换前的发言时间应为 1～3 s；为避免咳嗽声、关门声等声音干扰，二次切换之间的时间为 1～5 s。

（3）演讲人控制方式。讲演人控制方式又称强制显像控制方式。

当召开一次多点会议时，不采取语音控制模式，而是要求演讲人（或称发言人）通过编解码器向 MCU 请求发言，如按桌上的按钮来请求发言。这时编解码器便给 MCU 一个请求信令。MCU 认可后，便将它的语音、图像信号播放到所有的会场，同时给发言人会场终端一个已播放的指示，使发言者知道它的图像已为其他会场收到。当发言者讲话完毕时，MCU 将自动恢复到主题音控制。

准备发言的终端向 MCU 申请，获得 MCU 应答信号后，发言者知道其图像和声音已广播至各会议点。这种方式除了开会以外，还可适用于远程教学或医疗观摩等场合。

（4）导演控制方式。导演控制方式是一种带外控制方式，它不通过端对端的信令进行控制，而是由网管系统（即"导演"）来决定哪个终端成为发言人。导演可以指定广播某会场，可以批准某会场的广播请求并通过 VCB 命令广播该会场，也可以指定将某会场的情况回传给正在广播的会场。

8.3.3 视频会议终端设备

视频会议的终端设备作为人-机交互的界面，具有两个功能：一是面向用户，提供一种自然、友好的交互环境，屏蔽掉各种复杂的网络功能；二是面向网络，下达其所需实施的各种功能，屏蔽掉各自应用环境的复杂性和不确定性。

1. 视频输入/输出设备

视频输入设备主要包括摄像机和录像机。摄像机有主摄像机、辅助摄像机、图文摄像机之分。它们将视频信号（模拟）通过视频输入口送入编码器内进行处理，通常视频输入口不少于 4 个。

（1）主摄像机：为受控型。参加会议的人员通过手执控制器可以控制摄像机上下、左右转动以及焦距的调节，也可以控制对方会场的主摄像机转动。主摄像机主要用来摄取发言人的特写镜头。

（2）辅助摄像机：主要用来摄取会场全景图像，不同角度的部分场面镜头，也可摄取电子白板上的内容。辅助摄像机由人工操作，可以是固定的，也可以是移动的。

（3）图文摄像机：一般固定在某一位置，用来摄取文件、图表等。它的焦距已事先调整好。

（4）录像机：可播放事先已录制好的活动和静止图像。

视频输出设备包括监视器、投影机、电视墙、分画面视频处理器。监视器显示接收的图像，若会场人数较多，可采用投影机或电视墙；分画面又称画中画（PIP），它占有监视器屏幕的一个角落，主要是显示本会场的画面，而其他大部分画面显示接收的图像。

2. 音频输入/输出设备

音频输入/输出设备包括话筒、扬声器、调音设备和回声抑制器。其中话筒供会议参加人员发言使用，扬声器供收听其他会场发言使用，而回声抑制器则起到抑制回声的作用。

若"A"为扬声器接收到对方会场发言者的语音信号，"B"为本会场发言者的语音信号，则话筒内的语音信号为"A+B"。此时，回声抑制器中将有"−A"语音信号。"A+B"信号与"−A"信号相加，本会场送到对方会场的语音信号便为"B"，抑制掉了"A"信号，起到了抑制回声的作用。

3. 信息通信设备

信息通信设备包括电子白板、书写电话、传真机等。"电子白板"供本会场与会人员与其他会场与会人员讨论问题时写字画图用，通过辅助摄像机的摄取而输入编码器，最后传送到其他会场，在监视器上显示。此时各会场监视器上的画面内容是相同的。与会人员还可注释或删除画面内容。

书写电话为书本大小的电子写字板，供与会人员将要说的话写在此板上，变换成电信号后输入到编译码器，再传送到其他会场，并显示在监视器上。

4. 视频编解码器

视频编解码器是视频会议终端设备的核心。它的任务是将模拟视频信号数字化并进行压缩编码处理，以适应在窄带数字信道中传送；同时，它将不同电视制式的视频信号加以处理，以使不同电视制式的视频会议系统直接互通。在多点视频会议通信的环境下，它还应支持MCU进行多点切换控制。视频编解码器由信源编解码器、视频复合编解码器、缓冲器、传输编解码器以及编码控制器等组成。

编码的过程描述如下，信源是来自摄像机的图像信号和来自话筒的话音信号，以及来自电子白板或其他数据设备的数据信号。图像信号的取样、编码由H.261建议规定。由于编码采用了变长编码（VLC）技术，经过压缩编码后的不均匀的数据流需经传输缓冲存储器进行数据的平滑。从缓存中读出的数据再经过信道编码（纠错编码）以增强其抗干扰能力，然后被送入多路复用模块，并与经G.711等标准编码的声音以及来自数据设备（如计算机、传真机、电子白板等）的数据信号，按照指定的时隙合成一路数字信号，再经接口电路形成标准的传输码形（如HDB3码）送入信道。当然，以上所述的过程都要在适当的系统及网络信令的控制下进行。

5. 音频编解码器

音频编解码器的任务是对50 Hz～3.4 kHz或50 Hz～7 kHz的模拟信号进行数字化，以PCM、AD-PCM或LD-CELP方式进行编码。编码后的数字音频信号的速率可为16 kb/s、48 kb/s、56 kb/s、64 kb/s 4种。128 kb/s以下速率的视频会议采用16 kb/s的数字音频信号；384 kb/s以上速率的视频会议采用48 kb/s、56 kb/s或64 kb/s的数字音频信号。

由于视频编解码器处理视频信号比音频编解码器处理音频信号复杂得多，因此视频编解码器会引入相当的时延，使口形动作与语音相比有一个延迟。为了解决这个问题，必须给编码的音频信号增加适当的时延，以便使解码器中的视频信号与音频信号同步。

6. 多路复用/分接设备

该设备的作用，是将视频、音频、数据、信令等各种数字信号组合为 64～1 920 kb/s 的数字码流，成为与用户/网络接口相兼容的信号格式。

7. 用户/网络接口

用户/网络接口为终端设备与网络信道的连接点，该连接点称为"接口"，且为数字电路接口。

8. 系统控制部分

在视频会议系统中，终端与终端的互通，是按照一定的步骤和规程，通过系统控制实现的；每进行一项步骤又都离不开相关的信令信号。系统控制部分包括端到端的互通规程和端一端信令两部分；后者以带内方式传送，即是安排在信道帧结构的相应位置上来传送的。

随着视频会议技术的不断进步，用户终端技术也正在向着智能化、宽带化、移动化、多媒体化、拟人化的方向发展。

8.3.4 视频会议标准

20 世纪 90 年代之前，视频会议系统一直使用专用的编解码硬件和软件，会议呼叫的各终端使用的编解码器必须来自同一个厂商，否则不能正常工作。专用产品的使用极大地阻碍了视频会议系统的可扩展性和各系统间的互操作性。

鉴于此，国际标准组织陆续开发出一系列视频会议的标准，以保证各系统间的互操作。目前主要以 H. 320 系列（包括 320/321/322/323/324）应用最为广泛。

1. H.320 标准

该框架协议适用于电路交换网络（ISDN、DDN 等）的传输，它采用的视频标准为 H.261 和 H.263，音频标准为 G.711、G.722 和 G.728，它使用 H.221 协议进行复用，利用 H.230 协议和 H.242 协议进行控制，其多点协议连接标准为 H.231 和 H.243。

2. H.321 标准

该框架协议适用于 B-ISDN、ATM 等的传输，它采用的视频标准为 H.261 和 H.263，音频标准为 G.711、G.722 和 G.728，它使用 H.221 协议进行复用，利用 H.242 协议进行控制，其多点协议连接标准为 H.231 和 H.243。

3. H.322 标准

该框架协议适用于有 QOS 的分组交换网络的传输，它采用的视频标准为 H.261 和 H.263，音频标准为 G.711、G.722 和 G.728，它使用 H.221 协议进行复用，利用 H.230 协议和 H.242 协议进行控制，其多点协议连接标准为 H.231 和 H.243。

4. H.323 标准

该框架协议适用于无 QOS 的分组交换的传输，它采用的视频标准为 H.261 和 H.263，音频标准为 G.711、G.722、G.723、G.728 和 G.729，它使用 H.225.0 协议进行复用，利用 H.245 协议进行控制，其多点协议连接标准为 H.323。

5. H.324 标准

该框架协议适用于模拟电话网（PSTN、POTS 等）的传输，它采用的视频标准为 H.261 和 H.263，音频标准为 G.723，它使用 H.223 协议进行复用，利用 H.245 协议进行控制，其多点协议连接标准为 H.324。

视频会议国际标准体系如表 8.2 所示。

表 8.2　视频会议国际标准体系

框架标准	H.320	H.310/H.321	H.322	H.323	H.324
网络	N-ISDN	ATM B-ISDN	保证质量的 LAN	非保证质量的 LAN	PSTN
信道能力	<2 Mb/s	<600 Mb/s	<6/16 Mb/s	<10/100 Mb/s	<28.8 kb/s
视频编码标准	H.261	H.261/H.262	H.261	H.261/H.263	H.261/H.263
音频编码标准	G.711/G.722/G.728	MPEG-1/G.711/G.722/G.728	G.711/G.722/G.728	G.711/G.722/G.728/G.723/G.729	G.723/G.729
多路复用标准	H.221	H.222.0/H.222.1	H.221	H.225.0/TCP/IP	H.223
通信控制标准	H.242	H.245	H.242	H.245	H.245
数据传输标准	T.120 等	T.120 等	T.120 等	T.120 等	T.120 等
信令	Q.931	Q.931	Q.931	Q.931	国家标准

8.4　IP 电话技术

本节介绍 IP 电话技术，包括：IP 电话系统的基本构成、IP 电话的关键技术以及 IP 电话网络。

8.4.1　IP 电话概述

1. IP 电话的概念

IP 电话是指在 IP 网上通过 TCP/IP 协议实时传送语音信息的应用。IP 电话始于在因特网上从 PC 到 PC 的电话，随后发展到通过网关把因特网与传统电话网联系起来，实现从普通电话机到普通电话机的 IP 电话。IP 电话从形式上可分为 4 种，如图 8.10 所示：电话–电话、电话–PC、PC–电话、PC–PC，业务种类上还包括 IP 传真（实时和存储/转发）等。

（1）电话到电话：即普通电话经过电话交换机连到 IP 电话网关，用电话号码穿过 IP 网进行呼叫。发端网关鉴别主叫用户，翻译电话号码/网关 IP 地址，发起 IP 电话呼叫，连接到最靠近被叫的网关，并完成话音编码和打包。收端的网关实现拆包、解码和连接被叫。

（2）电话到 PC 或是 PC 到电话：在这种方式下，由网关来完成 IP 地址和电话号码的对应和翻译，以及话音编解码和打包。

（3）PC 到 PC 方式：多媒体 PC 经过电话线或局域网连接到 Internet 上，利用 IP 地址进行呼叫。话音压缩、编解码和打包均通过 PC 上的处理器、声卡、网卡等硬件资源完成。

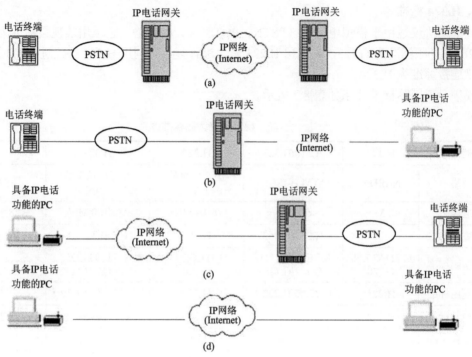

图 8.10　IP 电话的 4 种形式

（a）电话到电话；（b）电话到 PC；（c）PC 到电话；（d）PC 到 PC

IP 电话是一种数字型电话。比起传统的模拟电话来，语音信号在传送之前先进行数字量化处理，并压缩、打包转换成 8 kb/s 或更小带宽的数据流，然后再送到网络上进行传送。而传统的模拟电话是以纯粹的音频信号在线路上进行传送。由于 IP 电话是以数字形式作为传输媒体，占用资源小，所以成本很低，价格便宜。IP 电话对于用户来说解决了高昂的长途费问题，随着 IP 电话质量的不断提高，功能的不断完善，将会对未来的通讯方式产生重大影响，也许有一天会代替公共电话交换网。

2. IP 电话与传统电话的异同

IP 电话业务有着自身特点和传统业务无法比拟的长处。与传统电话相比，IP 电话有许多特别的地方。

首先，语音传输的媒介是完全不同的，IP 电话的传输媒介为 Internet 网络，而传统电话为公众电话交换网。

其次，它们的交换方式也是完全不同的，IP 电话运用的是分组交换技术，信息根据 IP 协议分成一个一个分组进行传输，每个分组上都有目的地址与分组序号，到目的地后再还原成原来的信号，而且分组可以沿不同的途径到达目的地，而传统电话用的是电路交换的方式，即电话通信的电路一旦接通后，电话用户就占用了一个信道，无论用户是否在讲话，只要用户不挂断，信道就一直被占用着。

一般情况下，通话时总有一方在讲话、另一方在听，听的一方没有讲话也占用着信道，而讲话过程中也总会有停顿的时间。因此用电路交换方式时线路利用率很低，至少有 60%以上的时间被浪费掉。因此，利用 Internet 传送语音信息要比电话传送语音的线路利用率提高许多倍，这也是电话费用大大降低的重要原因。然而，和传统的语音网络一样，IP 电话中主要的技术问题仍然是信令、寻址和路由。此外，还有延迟问题。下面分别进行讨论，并和传统电话技术，即语音网络进行对比。

（1）信令。在网络中传输着各种信号，其中一部分是我们需要的（例如打电话的语音，上网的数据包等等），而另外一部分是我们不需要的（只能说不是直接需要）、用来专门控制电路的，这一类型的信号我们就称之为信令。

在语音网络中，信令的任务是建立一种连接。信令出现于网络入口处。它选择线路、建立网络通道，而且（在远程站点）通知呼叫到达信息。

完成一次电话的通话需要建立多种形式的信令，首先，提起电话时，系统向 PBX（Private Branch Exchange，个人分支交换机）发送一个"摘机"信号，PBX 就会发拨号音进行响应，然后电话向 PBX 传送拨号数字。PBX 和电话之间的信号交换称为站点环绕信令。PBX 收到来自电话机的拨号数字后，开始进行处理。在转接过程中，又要用到多种信令，如信道辅助信令（CAS）、通用信道信令（CCS）等，最终完成电话的接续。

在 IP 电话网络中，信令的种类比较复杂，分为外部信令和内部信令两种。外部信令用于 IP 网络和 PSTN 之间的互联，所以基本遵循 PSTN 电话网的信令标准；内部信令用于 IP 网络内部之间的连接控制和呼叫处理，可以由 IP 电话相关组织制定或遵循 IP 电话承载网络自身的规定。

① 外部信令。考虑到和传统电话的互操作问题，IP 电话网的外部信令和普通 PSTN 的信令是一致的，并普遍支持如下 5 种信令方式：

● 标准双音频多频（DTMF）或脉冲模拟信令；

● 数字带内信令，又称为信道辅助信令（CAS），用于 T1/E1 数字中继线；

● 模拟通信线路信令，又称为 E&M 信令，大多数用于 4 路模拟中继线；

● 数字带外信令，又称为通用信道信令（CCS），其中用于某一多点连接数字中继线（T1/E1/J1）的所有信令都连接于单一或多余通用信道、与语音信息分离；

● 七号信令（Signaling Sysiem 7，缩写为 SS7），在网络部件之间以带外方式操作，用于连接电话和请求特殊服务。

② 内部信令。内部信令必须提供两种功能：连接控制和呼叫处理。连接控制信令用于网关之间的联系或通过以传输分组语音；呼叫处理是在网关之间发送呼叫状态，如振铃、忙音等。内部信令的规定依赖于承载传输网络的协议标准，例如 ATM 采用的标准为 Q.931，帧中继分组语音信令的标准为 FRF.11，而面向无连接的 IP 分组语音采用 H.323 标准。

在 IP 网络中，信令是这样工作的：网关把从交换机接收的拨号数字映射为 IP 地址，并向该 IP 地址的站点发送 Q.931 通知建立请求信号。同时，系统使用控制信道建立实时协议语音流，并使用 RSVP 议（资源预留协议）请求服务质量。

（2）寻址。任何电话网络要实现其功能，每一部电话机都必须有一个单独的地址。传统的电话网络的寻址依靠国际和国内标准、本地电话公司服务和内部用户特定代码等技术相结合来完成。

IP 电话网络的寻址和传统电话网络差别很大。IP 网络采用 TCP/IP 的寻址规则和协议。

（3）路由。传统电话网络的路由与编号规则和线路密切相关，路由用于建立从源电话到目标电话的通话。然而，大多数路由操作则复杂得多，还能够允许用户选择服务，或将电话转接到另一个用户。在交换机中建立一组表格和规则后就可以进行路由。电话到来时，从这些表格和规则便可以提供通往目标的路径以及相应的服务。

　　IP电话网络的路由协议已经非常成熟，并且具有丰富的功能。尽管目前的某些路由协议，如EIGRP在计算最佳路径时会产生可观的延迟，但仍然存在一些快速的路由协议，而且它们使语音业务能够利用IP网络的自校正功能，诸如策略路由和访问列表等先进功能为语音业务提供了复杂、安全的路由方案。

8.4.2　IP电话系统的基本构成

　　IP Phone系统有4个基本组件：终端设备（Terminal）、网关（Gateway）、多点接入控制单元（MCU）和网络管理者（Gatekeeper），如图8.11所示。

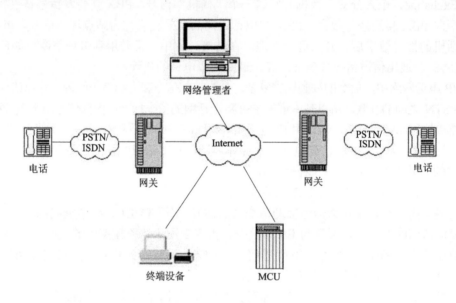

图8.11　IP Phone系统的基本结构

　　各个基本组件的功能介绍如下：

　　（1）终端设备是一个IP Phone客户终端，可以是软件（如Microsoft的Netmeeting）或是硬件（如专用的Internet Phone），可以直接连接在IP网上进行实时语音或多媒体通信。

　　（2）网关是通过IP网络提供Phone-to-Phone、Phone-to-PC话音通信的关键设备，是IP网络和PSTN/PBX/ISDN网络之间的接口设备，应具有下列功能：

　　● 具有IP网络接口和PSTN/ISDN/PBX交换机互连的接口；

　　● 完成实时语音压缩，将64 kbit/s的语音信号压缩成低码率语音信号；

　　● 完成寻址和呼叫控制。

　　（3）网络管理者负责用户注册和管理，完成以下功能：

　　● 地址映射：将电话网的E.164地址映射成相应网关的IP地址；

　　● 呼叫认证和管理：对接入用户的身份进行认证，防止非法用户的接入；

　　● 呼叫记录：使运营商有详细的数据进行收费；

●区域管理：多个网关可以由一个网络管理者来进行管理。

（4）多点接入控制单元的功能在于利用 IP 网络实现多点通信，使得 IP Phone 能够支持诸如网络会议这样一些多点应用。

8.4.3　IP 电话的关键技术

1. 语音压缩技术

传统电话技术通常需要 64 kb/s 以上的带宽，而通过调制解调器接入网络的最大速率为 56 kbit/s，而且因特网不能对传输带宽提供保证，因此必须采用低速率的语音压缩算法来处理语音，这对实时语音应用尤为重要。

2. 静噪抑制技术

静噪抑制技术又称语音激活技术，是指检测到通话过程中的安静时段即停止发送语音包的技术。大量研究表明，在一路全双工电话交谈中，只有 36%～40%的信号是活动的或有效的。当一方在讲话时，另一方在听，而且讲话过程中有大量显著的停顿。通过静噪抑制技术，可以大大节省网络带宽。

3. 音频回声消除技术

本地扬声器输出的模拟语音信号可能又被话筒接收，当信号被传回到源端时，就会产生不必要的回声。另外在因特网中，呼叫必须经过多个路由器和网关，其相当长的延迟又会造成回声问题的进一步恶化。因此在系统中需要使用回声消除技术来解决这个问题。

4. 语音抖动处理技术

IP 网络的一个特征就是网络延时与网络抖动，它们可以导致 IP 通话质量明显下降。网络延时是指 IP 包在网络上平均的传输时间，网络抖动是指 IP 包传输时间的长短变化。如果网络抖动较严重，那么有的话音包因迟到而被丢弃，会产生话音的断续及部分失真，严重影响语音质量。

为了防止这种抖动，人们采用抖动缓冲技术，即在接收端设置一个缓冲池，语音包到达时首先进行缓存，然后系统以稳定平滑的速率将语音包从缓冲池中取出并处理，再播放给受话者。

5. 语音优先技术

语音通信对实时性要求较高，在带宽不足的 IP 网络中，一般需要语音优先技术，即在 IP 网络路由器中必须设置语音包的优先级最高。这样，网络延时和网络抖动对语音的影响均将得到明显改善。

8.4.4　IP 电话网络

1. IP 电话与 PSTN 网接口

Internet 电话网关（Internet Telephony Gateway 缩写为 ITG）是解决普通 PSTN 电话用户通过 Internet 打长途电话的最佳方案。由于 ITG 对于呼叫方和被叫方都是本地电话，因而 ITG 可以使 Internet 电话费用低的优点扩展到普通的 PSTN 用户。

ITG 与市话局交换机或本地 PBX 的中继线相连，市话网的用户可以通过一个特服号码拨入 ITG，本地的 ITG 通过 Internet "呼叫" 远方的 ITG，远方的 ITG 再呼叫本地的 PSTN 用户。ITG 除了完成电话网与 Internet 的硬件接口外，还承担着信令转换、话音处理、呼叫应答与提示、路由寻址等功能。ITG 真正实现了 PSTN 与 Internet 的有机结合。

ITG 实际上也扩展了计算机用户的话音通信范围。通过 ITG 可以实现 PSTN 到 PSTN、PSTN 到 PC、PC 到 PSTN 的全方位通信。用户甚至可以把他的电话号码加入到自己的网页中，访问者只要用鼠标一点即可通过 Internet 与之通信。这一功能对于一些提供热线咨询、技术支持、用户服务的公司特别具有吸引力。通过 Internet 实现语音通信的拓扑结构如图 8.12 所示。

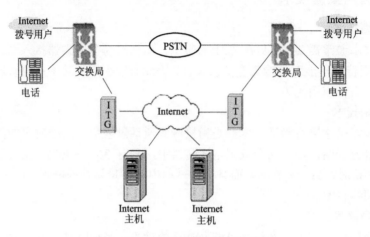

图 8.12　IP 电话通信网络拓扑结构

图 8.12 所示的结构由几个基本的组件组成。终端设备是 Internet 电话的终端，如普通的双音频电话、具有通用的声卡、电话卡的拨号 PC 或 Internet 的主机等。这些设备都有双向的输入、输出功能，能够同时发送和接收语音信号。Internet 电话网关一端通过中继线与市话局交换机相连，另一端通过以太网接口与 Internet 相连，是电话与主机之间、电话与电话之间通信的关键部件。ITG 主要完成实时语音信号的压缩、信令信息的转换、DTMF 信号的检测与产生、呼叫控制、地址映射，以及网络的维护与管理等功能。

这种结构形成了 4 种通信方式：即主机到主机，主机到电话，电话到主机，电话到电话。在主机到主机的通信过程中，可以采用纯软件的方式。这种方式实现起来较为简单，其语音编解码、回波消除、呼叫处理可以在主机 CPU 上完成，并未涉及电话网关。

2. ITG 的硬件结构

当前普遍采用的 ITG 结构如图 8.13 所示。ITG 由公用电话网 PSTN 中继接口、数字信号处理板 DSP、主处理器、全局 RAM，以及网卡等设备组成。

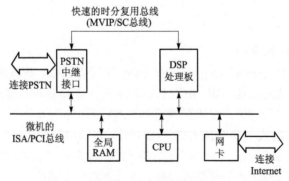

图 8.13　ITG 的硬件结构

PSTN 中继接口连接电话网，利用中继线（如 El 或 T1）承载用户数据，主要接续呼叫信息及承载用户的语音信息。DSP 处理板是 ITG 硬件结构中必不可少的设备。由于 ITG 要处理实时的语音信号压缩、DTMF 信号的检测与产生、回波消除等工作，若所有的工作都由主机 CPU 来完成，则负担过重，实时性能受到影响，会造成语音质量下降，且同时通信的会话数较少，不能满足大量用户通信的要求。

采用 DSP 的好处是所有上述工作都由 DSP 来实时完成，减轻了主机 CPU 的负担，并且 DSP 能同时提供多个话路，能够完成双工的操作。正是 DSP 的这种作用，才使得 ITG 为普通用户提供服务成为可能。快速时分复用总线（MVIP 或 SC 总线）用于连接 PSTN 中继接口和 DSP 处理板，完成两者之间信息的快速传递。MVIP 和 SC 都是公用总线，支持多个不同的时隙，实现同时的通信。全局 RAM 主要用于缓存语音信息和信令报文，便于顺序重组发送方发送过来的语音信息，使得接收方能够接收到连续的报文，合成连续的语音，减少了语音抖动的现象，使接收方听到比较舒服的声音信号。

3. ITG 的软件结构

ITG 的整体功能块结构如图 8.14 所示。

以下是各个模块的功能特性：

（1）语音处理模块：该模块在 DSP 上运行。主要完成语音编解码、回波消除、DTMF 信号的检测产生、语音分组封装/解封等功能。

（2）呼叫处理模块：该模块要求支持各种电话信令标准，以完成电话网信令到分组网信令的转换。其主要功能为完成电话号码到 IP 地址的转换、终止电话信令协议并提取信令信息、将电话信令信息映射成 Internet 信令报文的格式，以在分组网上建立会话通信。

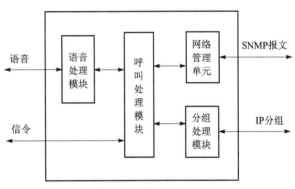

图 8.14 ITG 的软件功能描述

（3）分组处理模块：该模块主要处理语音和信令分组。在分组提交给 IP 层以前，增加合适的头部信息，完成分组的实时传递。

（4）网络管理模块：该模块提供管理的功能，主要完成故障管理、计费管理、配置管理、认证安全性管理、地址映射管理等功能。

4. ITG 电话系统的实际通信过程

此处主要考虑电话用户到电话用户的通信过程。具体的通信流程如图 8.15 所示。

（1）呼叫建立。用户首先拨入特服号码以访问源 ITG，与其建立连接，源 ITG 的 PSTN 中继接口收到该呼叫信息后，将选择空闲的通道建立连接。然后源 ITG 将要求用户输入其账号（包括用户名、密码等信息）。当源 ITG 收到用户的输入后，将这些信息传送给认证中心以完成对用户身份的认证。若认证失败，则终止用户的会话请求；否则，源 ITG 将要求用户输入受话方的电话号码。

源 ITG 将用户输入的电话号码传送给认证中心，完成电话号码到 IP 地址的翻译，并将获得的 IP 地址返送给源 ITG。然后源 ITG 利用该 IP 地址与目的 ITG 立连接（连接的建立是由

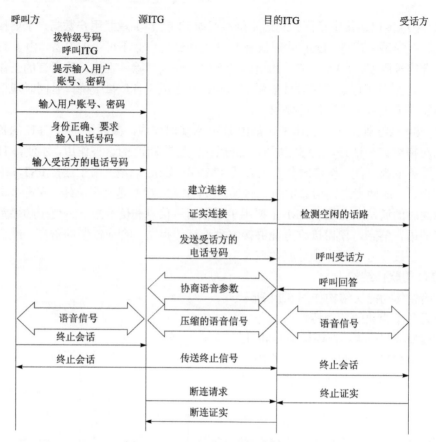

图 8.15　ITG 电话系统实际通信过程

TCP 协议完成的），且将目的电话号码、口令等信息传送给目的 ITG。当目的 ITG 收到该连接请求后，将验证源 ITG 的身份、检查可得到的线路资源，然后根据获得的信令帧形成信令信号，传递给本地市话局的交换机，由交换机传送振铃信息给用户，并建立与用户的交换电路。这样，在呼叫方和受话方间建立起了通信，双方可以进行实际的语音通信了。

（2）语音传输。在连接建立之后，源 ITG 将与目的 ITG 协商一组语音参数（如语音的抽样率、信道数、每个抽样所用的比特数、所使用的数据压缩技术等）。此后，双方可以进行实际的语音通信。首先，PSTN 中继接口从 PSTN 中获取用户的语音信息（若没有数字化，则首先将其数字化），然后采用协商的压缩编码算法进行压缩，填入时间标记，形成 IP 分组以便在 Internet 网上传输。在接受方，从网卡上来的语音信息首先排序、解压缩，然后形成语音信息，传送给受话方。

（3）呼叫终止。当通信的一方初始化传送呼叫终止信号，相应的 Internet 电话网关将释放所占用的干线通道，并向通信的另一网关发送终止信号。接收方网关收到终止信号后，也将释放所占用的干线通道。此后，断开两个网关之间的 TCP 连接。整个会话过程到此结束。

Internet 电话网关负责连接 PSTN 和 Internet，支持主机与电话之间、电话与电话之间的通信，使得长途通话费用与市话费用一样便宜。尽管当前 Internet 电话还存在许多问题，如延时太长、存在抖动现象、分组丢失、呼叫建立的时间比较长等，但其作为一门新技术的出现仍然具有强大的生命力，相信随着技术的进步，新标准（如 H.323V2、RSVP、IPV6 等）

的出现和完善，上述问题必将逐步得到解决。Internet 电话技术将成为人们语音通信的重要工具。

5. 网络组织

IP 电话网是在现有电话网和 IP 网络基础上组建的一种新型电话业务网。为了满足电话通信的全程性，IP 网应与传统电话网互联。所以，IP 电话网络组织包括与传统电话网互联和与 IP 网互联这两个方面。

（1）IP 电话网与 PSTN 互联的网络组织。本着"就近入网，充分利用 IP 网资源"的组网原则，IP 网关的设置应尽量贴近用户。因此在各个本地网建立 IP 网关对发展 IP 电话业务是十分有利的。现有电话网用户的呼叫可以通过本地网的市话汇接局、长途局、移动关口局进入 IP 网关。来自 IP 网络的呼叫也可以通过 IP 网关到达本地各局。此网络组织主要有以下 3 种连接方式：

方式一：IP 网关与市话汇接局和移动关口局之间设直达电路。市话汇接局至 IP 网关设备之间的中继电路负责疏通本地电话网（PSTN 和 ISDN）与 IP 网之间的话务，移动关口局至 IP 网关设备见的中继电路负责疏通本地数字移动网与 IP 电话网之间的话务。此方式网络间界限清晰、便于维护，对现有长途网无影响。但设备中继线利用率低。

方式二：IP 网关于本地网的长途局和移动关口局相连。通过长途局完成 PSTN 与 IP 网之间的业务。此方式需占用长途交换机资源，增加长市中继电路，对现有通信网影响较大，一般不采用。

方式三：IP 网与市话汇接局之间设直达中继电路。市话汇接局与移动关口局之间设置直达中继电路。这样就可以把移动 IP 电话与 IP 网的话务通过市话汇接局来传递。此连接方式，结构比较简单，电路利用率高，对现有长途网无影响，但维护复杂，且适用于话务量较小时。

IP 电话网关应负责完成传统电话网的信令至 H.323 协议的转换工作。IP 网关与市话汇接局、长途局、移动关口局之间的信令可采用 NO.7 信令或 R2 信令。

（2）IP 电话网与 IP 网络互联的网络组织

根据目前我国的 IP 网络建设情况，有两种组网方式：基于 CHINANET 组网和基于公众多媒体服务网组网。由于 CHINANET 设有直接的国际出入口，所以当 IP 电话网需要开通国际 IP 电话业务时，一般采用基于 CHINANET 的组网方式。IP 网络的各节点与 CHINANET 骨干节点通过网络接口直接相连。这样，由于 CHINANET 的全球可达性，IP 电话网不需和其他 IP 网络互联。IP 电话网节点采用 TCP/IP 协议与 IP 网络互联。节点设备（如网关等）应全面支持 TCP/IP 协议栈。

8.5 流媒体技术

本节介绍流媒体技术，包括：流媒体传输协议、流媒体播放方式，以及流媒体的应用等。

8.5.1 流媒体概述

1. 流媒体的概念

流媒体简是从英语 Streaming Media 翻译过来的，简单来说就是在网络中使用流式传输技术的连续时基媒体，例如：音频、视频、动画或其他多媒体文件。而流媒体技术就是把连续的影像和声音信息经过压缩处理后放上网站服务器，让用户一边下载一边观看、收听，而不需要等整个压缩文件下载到自己机器后才可以观看的网络传输技术。该技术先在用户端的电脑上创造一个缓冲区，于播放前预先下载一段资料作为缓冲，当网络实际连线速度小于播放所耗用资料的速度时，播放程序就会取用这一小段缓冲区内的资料，避免播放的中断，也使得播放品质得以维持。

实际上流媒体技术是网络音视频技术发展到一定阶段的产物，是一种解决多媒体播放时带宽问题的"软技术"、流媒体技术并不是单一的技术，它是融合很多网络技术之后所产生的技术，它涉及流媒体数据的采集、压缩、存储、传输以及网络通信等多项技术。

2. 流媒体的文件格式

无论是流式的还是非流式的多媒体文件格式，在传输与播放时都需要进行一定比例的压缩，以期得到品质与尺寸的平衡。流媒体文件格式是经过特殊编码的，以适合在网络上边下载边观看，而不是等到整个文件下载完毕后才能播放。另外在编码时，还需要向流媒体文件中加入一些其他的附加信息，例如版权信息、计时等。

目前在流媒体领域中，竞争的公司主要有 3 个：微软、RealNetworks 和苹果公司，而相应的三个公司都有针对自己开发的播放器的流媒体文件格式，如表 8.3 所示。

表 8.3 常流媒体文件格式

公司	文件格式	媒体类型
微软	ASF（Advanced Stream Format）	Video/x-ms-asf
RealNetworks	RM（Real Video）	Application/x-pn-realmedia
	RA（Real Audio）	Audio/x-pn-realaudio
	RP（Real Pix）	Image/vnd.rn-realpix
	RT（Real Text）	Text/vnd.rn-realtext
苹果	MOV（QuickTime Movie）	Video/quicktime
	QT（QuickTime Movie）	Video/quicktime

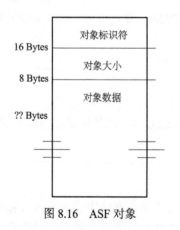

图 8.16 ASF 对象

（1）Microsoft 公司的 ASF 格式。Microsoft 公司的 Windows Media 的核心是 ASF（Advanced Stream Format）。微软将 ASF 定义为同步媒体的统一容器文件格式。ASF 是一种数据格式，音频、视频、图像以及控制命令脚本等多媒体信息通过这种格式，以网络数据包的形式传输，实现流式多媒体内容发布。ASF 最大优点就是体积小，因此适合网络传输，使用微软公司的最新媒体播放器（Microsoft Windows Media Player）可以直接播放该格式的文件。用户可以将图形、声音和动画数据组合成一个 ASF 格式的文件，当然也可以将其他格式的视频和音频转换为 ASF 格式，而且用户还可以通过声卡和视频捕获卡将诸如麦克风、录像机等外设的数据保存为 ASF 格式。另外，ASF 格式的视频中可以带有命令代码,用户指定在到达视频或音频的某个时间后触发某个事件或操作。

① ASF 对象定义。ASF 文件基本的组织单元叫做 ASF 对象(图 8.16),它是由一个 128 位的全球唯一的对象标识符(Object ID)、一个 64 位整数的对象大小(Object Size)和一个可变长的对象数据(Object Data)组成。对象大小域的值是由对象数据的大小加上 24 bit 之和。

这个文件组织单元有点类似于 RIFF(Resource Interchange File Format)字节片。RIFF 字节片是 AVI 和 WAV 文件的基本单位。ASF 对象在两个方面改进了 RIFF 的设计。首先,无须一个权威机构来管理对象标识符系统,因为计算机网卡能够产生一个有效的、唯一的 GUID;其次,对象大小字段已定义得足够处理高带宽多媒体内容的大文件。

② 高层文件结构。如图 8.17 所示,ASF 文件逻辑上是由 3 个高层对象组成:头对象(Header Object)、数据对象(Data Object)和索引对象(Index Object)。头对象是必需的,并且必须放在每一个 ASF 文件的开头部分,数据对象也是必需的,且一般情况下紧跟在头对象之后。索引对象是可选的,但是一般推荐使用。

图 8.17 高层 ASF 文件结构

在具体实现过程中可能会出现一些文件包含无序的(Out-Of-Order)的对象,ASF 也支持,但在特定情况下,将导致 ASF 文件不能使用,如从特定的文件源如 HTTP 服务器读取该类 ASF 文件。同样地,额外的高层对象也可能被运用并加入到 ASF 文件中。一般推荐这些另加的对象跟在索引对象之后。

ASF 数据对象能够被解释的一个前提条件是头对象已被客户机接收到。ASF 没有声明头对象信息是如何到达客户端的,"到达机制"是一个"本地实现问题",显然已超过了 ASF 的定义范围。头对象先于数据对象到达有 3 种方式:

- 包含头对象的信息作为"会话声明"的一部分。
- 利用一个与数据对象不同的"通道"发送头对象。
- 在发送 ASF 数据对象之前发送头对象。

③ ASF 头对象。在 ASF 的 3 个高层对象中,头对象是唯一包含其他 ASF 对象的对象(如图 8.18 所示)。头对象可能包含以下对象:

- 文件属性对象(File Properties Object)——全局文件属性。
- 流属性对象(Stream Properties Object)——定义一个媒体流及其属性。
- 内容描述对象(Content Description Object)——包含所有目录信息。
- 部件下载对象(Component Download Object)——提供播放部件信息。
- 流组织对象(Stream Groups Object)——逻辑上把多个媒体流组织在一起。
- 可伸缩对象(Scalable Object)——定义媒体流之间的可伸缩的关系。
- 优先级对象(Prioritization Object)——定义相关流的优先级。
- 相互排斥对象(Mutual Exclusion Object)——定义排斥关系如语言选择。

● 媒体相互依赖对象（Inter-Media Dependency Object）——定义混合媒体流之间的相互依赖关系。

● 级别对象（Rating Object）——根据 W3C PICS 定义文件的级别。

● 索引参数对象（Index Parameters Object）——提供必要的信息以重建 ASF 文件的索引。

头对象的作用是在 ASF 文件的开始部分提供一个众所周知的比特序列，并且包含所有其他头对象信息。头对象提供了存储在数据对象中的多媒体数据的全局的信息。

④ ASF 数据对象。数据对象包含一个 ASF 文件的所有多媒体数据。多媒体数据以 ASF 数据单元的形式存储，每一个 ASF 数据单元都是可变长的，且包含的数据必须是同一种媒体流。数据单元在当它们开始传输的时候在数据对象中自动地排序，这种排序来自于交叉存储的文件格式。

⑤ ASF 索引对象。ASF 索引对象包含一个嵌入 ASF 文件的多媒体数据的基于时间的索引。每一索引进入表现的时间间隔是在制作时设置的，并且存储在索引对象中。由于没有必要为一个文件的每一个媒体流建立一个索引，因此，通常利用一个时间间隔列表来索引一系列的媒体流。

头对象
文件属性对象
流属性对象
内容描述对象
部件下载对象
流组织对象
可伸缩对象
优先级对象
相互排斥对象
媒体相互依赖对象
级别对象
索引参数对象

图 8.18　ASF 头对象

（2）RealSystem 的 RealMedia 文件格式。RealNetworks 公司的 RealMedia 包括 RealAudio、RealVideo 和 RealFlash 三类文件，其中 RealAudio 用来传输接近 CD 音质的音频数据，RealVideo 用来传输不间断的视频数据，RealFlash 则是 RealNetworks 公司与 Macromedia 公司新近联合推出的一种高压缩比的动画格式。RealMedia 文件格式的引入使得 RealSystem 可以通过各种网络传送高质量的多媒体内容。第三方开发者可以通过 RealNetworks 公司提供的 SDK 将它们的媒体格式转换成 RealMedia 文件格式。

① 加标志的文件格式。RealMedia 文件格式是标准的标志文件格式，它使用四字符编码来标识文件元素。组成 RealMedia 文件的基本部件是块（chunk），它是数据的逻辑单位，如流的报头，或一个数据包。每个块包括下面的字段，如图 8.19 所示。

● 指明块标识符的四字符编码。

● 块中限定数据大小的 32 位数值。

● 数据块部分。

● 依类型的不同，上层的块可以包含子对象。

② 报头部分。因为 RealMedia 文件格式是一种加标志的文件格式，块的顺序没有明确规定，但 RealMedia 文件报头必须是文件的第一个块。一般情况下，RealMedia 的报头部分有下面 4 种：

● RealMedia 文件报头（RealMedia 文件的第一个块）。

● 属性报头（Properties Header）。

● 媒体属性报头（Media Properties Header）。

● 内容描述报头（Content Description Header）。

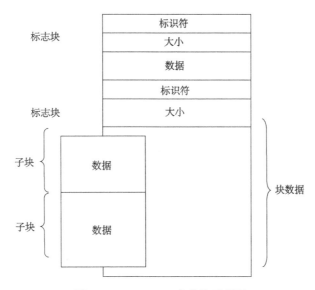

图 8.19　RealMedia 文件块示意图

RealMedia 文件报头出现以后，其他报头的可以任何次序出现。

③ 数据部分（Data Section）。RealMedia 文件的数据部分由数据部分报头和后面排列的媒体数据包组成。数据块报头标志数据块的开始，媒体数据包是流媒体数据的数据包。

④ 索引部分（Index Section）。RealMedia 文件的索引部分由描述索引区内容的索引块报头和一串索引记录组成。

（3）QuickTime 电影（Movie）文件格式。Apple 公司的 QuickTime 电影文件现已成为数字媒体领域的工业标准。QuickTime 电影文件格式定义了存储数字媒体内容的标准方法，使用这种文件格式不仅可以存储单个的媒体内容（如视频帧或音频采样），而且能保存对该媒体作品的完整描述。QuickTime 文件格式被设计用来适应为与数字化媒体一同工作需要存储的各种数据。因为这种文件格式能用来描述几乎所有的媒体结构，所以它是应用程序间（不管运行平台如何）交换数据的理想格式。QuickTime 文件格式中媒体描述和媒体数据是分开存储的，媒体描述或元数据（meta-data）叫作电影（movie），它包含轨道数目、视频压缩格式和时间信息。同时 movie 包含媒体数据存储区域的索引。媒体数据是所有的采样数据，如视频帧和音频采样，媒体数据可以与 QuickTime movie 存储在同一个文件中，也可以在一个单独的文件或者几个文件中。

8.5.2　流媒体传输协议

如果看看 Internet 的发展历史可以发现，最早的 Internet 并不是为传输多媒体内容而设计的网络，它只用于传输纯文本性的资料。经过一段时间后才加入了图像等数据形式，而到现在 Internet 中越来越多地出现了多媒体内容。对于现在的 Internet 来讲，传输多媒体内容存在着一定的困难而这些困难又是我们必须面对的。

就网络传输而言，矛盾主要集中在 3 个方面：其一是与纯文本性的数据相比，多媒体数据要占用更多的网络带宽，这种对带宽需求的增加决不是几倍、几十倍的关系，而是几百倍、上千倍的需求；其二是多媒体应用需要实时的网络传输，音频和视频数据必须进行连续的播放。如果数据不能按时抵达目的地，多媒体播放就会停止或中断。相信这不是任何一个观众所希望遇到的。如果在出现数据延时情况后不能够合理的建立延时数据的丢弃、重发机制，那么网络的阻塞就会更加严重，最终导致停滞状态；其三是多媒体数据流突发性很强，仅仅是单纯的增加带宽往往不能够解决数据流的突发问题。对于大多数的多媒体应用程序来讲数据接收端都有一个缓存限制，如果不能够很好地调节数据流的平稳度，那么就会导致应用程序的缓存溢出。

解决上述问题的方法除了快速发展网络软硬件的建设以突破带宽限制外，设计一种实时传输协议来迎接多媒体时代的到来也是势在必行的。

为了在 IP 网上传输多媒体内容，IETF（互联网工程任务组）开发了一个 Internet 增强服务模型，包括"best-effort"（尽力传送）服务和"real-time"服务。其中的"real-time"服务就是为在 IP 网络中传输多媒体数据提供质量保证，同时我们可以看到 RSVP、RTP、RTCP、RTSP 四种协议构成了"real-time"服务的基础。

1. 资源预留协议（RSVP 协议）

资源预留协议 RSVP（Resource Reservation Protocol）原本是为网络会议应用而开发的，后被互联网工程任务组（IETF）的 Integrated Services 工作组集成到通用的资源预留解决方案中。RSVP 协议是施乐公司的 Palo Alto 研究中心、麻省理工学院（MIT）以及美国加州大学信息科学学院等研究机构共同的成果。1994 年 11 月提交到互联网工程指导组（IESG）请求提议标准，1997 年 9 月 RSVP Version 功能规范成了 Internet 标准。

RSVP 协议是网络控制协议，它使 Internet 应用传输数据流时能够获得特殊服务质量（QoSs）。RSVP 是非路由协议，它同路由协议协同工作，建立与路由协议计算出路由等价的动态访问列表。RSVP 协议属于 OSI 7 层协议栈中的传输层。RSVP 的组成元素有发送端、接收端和主机或路由器。发送端负责让接收端知道数据将要发送，以及需要什么样的 QoS；接收者负责发送一个通知到主机或路由器，这样它们就可以准备接收即将到来的数据；主机或路由器负责留出所有合适的资源。

RSVP 的工作原理大致是这样的：发送端首先向接收端发送一个 RSVP 信息，RSVP 信息同其他 IP 数据包一样通过各个路由器到达目的地。接收端在接收到发送端发送的信息之后。由接收端根据自身情况逆向发起资源预留请求，资源预留信息沿着与原来信息包相反的方向对沿途的路由器逐个进行资源预留。

2. RTP 协议

IP Header
UDP Header
RTP Header
RTP Payloadr

图 8.20　RTP 数据包

RTP（Real-time Transport Protocol）是用于 Internet 上针对多媒体数据流的一种传输协议。RTP 被定义为在一对一或一对多的传输情况下工作，其目的是提供时间信息和实现流同步。RTP 通常使用 UDP 来传送数据，但 RTP 也可以在 TCP 或 ATM 等其他协议之上工作。当应用程序开始一个 RTP 会话时将使用两个端口：一个给 RTP，一个给 RTCP。

RTP 数据包中包括 4 项基本内容。通过图 8.20 可以形象地看到 RTP 数据包的位置及结构。RTP 数据包由固定报头和有效载荷两部分组成，其中固定报头又包括时戳、顺序标号、同步源标识、贡献源标识等，有效载荷就是传输的音频或视频等多媒体数据。

时戳（Timestamping）是实时应用中的一个重要概念。发送端会在数据包中插入一个即时的时间标记，这个时间标记就是所说的时戳。时戳会随着时间的推移而增加，当数据包抵达接收端后，接收端会根据时戳重新建立原始音频或视频的时序。时戳也可以用于同步多个不同的数据流，帮助接收方确定数据到达时间的一致性。

由于 UDP 协议发送数据包时无时间顺序。因此人们就使用顺序编号（Sequence Numbers）对抵达的数据包进行重新排序，同时顺序标号也被用于对丢包的检查。在实际的传输过程中会遇到如下的情况，在某些视频格式中，一个视频帧的数据可能会被分解到多个 RTP 数据包中传递，这些数据包会具有同一个时戳。因此仅凭时戳是不能够对数据包重新排序的，还必须依赖顺序编号。

源标识（Source Identification）可以帮助接收端利用发送端生成的唯一数值来区分多个同时的数据流。得到数据的发送源，例如在网络会议中通过源鉴定可以得到哪一个用户在讲话。

有效载荷类型（PayloadType）对传输的音频、视频等数据类型予以说明，并说明数据的编码方式，接收端从而知道如何破译和播放负载数据。

同步源标识（SSRC），占 32 bit，从一个同步源出来的所有的包构成了相同的时间和序列部分。所以在接收端就可以用同步源为包分组，从而进行回放。

贡献原标识（CSRC），可以有 0～15 个项目，每个项目占 32 bit，一列贡献源标识被插入到"Mixer"（混合器）中。混合器表示将多个载荷数据组合起来产生一个将要发出去的包，允许接收端确认当前数据的贡献源。它们具有相同的同步源标识符。

RTP 协议有如下优点：

（1）协议简单：RTP 协议是建立在 UDP 协议上的，其本身不支持资源预留，不提供保证传输质量任何机制。数础包也是依靠下层协议提供长度标识和长度限制、因此协议规定相对简单得多。

（2）扩展性好：RTP 协议一般建立在 UDP 之上，充分利用了 UDP 协议的多路复用服务，当然它也可以建立在其他的传输协议卜，像 ATM、IPV6 等。这主要得益于 RTP 协议不对下层协议作任何的指定，同时 RTP 对于新的负载类型和多媒体软件来讲也是完全开放的。

（3）数据流和控制流分离：RTP 协议的数据传输和控制传输使用不同的端口，大大提高了协议的灵活性和处理的简单性。

3. RTCP 协议

RTCP 是英文 Real-Time Control Protocol 的缩写，中文称为"实时传输控制协议"。RTCP 是一个控制协议。它的设计目的是与 RTP 协议共同合作，为顺序传输数据包提供可靠的传送机制，并对网络流量和阻塞进行控制。

RTP 协议是互联网上广泛应用的流媒体传输协议。通常运行于 RTP/UDP 模式下，而 UDP 协议本身不提供任何传输可靠性保证，传输层的控制功能主要由它的控制部分 RTCP 协议来实现。RTCP 协议是 RTP 协议的控制部分。RTP 用来传递实时多媒体数据信息，除了携带多媒体数据外，它还给出了所携带负载的时间戳、顺序号等信息。为了可靠、高效地传送实时数据，RTP 和 RTCP 必须配合使用。RTCP 依靠反馈机制根据已经发送的数据报文对带宽进行调整、优化，从而实现对流媒体服务的 QoS 控制。RTCP 反馈可以直接作用于编码、发送、甚至协议选择环节。

RTCP 数据包是一个控制包，它由一个固定报头和结构元素组成。其报头与 RTP 数据包的报头相类似，一般都是将多个 RTCP 数据包合成一个包在底层协议中传输。RTP 和 RTCP 两者配合能以有效的反馈和最小的开销使传输效率最佳化，特别适合在 Internet 上传输实时数据。

4. RTSP 协议

实时流协议 RTSP（Real Time Streaming Protocol）是由 RealNetworks 和 Netscape 共同提出的，该协议定义了一对多应用程序如何有效地通过 IP 网络传送多媒体数据。RTSP 在体系结构上位于 RTP 和 RTCP 之上，它使用 TCP 或 RTP 完成数据传输。HTTP 与 RTSP 相比，HTTP 传送 HTML，而 RTP 传送的是多媒体数据。HTTP 请求由客户机发出，服务器作出响应；使用 RTSP 时，客户机和服务器都可以发出请求，即 RTSP 可以是双向的。

实时流协议（RTSP）是应用级协议，控制实时数据的发送。RTSP 提供了一个可扩展框架，使实时数据，如音频与视频的受控、点播成为可能。数据源包括现场数据与存储在剪辑中数据。该协议目的在于控制多个数据发送连接，为选择发送通道，如 UDP、组播 UDP 与 TCP，提供途径，并为选择基于 RTP 上的发送机制提供方法。

RTSP 提供的操作主要有 3 种：

（1）从媒体服务器上取得多媒体数据，客户端可以要求服务器建立会话并传送被请求的数据。

（2）要求媒体服务器加入会议，并回放或录制媒体。

（3）向已经存在的表达中加入媒体。当任何附加的媒体变为可用时，客户端和服务器之间要互相通报。

8.5.3　流媒体播放方式

人们曾经在网络带宽、传输线路、协议、服务器、客户端甚至节目本身等多个方面做过努力，其目的就是能够让多媒体数据很好地在网络中传输，并在客户端精确地回放。同样是基于这个目的，在流媒体的播送技术上人们也做了很多的改进，在很多方面都推陈出新，相继提出了"Mulitcast"（多播）、智能流等概念，以下就对这些技术进行介绍。

1. 单播（Unicast）

主机之间"一对一"的通信模式。在客户端与媒体服务器之间需要建立一个单独的数据通道，从一台服务器送出的每个数据包只能传送给一个客户机，这种传送方式称为单播。每个用户必须分别对媒体服务器发送单独的查询，而媒体服务器必须向每个用户发送所申请的数据包拷贝。这种巨大冗余首先造成服务器沉重的负担，响应需要很长时间，甚至停止播放；管理人员也被迫购买硬件和带宽来保证一定的服务质量。

2. 组播（Multicast）

主机之间"一对多"的通信模式。IP 组播技术构建一种具有组播能力的网络，允许路由器一次将数据包复制到多个通道上。采用组播方式，单台服务器能够对几十万台客户机同时发送连续数据流而无延时。媒体服务器只需要发送一个信息包，而不是多个；所有发出请求的客户端共享同一信息包。信息可以发送到任意地址的客户机，减少网络上传输的信息包的总量。网络利用效率大大提高，成本大为下降。

3. 广播（Broadcast）

主机之间"一对所有"的通信模式。广播方式中数据包的单独一个拷贝将发送给网络上的所有用户。使用单播发送时，需要将数据包复制多个拷贝，以多个点对点的方式分别发送到需要它的那些用户；而使用广播方式发送，数据包的单独一个拷贝将发送给网络上的所有用户，而不管用户是否需要，上述两种传输方式会非常浪费网络带宽。组播吸收了上述两种发送方式的长处，克服了上述两种发送方式的弱点，将数据包的单独一个拷贝发送给需要的那些客户。组播不会复制数据包的多个拷贝传输到网络上，也不会将数据包发送给不需要它的那些客户，保证了网络上多媒体应用占用网络的最小带宽。

4. 智能流技术

大家知道当前互联网用户所使用的接入方式是多种多样的，像 ISDN、ADSL、Cable Modem 专线等等。由于接入方式的不同，每个用户的连接速率也会有很大差别，因此流媒体广播必须提供不同传输速率下的优化图像，以满足各种用户的需求。

为每一种不同接入速度的用户提供不同的优化图像是相当困难的，即使提供了几种针对不同接入方式进行编码的文件，同样也会存在一些问题。例如对于使用连接速率为 56 kb/s 的拨号上网方式的用户，由于线路质量和网络阻塞等原因，实际上每个用户的连接速率也有差别，主要分布在 28~37 kb/s 之间，用户最多的峰值在 33 kb/s 附近。如果我们提供了 33 kb/s 的连接速率，那么对于小于这一数值的很多用户可能会频繁地出现缓冲情况，而对于大于这一数值的用户对接收的效果也不能满意，更何况用户的连接速率是随时变化的。

智能流技术就是为解决以上问题而设计的，它结合了两种方法的优点，智能流可以在不同类型编码方式的基础上为多种不同带宽提供适合的影音质量。微软和 RealNetworks 两大公司均提供智能流技术，只不过叫法不一样而已。微软称自己的智能流技术为"Multiple Bit Rate"（多比特率编码），而 RealNetworks 公司的技术是"surestream"。

无论智能流技术具体叫作什么，它一般都具有如下几个特点：

（1）多种不同速率的编码保存在一个文件或数据流中。

（2）播放时，服务器和客户端自动确定当前可用带宽，服务器提供适当比特率的媒体流。

（3）播放时，如果客户端连接速率降低，服务器会自动检测带宽变化，并提供更低带宽的媒体流，如果连接速率增大，服务器将提供到更高带宽的媒体流。

（4）关键帧优先，音频数据比部分帧数据重要。

智能流技术能够保证在很低的带宽下传输音视频流，即便带宽降低，用户只会收到低质量的节目，数据流并不会中断，也不需要进行缓冲以恢复带宽带来的损失。

8.5.4 流媒体的应用

1. 远程教育

随着电脑的普及、多媒体技术的发展以及互联网的迅速崛起，给远程教育带来了新的机遇。现在国内许多高等院校都开展了远程教育服务。

对于远程教育来说，最基本的要求是将信息从教师端传递到远程的学生端，需要传递的信息可能是多元化的，这其中包括各种类型的数据：如视频、音频、文本、图片等。将这些资料从一端传递到另一端是远程教学需要解决的问题，而如何将这些信息资料有效地组合起来以达到更好的教学效果则自是技术人员考虑的重点。

由于当前网络带宽的限制，流式媒体无疑是最佳的选择，学生可以在家通过一台计算机、一条电话线、一台 Modem 就可以参加到远程教学当中来。对于教师来讲，也无须做过多的准备，授课方法基本与传统授课方法相同，只不过面对的是摄像头和计算机而已。

就目前来讲，能够在互联网上进行多媒体交互教学的技术多为流媒体，像 Real System、Flash、Shockwave 等技术就经常应用到网络教学中。远程教育是对传统教育模式的一次革命。它能够集教学和管理于一体，突破了传统"面授"的局限，为学习者在空间和时间上都提供了便利。

除去实时教学以外，使用流媒体中的 VOD（视频点播）技术，更可以达到因材施教、交互式教学的目的。学生也可以通过网络共享自己的学习经验和成果。大型企业可以利用基于流技术的远程教育系统作为对员工进行培训的手段，这里不仅可以利用视频和音频，计算机屏幕的图形捕捉也可以用流的方式传送给学员。现在微软公司内部就大量使用了自己的流技术产品作为其全球各分公司间员工培训和交流的手段。

随着网络及流媒体技术的发展，越来越多的远程教育网站开始采用流媒体作为主要的网络教学方式。

2. 宽带网视频点播

VOD（Video On Demand）即视频点播技术。视频点播技术已经不是什么新鲜概念了，最初的 VOD 应用于卡拉 OK 点播。随着计算机的发展，VOD 技术已逐渐应用于局域网及有线电视网中，此时的 VOD 技术趋于完善，但有一个困难阻碍了 VOD 技术的发展，那就是音视频信息的庞大容量。

因为在视频点播中服务器端不仅需要大量的存储系统，同时还要负荷大量的数据传输，所以一般的服务器根本无法进行大规模的点播。同时由于局域网中的视频点播覆盖范围小，用户也无法通过互联网等网络媒介收听或观看局域网内的节目。

在流媒体技术出现后，在视频点播方面我们完全可以遗弃局域网而使用互联网，由于流媒体经过了特殊的压缩编码，使得它很适合在互联网上传输。客户端采用浏览器方式进行点播，基本无须维护。由于采用了先进的机群技术，可对大规模的并发点播请求进行分布式处理，使其能适应大规模的点播环境。

随着宽带网和信息家电的发展，流媒体技术会越来越广泛的应用于视频点播系统，也许有一天你也可以在自己的家中欣赏到与电视节目相当的流式视频节目。就当前而言，很多大型的新闻娱乐媒体都在 Internet 上提供基于流技术的音视频节目，如国外的 CNN、CBS 以及我国的中央电视台、北京电视台等，有人将这种 Internet 上的播放节目称之为"webcast"。

3. 互联网直播

随着互联网的普及，网民越来越多，从互联网上直接收看体育赛事、重大庆典、商贸展览成为很多网民的愿望。而很多厂商希望借助网上直播的形式将自己的产品和活动传遍全世界，这也许是任何一种媒体都不能达到的。这一切都促成了互联网直播的形成。

但是网络带宽问题一直困扰着互联网直播的发展，不过随着宽带网的不断普及和流媒体技术的不断改进，互联网直播已经从实验阶段走向了实用阶段，并能够提供较满意的音、视频效果。

流媒体技术在互联网直播中充当着重要的角色，首先流媒体能够在低带宽的环境下提供高质量的影音；其次，像 Real 公司的 SureStream 这样的智能流技术可以保证不同连接速率下的用户可以得到不同质量的影音效果。此外，流媒体的 Multicast（多址广播）技术可以大大减少服务器端的负荷，同时最大限度地节省了带宽。

无论从技术上还是从市场上考虑，现在互联网直播是流媒体众多应用中最成熟的一个。已经有很多公司提供网上直播服务，每年一度的《春节晚会》就提供网上现场直播。

4. 视频会议

市场上的视频会议系统有很多，这些产品基本都支持 TCP/IP 网络协议，但采用流媒体技术作为核心技术的系统并不占多数。视频会议技术涉及数据采集、数据压缩、网络传输等多项技术。

流媒体并不是视频会议必须的选择，但是流媒体技术的出现为视频会议的发展起了很重要的作用。采用流媒体格式传数影音，使用者不必等待整个影片传送完毕，就可以实时的连续不断地观看，这样不但改善了观看前的等待问题，也可以达到即时的效果。虽然损失了一些画面质量，但就视频会议来讲，并不需要很高的音视频质量。

视频会议是流媒体的一个商业用途，通过流媒体还可以进行点对点的通信，最常见的例子就是可视电话。只要有一台已经接入互联网的电脑和一个摄像头，就可以与世界任何地点的人进行音视频的通信。此外，大型企业可以利用基于流技术的视频会议系统来组织跨地区的会议和讨论，从而节省大量的开支。一个实际的例子是美国第二大证券交易商从 1998 年开始，采用 Starlight Network 公司提供的流技术方案，为其分布在全球 500 多个城市和地区的分公司经纪人和投资咨询员实时提供到桌面的财经新闻，使他们的客户获取更多的投资利润。

8.6 网络存储技术

本节介绍网络存储技术，包括：传统的存储结构——DAS、网络存储区域网络——SAN、网络附加存储——NAS，以及 SAN 和 NAS 的融合。

8.6.1 网络存储技术概述

1. 传统的分散存储结构的分析

传统的分散存储是指企业中的数据位于一个或多个地点，各自拥有不同的存储子系统，并通过不同平台上的应用软件进行访问，企业中的每个应用软件专有地访问它自己的存储设备。分散存储允许每个地点或部门拥有自己的平台，每个地点都可能需要最适合自己需求的 IT 资源，而需求是由各自的管理和技术人员确定的。这种情况带给了 IT 部门相对于公司办公室某种程度的孤立性。另一方面，每个 IT 地点相应于其拥有的存储资源也承担了以下的一些责任：

（1）为它自己的存储提供物理和逻辑安全性。

（2）评估软硬件以决定哪种平台或厂商最适合自己的需求。

（3）为用户不断增长的需求规划容量。

（4）做常规备份和恢复。

（5）满足机器和软件的维护需求。

（6）培训和更新本公司存储技术人员的技能。

由于所有这些任务都需要全部的 IT 地点或部门完成，它必然会产生冗余，而且这些责任也带来一定的管理风险。在购买成本方面，由于部门级用户购买量相对较小，采购时也无法享受大规模的价格优势。另外，各自为政的存储系统也带来了部门间的数据共享问题，某些时候甚至会拖慢整个企业的运行效率。

2. 网络存储技术的发展

随着网络应用的迅速普及，网络数据的存储管理受得到世界上众多计算机厂商的重视，现在除了 EMC、StorageTek、NetApp、Maxtor 等专业存储厂商外，IBM、HP、COMPAQ、SUN、DELL 等也跻身于网络存储技术的研究领域，并不断提出新的研发计划。近年来，直接连接存储 DAS、网络连接存储 NAS、存储区域网络 SAN 等网络存储技术不断发展，有的已被广泛应用于教育科研、ISP/ASP、Web/E-mail 服务集群、金融/保险、电信、CAD、医疗系统、印刷、网络音视频 VOD 点播等诸多领域。

8.6.2 传统的存储结构——DAS

1. DAS 简介

传统的存储模式称为直接附加存储（Direct Attached Storage，缩写为 DAS），是以服务器为中心的存储结构。各种存储设备通过 IDE、SCSI 等 I/O 总线与一个文件服务器相连，再连接到网络上。通过请求、访问、解析等过程，实现数据传递，如图 8.21 所示。

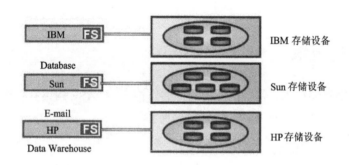

图 8.21　DAS 存储结构

2. DAS 体系结构中的问题

（1）存储容量的限制。DAS 的扩容仅可以通过 3 种方式：① 向服务器插扩展卡来增加 SCSI 主机总线适配器端口，但是每条并行 SCSI 总线最多只能够支持 15 个磁盘阵列；② 在总线外以菊花链链接更多的设备；③ 增加服务器用于增加新的 DAS。可以看到，不论采用哪一种手段，大规模扩展存储容量是非常困难的。

（2）数据存取存在瓶颈。多台服务器扩大存储容量后，对来自用户和其他服务器的存储请求进行读写操作时，只有一台服务器访问保存文件的磁盘阵列，容易形成单故障点或瓶颈。

（3）维护和安全性存在缺陷。当某一台服务器需要维护、升级或扩容时，与它连接在一起的设备都必须离线，造成整个网络服务的中断。

8.6.3 网络存储区域网络——SAN

1. SAN 基本概念

SAN（Storage Area Network），译为"存储区域网络"。它是一种类似于普通局域网的高速存储网络，它通过专用的集线器、交换机和网关建立起与服务器和磁盘阵列之间的直接连接。SAN 不是一种产品而是配置网络化存储的一种方法。这种网络技术支持远距离通信，并允许存储设备真正与服务器隔离，使存储成为可由所有服务器共享的资源。SAN 也允许各个存储子系统，如磁盘阵列和磁带库，无须通过专用的中间服务器即可互相协作。

SAN 的接口可以是企业系统连接（ESCON）、小型计算机系统接口（SCSI）、串行存储结构（SSA）、高性能并行接口（HIPPI）、光纤通道（FC）或任何新的物理连接方法。由于 SAN 的基础是存储接口，所以常常被称为服务器后面的网络。它可绕过传统网络的瓶颈，通过以下 3 种方式支持服务器与存储设备之间的直接高速数据传输：

（1）多个服务器可以串行或并行地访问同一个存储设备；

（2）可用于服务器之间的高速大容量数据通信；

（3）可以在不需要服务器参与的情况下传输数据，包括跨 SAN 的远程设备镜像操作。

SAN 存域区域网是一种专用网络，可以把一个或多个系统连接到存储设备。SAN 可以被看成是负责存储传输的后端网络，而"前端"网络（或称数据网络）负责正常的 TCP/IP 传输。SAN 结构如图 8.22 所示。

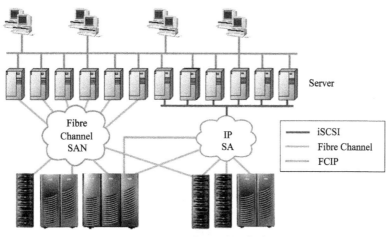

图 8.22　SAN 结构图

2. SAN 的关键特性

SAN 作为网络基础设施，是为了提供灵活、高性能和高扩展性的存储环境而设计的。SAN 通过在服务器和存储设备（例如磁盘存储系统和磁带库）之间实现连接来达到这一目的。

高性能的光纤通道交换机和光纤通道网络协议可以确保设备连接既可靠且有效。这些连接以本地光纤或 SCSI（通过 SCSI-to-Fibre Channel 转换器或网关）基础。一个或多个光纤通道交换机以网络拓（SAN 架构）形式为主机服务器和存储设备提供互联。由于 SAN 是为在服务器和存储设备之间传输大块数据而进行优化的，因此 SAN 对于以下应用来说是理想的选择：

（1）集中的存储备份：其中性能、数据一致性和可靠性可以确保企业关键数据的安全。

（2）高可用性和故障切换环境可以确保更低的成本、更高的应用水平。

（3）可扩展的存储虚拟化，可使存储与直接主机连接相分离，并确保动态存储分区。

（4）改进的灾难容错特性，在主机服务器及其连接设备之间提供光纤通道高性能和扩展的距离（达到 150 km）。

（5）关键任务数据库应用，其中可预计的响应时间、可用性和可扩展性是基本要素。

3. SAN 的优点

面对迅速增长的数据存储需求，大型企业和服务提供商渐渐开始选择 SAN 作为网络基础设施，因为 SAN 具有出色的可扩展性。事实上，SAN 比传统的存储架构具有更多显著的优势。SAN 的一个好处是极大地提高了企业数据备份和恢复操作的可靠性和可扩展性。基于 SAN 的操作能显著减少备份和恢复的时间，同时减少企业网络上的信息流量。例如，传统的服务器连接存储通常难于更新或集中管理。每台服务器必须关闭才能增加和配置新的存储。相比较而言，SAN 不必关机或中断与服务器的连接即可增加存储。SAN 还可以集中管理数据，从而降低了总体拥有成本。

利用光纤通道技术，SAN 可以有效地传输数据块。通过支持在存储和服务器之间传输海量数据块，SAN 提供了数据备份的有效方式。因此，传统上用于数据备份的网络带宽可以节约下来用于其他应用。

开放的、业界标准的光纤通道技术还使得 SAN 非常灵活。SAN 克服了传统上与 SCSI 相连的线缆限制，极大地拓展了服务器和存储之间的距离，从而增加了更多连接的可能性。改进的扩展性还简化了服务器的部署和升级，保护了原有硬件设备的投资。

此外，SAN 可以更好地控制存储网络环境，适合那些基于交易的系统在性能和可用性方面的需求。SAN 利用高可靠和高性能的光纤通道协议来满足这种需要。

SAN 的另一个长处是传送数据块到企业级数据密集型应用的能力。在数据传送过程中，SAN 在通信节点（尤其是服务器）上的处理费用开销更少，因为数据在传送时被分成更小的数据块。因此，光纤通道 SAN 在传送大数据块时非常有效，这使得光纤通道协议非常适用于存储密集型环境。

通过将 SAN 拓展到城域网基础设施上，SAN 还可以与远程设备无缝地连接，从而提高容灾的能力。SAN 部署城域网基础设施以增加 SAN 设备间的距离，可达到 150 km，而且几乎不会降低性能。企业可以利用这一点，通过部署关键任务应用和用于关键应用服务器的远程数据复制来提高容灾能力。备份和恢复设备是实现远程管理的需要。另外，基于交易的数据库应用从 SAN 部署中获益颇多。其无缝增加存储的能力可以减少数据备份的时间。

4. SAN 的不足

近年来，SAN 这一概念已经渐入人心。SAN 可以取代基于服务器的存储模式，性能更加优越。然而，其操作性仍是实施过程中存在的主要问题。SAN 本身缺乏标准，尤其在管理上更是如此。虽然光纤通道（Fibre Channel）技术标准的确存在，但各家厂商却有不同的解释，于是，互操作性问题就像沙尘暴一样迎面扑来，让人猝不及防。

一些 SAN 厂商通过 SNIA 等组织来制定标准。还有一些厂商则着手大力投资兴建互操作性实验室，在推出 SAN 之前进行测试。另一种途径便是外包 SAN。尽管 SAN 厂商在解决互操作性问题上已经取得了进步，不过，专家仍建议用户采用外包方式，不要自己建设 SAN。SAN 的局限主要体现在以下方面：

（1）数据共享方面：在不同主机间，可以共享存储介质，但无法实现数据文件的共享。

（2）协议方面：目前 FC 协议还不可以进行路由，因此难以连接两个不同的 SAN。

5. 互操作性协议

新一代存储卷管理和数据迁移应用正在由服务器和存储子系统进入网络，使集中管理和更具伸缩性的存储区域网架构成为可能。为了取得所要求的性能水平，基于光纤架构（Fabric）的存储应用被划分为硬件加速功能（数据通道）和非硬件加速功能（控制通道）。硬件加速功能被交给交换机或存储设备等智能 SAN 平台去完成。但是，存储应用和智能 SAN 平台使用专有的 API，因而限制了厂商平台之间的迁移。

为了保证平滑的部署智能 SAN 基础设施，ANSI T11 委员会 T11.5 任务组建立了一个工作小组，来定义在存储管理应用和智能 SAN 平台中实现的控制通道与数据通道功能之间的标准 API。光纤架构应用接口标准（Fabric Application Interface Standard，缩写为 FAIS）将加快产品开发速度，为用户提供更多的选择。FAIS 的工作原理如图 8.23 所示。

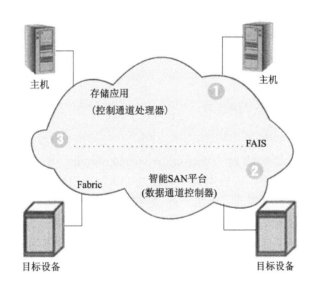

图 8.23　FAIS 工作原理

控制通道功能与数据通道功能的分离，使存储和数据管理应用可以把处理所有数据通道功能的任务交给智能 SAN 平台，而保持控制功能。通过提供所需的处理能力，智能 SAN 平台为基于网络部署存储和数据管理应用铺平了道路。

FAIS 基于客户端/服务器模型，在这种模型中，存储应用作为客户机，而智能 SAN 平台则扮演服务器的角色。这使实现智能 SAN 平台的复杂性不会影响到存储应用的开发。

FAIS 提供可以访问智能平台所支持的数据通道功能的 API。API 基于一种对象模型，在这种对象模型中，不同的存储元素表示为被管理的对象。例如，SCSI 发起端（initiator）、SCSI

目标、逻辑单元以及它们的虚拟副本被模拟为对象。存储应用和智能 SAN 平台通过这些对象交换信息进行互动。

FAIS 将定义操作模型（客户端/服务器模型）、对象模型（作为对象的存储元素）和对象定义、与定义的模型互动的功能调用（API）以及软件结构（库）和行为（同步和异步模式）。

FAIS 将使存储应用可以利用标准的 API 执行 SCSI 发起端和/或 SCSI 目标的所有功能。它还将实现对智能 SAN 平台所支持的 I/O 加速功能的高可用性配置和管理。

API 所支持的服务包括如下几部分：

（1）前端服务：用于处理从前端到达 FAIS 平台的请求和事件，如 SCSI 发现。

（2）虚拟化服务：用于卷管理，包括存储资源池、控制和管理独立卷上的访问权限的能力以及实现镜像和脚本等其他关键存储功能的能力。

（3）后端服务：用于连接在 FAIS 平台后端的存储资源的发现与管理，包括向这些设备发出命令以及处理来自设备的错误和事件。

6. IP SAN 技术

IP SAN 基于十分成熟的以太网技术，由于设置配置的技术简单、低成本的特色相当明显，而且普通服务器或 PC 机只需要具备网卡，即可共享和使用大容量的存储空间。由于是基于 IP 协议的，能容纳所有 IP 协议网络中的部件，因此，用户可以在任何需要的地方创建实际的 SAN 网络，而不需要专门的光纤通道网络在服务器和存储设备之间传送数据。IP SAN 使用标准的 TCP/IP 协议，数据可在以太网上进行传输。

IP SAN 网络对于那些要求流量不太高的应用场合以及预算不充足的用户，是一个非常好的选择。

8.6.4　网络附加存储——NAS

1. NAS 简介

网络附加存储的概念 NAS 是"Network Attached Storage"的简称，中文称为"网络附加存储"。在 NAS 存储结构中，存储系统不再通过 I/O 总线附属于某个服务器或客户机，而直接通过网络接口与网络直接相连，由用户通过网络访问。

NAS 实际上是一个带有瘦服务器的存储设备，其作用类似于一个专用的文件服务器。这种专用存储服务器去掉了通用服务器原有的不适用的大多数计算功能，而仅仅提供文件系统功能。与传统以服务器为中心的存储系统相比，数据不再通过服务器内存转发，直接在客户机和存储设备间传送，服务器仅起控制管理的作用。NAS 结构如图 8.24 所示。

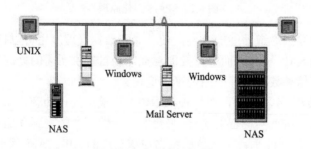

图 8.24　NAS 结构图

NAS 的主要特点是使用了传统的以太网协议，当进行文件共享时，则利用 NFS 和 CIFS 以沟通 NT 和 Unix 系统。由于 NFS 和 CIFS 都是基于操作系统的文件共享协议，所以 NAS 的性能特点是进行小文件级的共享存取。NAS 设备是直接连接到以太网的存储器，并以标准网络文件系统如 NFS、SMB/CIFS over TCP/IP 等接口向客户端提供文件服务。NAS 设备向客户端提供文件级的服务，但内部依然是以数据块的层面与它的存储设备通信。

2. NAS 的技术特点

NAS 解决方案通常配置为作为文件服务的设备，由工作站或服务器通过网络协议（如 TCP/IP）和应用程序（如网络文件系统 NFS 或者通用 Internet 文件系统 CIFS）来进行文件访问。大多数 NAS 连接在工作站客户机和 NAS 文件共享设备之间进行。这些连接依赖于企业的网络基础设施来正常运行。

为了提高系统性能和不间断的用户访问，NAS 采用了专业化的操作系统用于网络文件的访问，这些操作系统既支持标准的文件访问，也支持相应的网络协议，因此 NAS 技术能够满足特定的用户需求。例如当某些企业需要应付快速数据增长的问题，或者是解决相互独立的工作环境所带来的系统限制时，可以采用新一代 NAS 技术，利用集中化的网络文件访问机制和共享来解决这些问题，从而达到减少系统管理成本，提高数据备份和恢复功能的目的。

3. NAS 的优点

NAS 应用于高效的文件共享任务中，例如 UNIX 中的 NFS 和 Windows NT 中的 CIFS，其中基于网络的文件级锁定提供了高级并发访问保护的功能。NAS 设备可以进行优化，以文件级保护向多台客户机发送文件信息。NAS 使文件访问操作更为快捷，并且易于向基础设施增加文件存储容量。因为 NAS 关注的是文件服务而不是实际文件系统的执行情况，所以 NAS 设备经常是自包含的，而且易于部署。

NAS 为访问和共享大量文件系统数据的企业环境提供了一个高效、性能价格比优异的解决方案。数据的整合减少了管理需求和开销，而集中化的网络文件服务器和存储环境（包括硬件和软件）确保了可靠的数据访问和数据的高可用性。可以说，NAS 提供了一个强有力的综合机制，综合起来，NAS 具有如下的一些优点：

（1）NAS 适用于那些需要通过网络将文件数据传送到多台客户机上的用户。NAS 设备在数据必须长距离传送的环境中可以很好地发挥作用。

（2）NAS 设备非常易于部署，可以使 NAS 主机、客户机和其他设备广泛分布在整个企业的网络环境中。正确地进行配置之后，NAS 可以提供可靠的文件级数据整合，因为文件锁定是由设备自身来处理的。尽管其部署非常简单，但是企业仍然要确保在 NAS 设备的配置过程中提供适当的文件安全级别。

（3）NAS 有很强的扩展性。在网络中增加 NAS 设备对客户端的操作没有任何影响；客户端无须重新启动就可以使用新增的存储空间；在网络没有阻塞的前提下，容量的增加对系统 I/O 性能没有影响。

（4）NAS 具有基于 IP 的远程复制能力，很容易实现异地的容灾备份。

8.6.5 SAN 和 NAS 的融合

1. SAN 和 NAS 的比较

NAS 是传统网络文件服务器技术的发展延续，是专用的网络文件服务器，是代替传统网络文件服务器市场的新技术、新产品。网络文件服务器技术是建立在网络技术发展成熟基础之上的。因此它的访问协议是通用的 TCP/IP，今天的 NAS 产品也是基于 TCP/IP 协议的文件访问机制。传统的网络文件服务器总体可以分为两大类：第一类是 UNIX 网络文件服务器，即支持 NFS 服务器；第二类是 NT 网络文件服务器，即支持 CIFS 服务器。网络文件服务器的出发点是数据共享及保护，但上述的两类网络文件服务器之间较难共享；一个网络文件服务器系统支持的网络访问能力有限，因此当一个网络文件服务器不能满足性能需求时必须再添加新的网络文件服务器，但过多的网络文件服务器造成管理维护的困难及资源浪费；同时传统网络文件服务器对数据保护能力也非常有限（一般是单一主机连接存储介质构成网络文件服务器，存在单点故障），丢失数据是很难避免的。

　　SAN 和 NAS 适合的应用不同。SAN 是传统的 DAS 技术的发展延续，是适合大量的数据块访问方式的网络存储技术，即信息主要是以块方式存储及管理的应用。SAN 技术的核心是 SAN 交换机，SAN 交换机是存储系统和主机系统之间的桥梁。尽管 SAN 交换机上也配置 CPU 和 CACHE，也可以具有自我管理、自我配置等智能软件，但其主要作用还是作为数据交换通道。SAN 技术经过几年的发展已经非常成熟，SAN 技术吸收传统通道技术和传统网络技术的优势，因此具有诸如高速、低延迟、高数据一致性、大数据传输、路由管理、广泛连接性、远距离支持、灵活管理等优势。表 8.4 为 SAN 和 NAS 的比较。

表 8.4　SAN 与 NAS 的比较

项　　目	SAN	NAS
协议	FCP、串行 SCSI	NFS、CIFS
网络	光纤路径	以太网
源/目的	服务器/设备	客户机/服务器、服务器/服务器
传输对象	设备块	文件
存储设备连接	网络上的直接连接	服务器上的 I/O 总线路径
嵌入的文件系统	否	是

　　由以上分析可以看到，SAN 与 NAS 各有优点，如果能把两者进行融合，让它们优势互补，将能形成功能更加强大的存储网络。另外一些其他的信息技术也促进了融合网络的应用，其中包括：

　　（1）一些分散式的应用和用户要求访问相同的数据；

　　（2）提供更高性能、更高可靠性和更低的成本的专有功能系统的要求；

　　（3）以成熟和习惯的网络标准（包括 TCP/IP、NFS 和 CIFS）为基础的操作；

　　（4）全面降低管理成本和复杂性的需求；

　　（5）实现不需要增加任何人员的高可扩展存储系统；

　　（6）一套可以通过重新规划的系统，以维持目前拥有的硬件和管理人员的价值等。

　　从用户应用的角度来看，绝大多数的应用需求采用 SAN 或 NAS 都能满足，而采用 SAN 与 NAS 融合的方案能得到最好的满足。

　　综上所述，若能将 SAN 与 NAS 融合，由 SAN 提供高速度及优秀扩展能力，由 NAS 提供文件处理带来的协作性，这样既可提高工作效率又可使管理工作简化。

2. SAN 和 NAS 融合的优势

SAN 和 NAS 的融合将具有如下的优势：

（1）以光纤为接口的存储网络 SAN 提供一个高扩展性、高性能的网络存储机构。光纤交换机和光纤存储阵列同时提供高性能（200 Mb/s）和更大的服务器扩展空间。这是以 SCSI 为基础的系统所缺乏的。网络存储 NAS 可以是已经配置好的、完整的并可追加至数个至数十个 TB 的网络存储设备。由于 NAS 设备是基于目前的 TCP/IP 网络，远距离存储设备完全可以实现。一套融合 SAN 和 NAS 的解决方案全面获得应用光纤通道的能力，从而让用户获得更大的扩展性、远程存储和高性能等优点。

（2）SAN 存储网络提供一个存储系统、备份设备和服务器相互连接的架构，它们之间的数据不再在以太网络上流通，从而大大提高了以太网络的性能。正由于存储设备与服务器完全分离，用户获得一个与服务器分开的存储管理理念。现在可以对企业的数据和存储进行特殊和专业的管理，不用再像以前那样把数据管理与服务器管理混为一谈。复制、备份、恢复数据和安全的管理可以以中央的控制和管理手段进行。把不同的存储池以网络方式连接，用户可以以任何他们需要的方式访问数据，并获得更高的数据完整性。

（3）SAN 的高可用性是基于它对灾难恢复，在线备份能力和对冗余存储系统和数据的时效切换能力而来。NAS 应用成熟的网络结构提供快速的文件存取时间和高可用性，应用和数据复制（在存储系统层面）以保护和提供稳固的文件级存储。一个会聚 SAN 和 NAS 科技的存储解决方案全面提供一套在以块（Block）和文件（File）I/O 为基础的高效率平衡功能从而全面增强数据的可用性。应用光纤通道的 SAN 和 NAS，整个存储方案提供对主机的多层面的存储连接，高性能、高价值、高可用和容易维护等优点，全由一个网络结构提供。

（4）在一个 SAN 系统中，服务器全连接到一个数据网络。全面增加对一个企业共有存储阵列的连接。高效率和经济的存储分配可以通过聚合的和高磁盘使用率中获得。一个 NAS 系统包含一个在一台 NAS 服务器中的一个文件系统，并通过以太网接口连接到目前或新的以太网络里，同时使用企业的存储。由于服务器的增长和存储的增长不一样，开放的服务器可以基于数据处理作为组合和管理基础，不受存储限制。一套融合 SAN 和 NAS 的存储系统能够全面提高 Unix 和 Windows 服务器对存储设备的使用率，使之达到 75% 或更高。

3. 融合的方案

（1）SAN 作为 NAS 的一部分。将系统中 NAS 客户机通过 NAS 引擎连接到光纤交换机上，并与其他在这个光纤网络中的服务器一样共享和访问存储资源，其结构如图 8.25 所示。

集成后的网络中既可利用普通 NAS 服务器直接连接到存储子系统，提供文件级的服务，也可利用 NAS 引擎连接到 SAN 上，提供数据库应用和牵涉到大量数据块 I/O 的操作服务，因而可以获得较高的数据 I/O 效率。另一方面，由于许多旧式服务器均存在 I/O 瓶颈问题，而单纯在一个共享式的 PCI 总线上添加一块光纤 HBA 再连接到 SAN 里，并不一定可以解决 I/O 瓶颈或只能提供有限的 I/O 能力增长，且旧

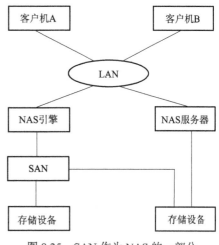

图 8.25 SAN 作为 NAS 的一部分

式服务器不支持 SAN 接口，因此这种方法也是为不同系统提供共享 SAN 存储资源的一个简化方法。

（2）通过 NAS 连接 SAN。将 NAS 服务器连入 SAN 中，先将 NAS 服务器中的一块 RAID 卡换成 HBA 卡，再将 NAS 设备通过 TCP 协议连接到光纤交换机，将它的存储资源融合到 SAN 存储池中。这样，一方面 NAS 服务器可以像 SAN 中普通工作站一样获得对 SAN 中存储资源高效的块级数据访问，另一方面，SAN 中的工作站也可通过 SAN 交换机，利用 NAS 系统的文件缓存，以获取较高的性能和较快的数据响应时间。其结构如图 8.26 所示。

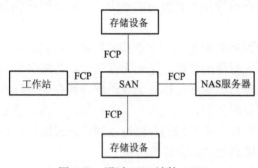

图 8.26　通过 NAS 连接 SAN

4. SAN 和 NAS 融合应用

目前，众多公司已经推出了融合 NAS 与 SAN 的存储解决方案。每家的方案都有独特的一面，然而，从总体上看，这些方案大致可分为两类——"NAS 引擎"与"统一存储系统"。

NAS 引擎的概念实际上相当简单。NAS 引擎由专为提供文件服务而优化的部件构成，这种部件也叫文件管理器。这些 NAS 头连接到后端上的 SAN 存储上，使它可以以类似于利用 SAN 存储为其他应用提供存储容量的方式，为 NAS 头提供存储容量。这就使 NAS 引擎后面的存储设备可以根据环境的需求扩展到非常大的容量。

NAS 引擎系统虽然在一定程度上解决了 NAS 与 SAN 系统的存储设备级的共享问题，但在文件级的共享问题上却与传统的 NAS 系统遇到了同样的可扩展性问题。当一个文件系统负载很大时，NAS 引擎很可能成为系统的瓶颈。可采取 NAS 群集技术解决此类问题。在 NAS 与 SAN 融合的过程中，"NAS 引擎"主要的工作在 NAS 一端，NAS 产品增加了可与 SAN 相连的"接口"，在融合的方案中"既有 NAS，又有 SAN"。

NAS 引擎系统提供一个对存储文件进行访问的简单和开放的协议。这个做法可以通过 NAS 系统的文件层缓存提高性能和数据响应时间。

很多用户把 NAS 设备连接到光纤交换机以融合它的存储资源到一个存储池中。文件类型和不同的服务种类可以通过 NAS 和光纤交换机提供。并在以后支持 FCIP 和 iSCSI。NAS 设备和 NAS 服务器可以连接到光纤交换机并与其他在这个光纤网络中的服务器一样共享和访问存储资源。NAS 服务器可以直接连接到存储阵列，一般的需求大容量管理和备份程序可以适用所有存储资源。服务器可以有多于一个的访问方式，包括从光纤交换机中的一些卷和 NFS 挂件去访问数据。

　习　题

1. 什么是网络协议？
2. 简述 TCP/IP 四层协议模型。
3. 比较 TCP/IP 四层协议模型和 ISO 七层协议模型的异同。

4. 简述接入网的概念。

5. 简述什么是视频会议及其类型和特点。

6. 简述 IP 电话的基本构成和关键技术。

7. 简述流媒体的概念及应用。

8. 流媒体有哪些播发方式？

9. 简述什么是网络存储技术。

10. 比较 SAN 和 NAS 的异同。

参 考 文 献

[1] 李小平，刘玉树. 多媒体通信技术 [M]. 北京：北京航空航天大学出版社，2004.

[2] 李小平，曲大成. 多媒体网络通信 [M]. 北京：北京理工大学出版社，2001.

[3] 钟玉琢，沈洪，冼伟铨，田淑珍. 多媒体技术基础及应用 [M]. 北京：清华大学出版社，2006.

[4] 李竺，崔炜. 多媒体技术与应用 [M]. 北京：清华大学出版社，2008.

[5] 曾广雄. 多媒体技术基础与应用 [M]. 西安：西安电子科技大学出版社，2007.

[6] 冯博琴，赵英良，崔舒宁. 多媒体技术及应用 [M]. 北京：清华大学出版社，2005.

[7] 鲁宏伟，孔华锋，赵贻竹，裴晓黎. 多媒体技术原理与应用 [M]. 北京：清华大学出版社，2006.

[8] 马华东. 多媒体技术原理及应用 [M]. 北京：清华大学出版社，2005.

[9] 邵伟琳，杜敏伟. 多媒体设计与制作 [M]. 北京：清华大学出版社，2007.

[10] 胡泽，赵新梅. 流媒体技术与应用 [M]. 北京：中国广播电视出版社，2006.

[11] 康卓，熊素萍，张华. 多媒体技术与应用 [M]. 北京：机械工业出版社，2008.

[12] 林福宗. 多媒体技术基础 [M]. 2版. 北京：清华大学出版社，2002.